新型功能材料的制备与性能研究

冯晓东　刘力辉 / 著

中国纺织出版社有限公司

内 容 提 要

本书深入探讨了当前科研及工业领域新兴的功能材料种类，着重分析了它们的制备方法、性能特点及其应用前景。首先介绍了功能材料的基本概念和分类，然后逐一剖析了各类新型功能材料，如智能材料、生物医用材料、光电材料等，详细阐述了这些材料的合成过程、结构特征、物理化学性质，以及如何通过调控制备条件来优化其性能。此外，书中还列举了功能材料在能源、环境保护、信息技术等领域的实际应用案例，并对未来的发展趋势进行了展望。本书旨在为材料科学领域的研究人员、工程技术人员及高等院校相关专业的师生提供有价值的参考。

图书在版编目（CIP）数据

新型功能材料的制备与性能研究 / 冯晓东，刘力辉著. -- 北京：中国纺织出版社有限公司，2024. 12.
ISBN 978-7-5229-2035-1

Ⅰ. TB34

中国国家版本馆 CIP 数据核字第 2024LU5315 号

责任编辑：朱利锋　　责任校对：寇晨晨　　责任印制：王艳丽

中国纺织出版社有限公司出版发行
地址：北京市朝阳区百子湾东里A407号楼　邮政编码：100124
销售电话：010—67004422　传真：010—87155801
http://www.c-textilep.com
中国纺织出版社天猫旗舰店
官方微博http://weibo.com/2119887771
三河市宏盛印务有限公司印刷　各地新华书店经销
2024年12月第1版第1次印刷
开本：787×1092　1/16　印张：12
字数：268千字　定价：78.00元

前言

功能材料是指具有特定物理和化学功能的材料，通过自身的组成与结构赋予材料特殊的性能，使其能够适应并满足特定应用领域的需求。功能材料已成为现代科学技术和高新技术产业的物质基础，在智能制造、生物医用、信息技术、新能源、环境保护等诸多领域发挥着不可替代的作用。

随着科学技术的飞速发展，人们对材料性能的要求越来越高，传统材料已不能完全满足现代科技的需要。功能材料的出现为解决这一问题提供了新的思路和方法。通过对材料的组分、结构、形貌等进行设计与调控，可以获得具有优异力学、电学、磁学、光学等性能的新型功能材料，极大地拓展了材料的应用范围。

本书系统地介绍了功能材料领域的研究进展与最新成果，全面阐述了几类典型功能材料的制备方法、结构特征及其功能特性。全书共分为八章，第一章引言部分介绍了功能材料的定义、分类、研究意义及应用背景，并对全书结构进行了概述。第二章讨论了功能材料的基本特性及常用的性能表征方法。第三章至第七章分别介绍了智能材料、生物医用材料、光电材料、能源材料和环境保护材料的制备技术与性能特点，并结合具体应用实例展现了功能材料在相关领域的应用前景。第八章对功能材料未来的发展趋势进行了展望，提出了纳米技术、多功能复合材料、绿色可持续材料等新的研究方向和挑战。

本书内容丰富，涵盖面广，不仅系统总结了功能材料领域的研究现状，而且对相关学科的最新进展进行了梳理与分析，可以作为材料学、化学、物理学等相关专业师生的重要参考书。同时，本书还兼顾了基础理论知识与工程实践应用，对于从事功能材料研发和应用的科研人员和工程技术人员也具有重要的指导意义。

功能材料代表了材料科学的发展方向，对推动人类社会的进步具有重要战略意义。但目前许多功能材料的制备工艺还不够成熟，在实际应用中还面临诸多挑战。因此，进一步加强功能材料基础研究、优化材料设计与制备方法、扩大其应用领域，对于促进功能材料的快速发展具有十分重要的意义。衷心希望本书能为功能材料的研究与应用提供有益的参考和启示。

冯晓东　刘力辉

2024年4月

目录

第一章　引言

第一节　功能材料的定义与分类

一、无机非金属功能材料

无机非金属功能材料是指利用无机非金属材料的物理、化学性能，实现特定功能的一类材料。与传统的无机非金属结构材料相比，无机非金属功能材料更注重材料的功能属性，如光学、电学、磁学、声学、热学等特性，而对材料的力学性能要求相对较低。无机非金属功能材料种类繁多，按照材料组成和结构特点，可以分为以下几类。

（一）陶瓷功能材料

陶瓷功能材料是以氧化物、氮化物、碳化物等无机化合物为主要成分，通过高温烧结制备而成的一类无机非金属材料。与传统陶瓷相比，陶瓷功能材料具有优异的电学、磁学、光学、热学等功能特性，在电子信息、新能源、航空航天等领域得到广泛应用。

压电陶瓷是一类具有压电效应的陶瓷功能材料,在机械应力作用下会产生电荷积累,而在电场作用下会发生机械形变。常见的压电陶瓷材料有钛酸钡（$BaTiO_3$）、锆钛酸铅（PZT）等。利用压电陶瓷的正逆压电效应，可制成压电传感器、制动器等器件，在声纳探测、喷墨打印、精密定位等方面有重要应用。例如，以PZT为敏感元件制成的压电陶瓷水听器，其工作频率可达100 kHz以上，灵敏度是传统水听器的10倍以上，已成为现代潜艇的标准配置。

铁电陶瓷是一类具有铁电性能的陶瓷功能材料，在外电场作用下，其电极化强度可以发生翻转，表现出非线性、滞回现象。常见的铁电陶瓷材料有$BaTiO_3$、PZT、铌酸锂（$LiNbO_3$）等。铁电陶瓷材料具有高介电常数、低介质损耗等特点，在电容器、存储器、相控阵雷达等领域有广泛应用。例如，采用PZT薄膜制备的铁电存储器（FeRAM），其存储容量可达32 MB，读写速度低至10 ns，且具有断电不丢失数据的优点，在智能卡、工业控制等领域具有良好的应用前景。

热电陶瓷是一类在温差作用下可以直接实现热能与电能相互转换的陶瓷功能材料，主要包括氧化物热电材料和非氧化物热电材料两大类。在温差梯度下，热电陶瓷内部载流子（电子或空穴）会从高温端向低温端运动，从而在材料两端形成热电势，实现热能到电能的直接转换。热电陶瓷材料的热电优值（*ZT*）是衡量其热电转换效率的重要指标，*ZT*值越高，热电转换效率越高。目前，高*ZT*值的热电陶瓷材料主要有掺杂钴酸钙（$Ca_3Co_4O_9$）、掺杂硅锗

（SiGe）合金等。例如，采用还原法制备的$Bi_{0.5}Sb_{1.5}Te_3$热电陶瓷，在300 K下其ZT值可达1.2，热电转换效率高达8%以上，是传统金属热电偶的2倍多，在工业余热发电、温差发电等方面具有良好的应用前景。

（二）玻璃功能材料

玻璃是一类在熔融状态下急冷而成的非晶态固体材料，具有各向同性、透明、绝缘等特点。传统的玻璃材料主要用于建筑、日用等领域，而玻璃功能材料则通过调控玻璃的组分和结构，赋予玻璃优异的光学、电学等功能特性，在信息、能源、化工等领域有重要应用。

光敏玻璃是一类在紫外光或其他高能辐射作用下会发生光致相变的玻璃功能材料。光敏玻璃的基本组分为硅酸盐玻璃，通过掺杂金（Au）、银（Ag）、铜（Cu）等金属离子，可使玻璃对特定波长的光产生响应。例如，掺杂Au的光敏玻璃在紫外光照射下，Au离子被还原成Au纳米颗粒析出，导致玻璃褪色。利用光敏玻璃的这一特性，可制备高分辨率的光学图案和器件，如光栅、微透镜阵列、光开关等。例如，美国康宁公司开发的APEX光敏玻璃，其光刻分辨率可达500 nm以下，已被广泛应用于制备高端光电子器件。

发光玻璃是一类在特定波长光激发下可以产生荧光发射的玻璃功能材料。发光玻璃通常由基质玻璃和发光中心两部分组成，发光中心主要是稀土离子，如Eu^{3+}、Tb^{3+}、Er^{3+}等。在紫外光或电子束激发下，稀土离子吸收能量跃迁至激发态，再通过辐射跃迁发出特征荧光。发光玻璃具有发光效率高、色纯度好、化学稳定性好等特点，在照明、显示、激光等领域有广泛应用。例如，掺杂Eu^{2+}的硼酸盐发光玻璃，在紫外光激发下可发射出蓝色荧光，发光效率高达95%，色坐标为（0.14，0.08），是制备高效蓝光LED荧光粉的理想材料。

光导玻璃是一类能够实现光在其内部传输而损耗很小的玻璃功能材料。光导玻璃的基本结构是芯—皮层结构，芯层折射率略高皮层，光线在芯层内发生全反射，从而被限制在芯层中传播。石英玻璃因具有优异的化学稳定性和透光性，成为制备光导玻璃的首选材料。单模光导玻璃纤维的传输损耗可低至0.2 dB/km，传输带宽可达100 GHz·km以上，是现代光通信网络的基础材料。在光纤传感、光纤激光等领域，光导玻璃也有重要应用。例如，采用掺铒石英玻璃制备的光纤放大器，其增益可达30 dB以上，噪声系数低于5 dB，已成为光通信网络的关键器件之一。

（三）碳素功能材料

碳素功能材料是一类以碳元素为主要成分的无机非金属材料，主要包括石墨、活性炭、碳纤维、富勒烯、碳纳米管、石墨烯等。碳素功能材料具有优异的导电性、导热性、耐高温性等特点，在吸附、催化、电化学等领域有广泛应用。

（1）活性炭。活性炭是一类具有发达孔隙结构和巨大比表面积的多孔炭材料，比表面积可高达2000 m^2/g以上。活性炭一般由含碳有机物（如木材、煤等）在惰性气氛下高温炭化制得，孔径分布可覆盖微孔（<2 nm）、介孔（2～50 nm）和大孔（>50 nm）全范围。活性炭具有优异的吸附性能，可用于净化空气、净化水质、脱色脱臭等。在电化学领域，活性炭也是一种优异的电极材料，在超级电容器、锂离子电池等方面有重要应用。例如，以椰壳基活性炭为电极材料制备的双电层超级电容器，其比电容可达200 F/g以上，功率密度高达10 kW/kg，且循环寿命可达10万次以上，在电动汽车、智能电网等领域具有广阔的应用前景。

（2）碳纤维。碳纤维是一类以有机高分子为前驱体，经高温炭化制备而成的高性能纤维材料。碳纤维具有密度小、比强度高、比模量高、导电导热性好等特点，被广泛应用于航空航天、体育休闲等领域。在功能材料领域，碳纤维也有重要应用，如电磁屏蔽、防静电、电加热等。例如，采用碳纤维编织物复合环氧树脂基体制备的碳纤维复合材料，其电磁屏蔽效能可达80 dB以上，比铜屏蔽网轻50%以上，已在雷达罩、电磁暗室等领域得到广泛应用。

（3）碳纳米管。碳纳米管是一类由石墨烯片层卷曲而成的一维纳米碳材料，管径在纳米量级，长度可达微米甚至厘米量级。按照石墨烯片层的卷曲方式，碳纳米管可分为单壁碳纳米管和多壁碳纳米管。碳纳米管兼具碳材料和纳米材料的特性，如高强度、高导电性、高导热性、高比表面积等，在复合材料、纳米电子、能源存储等领域有重要应用。例如，以碳纳米管为增强相制备的聚合物基复合材料，其拉伸强度可提高50%以上，电导率可提高8个数量级以上。在锂硫电池中，碳纳米管负载的单质硫正极，其比容量可达1000 mAh/g以上，是商用锂离子电池的3倍以上。

（4）石墨烯。石墨烯是一种由碳原子构成的二维蜂窝状原子晶体，是目前发现的最薄、最坚硬的纳米材料。石墨烯具有优异的力学、电学、热学和光学性能，如高达1 TPa的杨氏模量，2×10^5 cm^2/（V·s）的载流子迁移率，5300 W/（m·K）的导热系数，97.7%的可见光透过率等，被誉为“黑金”，在微纳电子、光电器件、复合材料等领域具有广阔的应用前景。例如，以石墨烯为沟道材料制备的场效应晶体管，其开关比可高达10^8，响应频率可达100 GHz以上，有望突破硅基器件的性能极限。以石墨烯/聚苯胺复合材料作为超级电容器电极，其能量密度可达200 Wh/kg以上，是活性炭基超级电容器的4倍以上。

（四）半导体功能材料

半导体功能材料是一类导电性介于导体与绝缘体之间的材料，是现代电子信息技术的物质基础。半导体功能材料按照元素组成可分为单质半导体（如硅、锗）和化合物半导体（如砷化镓、碳化硅等），按照能带结构可分为直接带隙半导体和间接带隙半导体。半导体功能材料具有独特的导电机制和光电性质，如载流子浓度随温度和杂质浓度呈指数变化，吸收或发射特定波长的光等，因而其在微电子、光电子、太阳能电池等领域有重要应用。

硅是最重要的半导体功能材料之一，被广泛应用于集成电路、分立器件等领域。单晶硅是制备高性能硅基器件的理想材料，通过掺杂不同类型的杂质，可制备n型、p型硅材料，构建p-n结等基本单元。例如，以掺磷的n型硅和掺硼的p型硅通过光刻、扩散等工艺制备的金属—氧化物—半导体场效应晶体管（MOSFET），是构成现代集成电路的核心器件，其特征尺寸已达7 nm量级。多晶硅虽然载流子迁移率略低于单晶硅，但具有低成本、可大面积制备等优势，被广泛应用于薄膜晶体管、太阳能电池等领域。例如，以等离子体增强化学气相沉积（PECVD）法在玻璃基板上沉积非晶硅薄膜，再经激光退火制备的多晶硅薄膜晶体管，其迁移率可达100 cm^2/（V·s）以上，开关比可达10^7以上，是构成高分辨率液晶显示屏的关键材料。

化合物半导体是由两种或两种以上元素组成的半导体功能材料，相比硅基半导体，化合物半导体具有禁带宽度可调、载流子迁移率高、直接带隙等优点，在射频、光电、高温等特殊领域有重要应用。以砷化镓（GaAs）为代表的Ⅲ～Ⅴ族化合物半导体，具有优异的电子迁移率和饱和漂移速度，在射频、微波、光纤通信等领域有重要应用。例如，以掺硅的n型GaAs和掺锌的p型GaAs外延生长形成异质结，再经光刻、电极制备等工艺制成的GaAs基半导体激光器，其发射波长可覆盖0.8～0.9 μm波段，连续输出功率可达100 mW以上，是光纤通信系统的核心光源。以碳化硅（SiC）、氮化镓（GaN）为代表的宽禁带半导体材料，其禁带宽度可达2.3～3.4 eV，击穿电场高达2～4 MV/cm，在高温、高频、大功率等极端环境下具有独特优势。例如，以有机金属化学气相沉积（MOCVD）法在蓝宝石衬底上外延生长的GaN/氮化铝镓（AlGaN）异质结，可制备出功率密度高达12 W/mm的功率放大器，在5G基站等领域有重要应用。

有机半导体是一类以共轭有机分子或聚合物为主体的半导体功能材料，具有分子结构可设计、器件加工温度低、机械柔韧性好等特点，在柔性显示、可穿戴电子等领域备受瞩目。并五苯等稠环芳烃类有机小分子半导体，具有载流子迁移率高、结晶性好等特点，可通过真空蒸镀法制备高迁移率的有机薄膜晶体管。以聚3-己基噻吩（P3HT）为代表的共轭聚合物半导体，具有可溶液加工、可大面积制备等优势，在有机太阳能电池、印刷电子等领域有重要应用。例如，以P3HT：PCBM共混物为活性层制备的本体异质结有机太阳能电池，其能量转换效率可达11%以上，在柔性可穿戴能源供给等领域极具应用前景。

（五）陶瓷基复合功能材料

陶瓷基复合功能材料是以陶瓷为基体，通过复合第二相实现功能化的一类新型无机非金属功能材料。通过在陶瓷基体中引入金属、高分子、碳等不同材料，可显著改善陶瓷基复合材料的力学、电学、磁学等性能，实现结构—功能一体化。

（1）金属—陶瓷复合功能材料。通过在陶瓷基体中引入金属相，可赋予陶瓷导电、导热、铁磁等特性。例如，以SiC陶瓷为基体，钼（Mo）粉为导电相，采用渗Mo工艺制备的Mo/SiC复合材料，其体积电阻率可低至10^{-4} Ω·cm，热导率可达150 W/（m·K），在电加热元件、微波吸收材料等领域具有良好应用前景。以铁氧体陶瓷为基体，Fe—Si—Al软磁合金为磁性相，采用喷射成型—烧结工艺制备的软磁铁氧体复合材料，其初始磁导率可达2000以上，磁滞损耗可降至50 J/m^3以下，在高频电感器件、电磁屏蔽等领域有重要应用。

（2）高分子—陶瓷复合功能材料。通过在聚合物基体中引入陶瓷颗粒，可显著提高复合材料的力学强度、耐磨性、阻燃性等。以环氧树脂（EP）为基体，纳米氧化铝（Al_2O_3）为增强相制备的Al_2O_3/EP复合材料，其拉伸强度可提高50%以上，断裂韧性可提高100%以上。在高压、高频电容器领域，采用聚偏氟乙烯（PVDF）与钛酸钡（$BaTiO_3$）陶瓷粉复合，可使介电常数提高3倍以上，同时保持优异的柔韧性和加工性能。在锂离子电池隔膜领域，以

Al_2O_3、二氧化硅（SiO_2）等陶瓷颗粒填充聚烯烃隔膜，可使隔膜的热稳定性和机械强度显著提高，从而有效抑制电池在滥用条件下的热失控。

（3）碳—陶瓷复合功能材料。通过将碳材料（如碳纤维、碳纳米管、石墨烯等）引入陶瓷基体，可显著改善陶瓷的导电、导热、抗氧化、抗冲击等性能。以碳纤维为增强体预制C/C复合材料预制体，再采用化学气相渗透（CVI）法沉积SiC基体，制备的C/SiC复合材料，其拉伸强度可达500 MPa以上，断裂韧性可达30 $MPa\cdot m^{1/2}$以上，已在航天发动机喷管等领域得到应用。以二氧化锆（ZrO_2）陶瓷为基体，石墨烯为第二相，采用放电等离子烧结（SPS）制备的石墨烯/ZrO_2复合材料，其断裂韧性可达15 $MPa\cdot m^{1/2}$以上，硬度可达15 GPa以上，在结构—功能一体化领域极具应用前景。

总之，无机非金属功能材料是一个涵盖面极其广泛的材料大家族，从微观结构上看，包括晶态材料和非晶态材料；从组分上看，包括单组分材料和复合材料；从维度上看，涵盖了零维、一维、二维和三维材料；从功能上看，涉及电学、磁学、光学、声学、热学等诸多特性。无机非金属功能材料的研究和应用，推动了信息、能源、环境、健康等诸多领域的技术进步，深刻改变了人类的生产生活方式，是人类文明进步的重要物质基础。纵观无机非金属功能材料的发展历程，人们在不断开发新材料的同时也在不断优化和改进已有材料，通过调控其微观结构、跨尺度构筑、复合改性等手段，不断拓展材料的应用领域和服役环境，追求“极致、环保、智能”。展望未来，无机非金属功能材料仍大有可为，通过纳米化、智能化、绿色化，其必将在新一轮科技革命和产业变革中发挥更加重要的作用。

二、有机高分子功能材料

有机高分子功能材料是指以有机高分子化合物为基础，通过分子设计与结构调控实现特定功能或综合性能的一类新型功能材料。相较于无机功能材料，有机高分子功能材料具有分子结构可设计、密度低、加工性能好、物化特性可调等优点，在信息、能源、医疗等诸多领域得到广泛应用。按照功能特性，有机高分子功能材料可分为以下几类。

（一）导电高分子材料

导电高分子材料是指主链上含有大量共轭双键，在掺杂态下具有类金属导电性能的一类有机高分子功能材料。1977年，Heeger、MacDiarmid和白川英树发现掺杂态聚乙炔具有高导电性，开创了导电高分子研究的新纪元，并因此获得2000年诺贝尔化学奖。导电高分子材料的特点是可通过掺杂改变导电性，导电机理为极化子和双极化子导电。常见的导电高分子材料有聚乙炔（Polyacetylene）、聚苯胺（PANI）、聚吡咯（PPy）、聚噻吩（PTh）等。

聚乙炔是最早被发现的导电高分子材料，其掺杂态电导率可达105 S/m，已被用于抗静电、电磁屏蔽等领域。但聚乙炔的环境稳定性较差，在空气中易氧化失去导电性。聚苯胺具有优异的环境稳定性和可加工性，可通过化学氧化或电化学聚合制备。掺杂态PANI的电导率可达100 S/m，已被用于柔性显示、超级电容器、防腐涂料等领域。例如，以掺杂态PANI为电极材料制备的柔性超级电容器，其面积比电容可达400 mF/cm^2，能量密度可达10 MW·h/cm^3，在柔性可穿戴储能领域极具应用前景。

聚吡咯和聚噻吩是两类代表性的五元杂环导电高分子材料，其掺杂态电导率可达10^3 S/m，且具有良好的环境稳定性和生物相容性，在电化学传感、神经组织工程等领域有重要应用。例如，采用电化学聚合法在Pt微电极上制备聚吡咯/葡萄糖氧化酶修饰电极，可构建灵敏度高达50 μA·L/mmol的葡萄糖传感器，响应时间小于5 s，在无创血糖监测等领域极具应用前景。

（二）发光高分子材料

发光高分子材料是指在电场或光场激发下能够发射荧光或磷光的一类有机高分子材料。发光高分子材料具有发光效率高、色纯度好、柔韧性好、易于大面积制备等优点，在全色显示、固态照明等领域得到广泛应用。常见的发光高分子材料主要有聚对亚苯基乙烯（PPV）类、聚芴（PF）类、聚噻吩类等。

聚对亚苯基乙烯及其衍生物是一类最早应用于聚合物发光二极管（PLED）的发光高分子材料，包括聚[2-甲氧基-5-（2-乙基己氧基）-1,4-亚苯基乙烯]（MEH-PPV）、聚[2-甲氧基-S-（3',7'-二甲基辛氧基）-1,4-亚苯基乙烯]（MDMO-PPV）等。PPV类高分子的发光效率可高达10 cd/A，但载流子迁移率较低[10^{-6}~10^{-5} cm^2/（V·s）]，并且在空气中易老化失效。聚芴及其衍生物具有优异的发光效率（可达40 cd/A）和载流子传输性能，且具有较高的玻璃化转变温度，已成为蓝光PLED的首选材料。例如，基于聚（9,9-二辛基芴）（PFO）制备的蓝光PLED，其发光效率可达6 cd/A，最大亮度可达5000 cd/m^2，CIE色坐标为（0.15，0.08），接近理想蓝光。

聚噻吩及其衍生物，如聚（3-辛基噻吩）（P3OT）、聚（3-己基噻吩）（P3HT）等，是一类红光发射的发光高分子材料，发光峰位于650 nm附近。聚噻吩类发光材料的特点是合成简单、成本低廉、发光效率高（可达10 cd/A），但载流子迁移率相对较低。通过引入给体—受体结构，可大幅提高聚噻吩发光材料的载流子迁移率和发光效率。例如，以P3HT为给体、PC61BM为受体制备的体异质结聚合物太阳能电池，其能量转换效率可达5%以上，开路电压可达0.6 V以上，是目前商业化程度最高的有机太阳能电池之一。

在白光PLED领域，发展高效稳定的单组分白光发光高分子材料是一个研究热点。通过在分子内构建多重发光中心，引入无规共聚结构，可实现发光高分子的多色发射。例如，通过引入红光发射的异噁唑啉单元和蓝光发射的咔唑单元，制备的白光发光共聚物，其CIE色坐标可达（0.33，0.33），显色指数高达85，在固态照明和全色显示等领域极具应用前景。

（三）光致变色/电致变色高分子材料

光致变色/电致变色高分子材料是一类在光照或电压作用下可发生可逆颜色变化的智能高分子材料。光致变色高分子材料主要包括螺吡喃类、二芳基乙烯类等，其变色机理是光致异构化和光致环加成反应。在紫外光照射下，螺吡喃分子会发生开环反应生成有色的多烯甲基结构；在可见光照射下，又恢复为无色的螺吡喃结构。二芳基乙烯类分子在紫外光照射下，顺式构型转变为闭环的有色状态；在可见光下又恢复为反式无色状态。光致变色高分子材料可用于光学存储、防伪印刷、智能玻璃等领域。

电致变色高分子材料主要包括聚吡咯、聚噻吩、聚苯胺等导电高分子材料。这些高分子在中性态和掺杂态具有不同的电子结构和光学吸收，因而呈现不同的颜色。通过电化学掺杂/脱掺，可实现导电高分子颜色的可逆变化。例如，聚吡咯膜在中性态为黄色，在完全掺杂态为蓝色，呈现黄色—绿色—蓝色的多彩电致变色。基于聚吡咯的柔性电致变色器件，其光学对比度可达50%，响应时间可达100 ms，在智能窗、柔性显示等领域有广泛应用。

在提高变色材料性能方面，发展掺杂型电致变色高分子材料和构建纳米结构是两个重要策略。通过将二氧化钛（TiO_2）、二氧化钨（WO_3）等无机纳米粒子掺入聚苯胺、聚噻吩等导电高分子基体，可大幅提高电致变色高分子材料的光学对比度和循环稳定性。例如，原位聚合制备的PANI/TiO_2纳米复合材料，其光学对比度可达80%，循环寿命可达10000次以上，远优于纯PANI材料。采用纳米印刷、界面自组装等手段构建有序纳米阵列，可显著改善电致变色高分子材料的响应速度和光学性能。例如，通过纳米压印技术制备聚噻吩纳米阵列薄膜，其光学对比度从30%提高至60%以上，响应时间缩短至50 ms以下。

（四）压力导电高分子材料

压力导电高分子材料是一类导电率随外力作用呈现规律变化的功能高分子复合材料。压力导电机理主要有隧穿效应和渗流效应两种。隧穿效应是指在外力作用下，填料颗粒间距减小，电子通过量子隧穿在填料间跃迁引起导电。渗流效应则是指填料颗粒在外力作用下形成导电通路网络而引起导电。常见的压力导电填料主要有碳黑、碳纳米管、金属纳米线等。

在柔性压力传感器领域，石墨烯/聚二甲基硅氧烷（PDMS）导电复合材料得到了广泛应用。通过调控石墨烯填料的含量和分散状态，可获得压力敏感系数高达500 kPa^{-1}、检测下限低至0.6 Pa的柔性压阻式压力传感器，其响应时间可达0.2 ms，已在电子皮肤、健康监测等领域得到应用。采用静电纺丝法制备Ag纳米线/PVDF纳米纤维膜，可获得高灵敏度的柔性压阻式应变传感器，其压力敏感系数高达1000 kPa^{-1}，应变敏感系数高达150，在人体运动监测、语音识别等领域具有广阔应用前景。

在防护服、医用敷料等领域，发展高压阻/低渗透/高透气的柔性复合材料是当前的一个重要方向。通过在纤维素纤维表面负载Ag纳米线，再通过真空抽滤制备多孔压力导电薄膜，可获得渗透系数低至2×10^{-2} g/（$m^2 \cdot h$）、透气系数高达5000 g/（$m^2 \cdot 24h$）、体积电阻率高达1010 Ω·m的柔性隔离材料，在防化服、创面敷料等领域极具应用前景。

（五）形状记忆高分子材料

形状记忆高分子材料是一类能够“记忆”临时形状，并在特定外界刺激（热、光、电、磁等）下恢复为初始形状的智能高分子材料。形状记忆高分子的分子结构有硬段和软段两部分，硬段赋予高分子永久形状，软段赋予高分子可塑性。常见的形状记忆高分子材料主要有聚氨酯类、聚酯类、环氧类等。

（1）热响应型形状记忆高分子材料。热响应型形状记忆高分子材料是一类发展最早和应用最广泛的形状记忆材料，其形状记忆温度通常在高分子材料的玻璃化转变温度（T_g）或熔融温度（T_m）附近。以T_g型聚氨酯为代表的热塑性形状记忆高分子材料，其初始永久形状可通过注塑、挤出等热塑性加工方法成型，临时形状则可通过加热至T_g以上、变形、冷却定型的过程获得。当材料再次加热至T_g以上时，高分子链段恢复高弹态，材料恢复初始形状。例如，以4,4'-二苯基甲烷二异氰酸酯（MDI）/1,4-丁二醇（BDO）/聚四亚甲基醚二醇（PTMEG）为原料合成的聚氨酯形状记忆材料，其T_g为40~50 ℃，回复应变可达500%以上，已商业化应用于智能纺织、可穿戴器件等领域。

（2）光响应型形状记忆高分子材料。通过引入光敏基团（如偶氮苯、桂皮酸酯等），实现高分子材料对特定波长光的响应。在光照下，光敏基团发生顺反异构或交联反应，改变高分子链的构象和聚集态，引起材料形状的改变。例如，以聚醚醚酮（PEEK）为骨架引入偶氮苯基团，制备的偶氮苯/PEEK光致形状记忆高分子材料，在偏振紫外光照射下会发生各向异性弯曲变形，变形角度可高达90°，且形状变化可逆，在动态光学器件、光驱动执行器等领域具有广阔应用前景。

（3）电响应/磁响应型形状记忆高分子材料。通过在聚合物基体中掺入导电填料（如碳纳米管、石墨烯等）或磁性填料[如四氧化三铁（Fe_3O_4）、铁磁流体等]，引入新的驱动和响应模式，突破了传统形状记忆高分子材料的驱动局限性。例如，以石墨烯/铁磁流体/硅橡胶复合材料为基体，制备的电磁响应型形状记忆高分子材料在交变磁场下会产生周期性形变，形变应变可达50%以上，已用于柔性驱动器、智能机器人等领域。

总之，有机高分子功能材料是功能材料领域的重要分支，其巨大的分子结构设计空间和优异的加工性能为发展多功能、智能化材料提供了广阔舞台。通过分子结构设计，引入新的功能基元，可不断拓展有机高分子材料的功能谱系；通过复合改性，构建多组分、多尺度复合结构，可充分发挥不同组分的协同效应，获得传统单一材料难以企及的综合性能；通过加工成型，制备特定形态和结构的功能器件，可将分子/纳米层面的功能放大并集成到宏观器件中。

当前，有机高分子功能材料的发展呈现出以下新的特点和趋势：一是多功能集成化，通过共聚合、嵌段共聚、接枝等化学方法，在分子层面引入不同的功能基团，实现高分子材料光、电、磁、声等多重功能的耦合；二是器件微型化，借助光刻、纳米印刷等微纳加工技术，制备特征尺度在纳米、微米量级的高分子功能器件，推动功能高分子在微电子、生物医疗等领域的应用；三是应用智能化，通过材料结构设计和界面修饰，发展对温度、光、电、磁等外场响应的智能高分子体系，实现材料功能的可控调制和自适应变化；四是来源绿色化，利用二氧化碳、生物质等可再生资源合成高分子功能材料，发展基于水相、无溶剂加工的绿色制备工艺，促进功能高分子材料的可持续发展。

展望未来，有机高分子功能材料将在以下领域迎来重大发展机遇并产生变革性影响。一是在信息技术领域，印刷电子、柔性显示、智能穿戴等新兴方向对高分子光电功能材料提出了新的更高要求，高迁移率、窄带隙、高效发光的新型共轭高分子材料将不断涌现；二是在能源环境领域，高分子太阳能电池、钠离子电池、超级电容器、燃料电池等对高分子隔膜提出了高强度、高导电、高选择透过性的要求，多组分、多孔复合高分子功能膜材料将成为突破能源瓶颈的关键；三是在智能制造领域，高分子驱动器、人工肌肉、仿生器件等对形状记忆、自修复、自适应高分子材料提出了迫切需求，基于表界面化学和图案化设计的多响应高分子体系将成为发展的重点；四是在生物医用领域，组织工程支架、药物缓释载体、诊疗一体化探针等对高分子材料的生物相容性和功能可控性提出了更高要求，具有细胞黏附诱导、药物释放响应、成像诊断一体化等复合功能的高分子医用材料将日益受到青睐。

可以预见，有机高分子功能材料的发展将从传统的高分子合成化学向高分子物理、材料加工、器件集成方向全面拓展，成为理论指导、实验研究、工程应用互动发展的多学科交叉前沿，并在重大工程应用和颠覆性技术创新中发挥越来越重要的作用。高分子科学与微电子、信息、能源、医学等诸多领域的交叉融合，将极大地推动高分子功能材料的创新发展，开辟材料科学的新疆域。

三、复合材料

复合材料是由两种或两种以上不同性质的材料通过物理或化学方法复合而成的一类多组分、多相、多功能材料体系。通过优化各组分材料的选择、含量、形貌及界面结构，复合材料可实现构件材料性能的优势互补和协同增效，获得单一材料难以企及的优异综合性能，已在众多工程技术领域得到广泛应用。按照基体材料的类别，复合材料可分为以下三类。

（一）金属基复合材料

金属基复合材料是以金属或合金为基体，以金属、陶瓷或高分子材料为增强体的一类复合材料。金属基体为复合材料提供了良好的力学性能、导电导热性能及成型加工性能，而增强体可显著提高复合材料的比强度、比模量、耐磨性、高温稳定性等。常见的金属基复合材料体系有铝基复合材料、镁基复合材料、钛基复合材料等。

以颗粒增强铝基复合材料为例，通过在铝合金熔体中加入SiC、Al_2O_3等陶瓷颗粒，再经过搅拌铸造、压力铸造等工艺成型，可制备高强韧、耐磨损的颗粒增强铝基复合材料。当SiC颗粒含量为20%（体积分数）时，复合材料的屈服强度可达350 MPa以上，是基体铝合金的2倍以上；耐磨性提高3~5倍，同时热导率保持在150 W/（m·K）以上。该类材料在航空航天、汽车工业、电子封装等领域有广泛应用。

在连续纤维增强钛基复合材料方面，以SiC、碳纤维等增强钛合金基体，可显著提高材料的比强度和比刚度。以SiC纤维增强TC4钛合金为例，当SiC纤维含量为35%（体积分数）时，复合材料的拉伸强度可达1500 MPa以上，比强度高达3500 N·m/kg，是TC4钛合金的2倍以上，且在600 °C以下能够保持优异的力学性能。该类材料在航空发动机叶片、燃气轮机叶片等领域有重要应用。

（二）聚合物基复合材料

聚合物基复合材料是以聚合物为基体，以纤维、颗粒等为增强体的一类轻质、高强复合材料。与金属基复合材料相比，聚合物基复合材料密度更低、可设计性更强、工艺适应性更广，在土木、交通、海洋、能源等诸多领域得到快速发展和应用。常见的聚合物基复合材料体系有玻璃纤维增强塑料（GFRP）、碳纤维增强塑料（CFRP）等。

玻璃纤维增强塑料是以玻璃纤维为增强体，以环氧树脂、不饱和聚酯树脂等为基体的复合材料，具有强度高、绝缘性能好、耐腐蚀等特点。常用的制备工艺有手糊法、缠绕法、模压法等。以缠绕工艺制备的玻璃钢管道，其抗拉强度可达500 MPa以上，抗弯强度可达600 MPa以上，被广泛应用于油气长输管道、海水淡化管道、城市给排水管网等领域。

碳纤维增强塑料是以碳纤维为增强体，以环氧树脂等为基体的一类超轻、超强复合材料，其密度仅为1.8 g/cm^{3}左右，但拉伸强度可达3500 MPa以上，弹性模量高达300 GPa以上，远超金属铝合金。碳纤维复合材料的比强度和比模量是金属材料的10倍以上，被誉为“21世纪的钢铁”。在航空航天领域，以碳纤维预浸料为原材料，经过自动铺带、模压固化等工艺制备的飞机蒙皮、机翼等关键承力构件，质量可减少30%以上，显著提高了飞行器的载重比和续航能力。在新能源汽车领域，碳纤维复合材料被广泛应用于车身、底盘等结构件，每减重10%续航里程可提升6%~8%。

在功能复合材料方面，通过在聚合物基体中引入碳纳米管、石墨烯、金属纳米线等新型功能填料，可赋予复合材料优异的力学、电学、热学、电磁等多重功能。例如，以石墨烯/环氧树脂复合材料为基体制备的多功能复合结构材料，在石墨烯含量为2%（质量分数）时，拉伸强度提高80%以上，断裂韧性提高120%以上，电导率高达1000 S/m，热导率高达8 W/（m·K），在电磁屏蔽、散热管理等方面具有广阔应用前景。

（三）陶瓷基复合材料

陶瓷基复合材料是以陶瓷为基体，以金属、陶瓷、高分子等为增强相的一类复合材料。通过在陶瓷基体中引入韧性相、导电相等，可有效改善陶瓷材料的脆性和导电导热性等瓶颈问题，扩大其在极端工况下的应用范围。常见的陶瓷基复合材料体系有碳化硅陶瓷基复合材料、氧化锆陶瓷基复合材料、氮化硅陶瓷基复合材料等。

以连续纤维增强碳化硅陶瓷基复合材料为例，通过化学气相渗透（CVI）、先驱体转化（PIP）等工艺，在碳化硅纤维预制体中引入碳化硅基体，可制备高强韧、耐高温的碳化硅陶瓷基复合材料。当碳化硅纤维含量为40%（体积分数）时，复合材料的抗弯强度可达500 MPa以上，断裂韧性可达25 MPa·m$^{1/2}$以上，且在1400 °C以下能够保持优异的力学性能和微观结构稳定性。该类材料在航空发动机尾喷管、制动盘等领域具有重要应用。

在超高温陶瓷基复合材料方面，以碳化锆（ZrC）、碳化铪（HfC）等为基体，以碳纤维为增强体，可制备耐温高达2500 °C以上的超高温复合材料。以ZrC/C复合材料为例，当碳纤维含量为40%（体积分数）时，复合材料在2000 °C时的抗弯强度仍可保持在400 MPa以上，断裂韧性保持在15 MPa·$m^{1/2}$以上。在航天器鼻锥、前缘等超高温部位，该类材料可替代昂贵的C/C复合材料，在3~5倍声速条件下仍能保持优异的抗烧蚀性能。

在多功能陶瓷基复合材料方面，通过引入金属、高分子等功能相，可赋予陶瓷材料感知、自修复等智能特性。例如，通过在氧化铝陶瓷基体中引入镍（Ni）颗粒，可获得电阻率随应变和温度变化的压阻/热敏复合材料，其电阻率温度系数高达8×10^{-3} K^{-1}，应变灵敏系数高达50，可用于制备高灵敏度的温度和应变传感器。又如，以SiC陶瓷为基体，引入Fe—Cr合金作为自愈合剂，制备的自修复SiC陶瓷基复合材料，在高温氧化环境中能够自发实现裂纹修复，断裂韧性从3 MPa·$m^{1/2}$提高至8 MPa·$m^{1/2}$以上。

除上述复合体系外，陶瓷基高分子复合材料、金属基高分子复合材料、金属基陶瓷复合材料等异种材料的复合设计与制备也是当前复合材料领域的重要发展方向。通过跨尺度、跨界面的结构设计，发挥不同材料的协同增效作用，复合材料的功能特性和适用范围得到了极大拓展。例如，以尼龙为基体，引入硬脂酸改性的海泡石，制备的仿生层状复合材料，在流延法制备过程中通过界面诱导形成定向排列的"砖—泥"结构，当无机黏土含量为5%（质量分数）时，复合材料的拉伸强度从70 MPa提高至150 MPa，氧渗透系数从2×10^{-16} cm^2/s降低至5×10^{-18} cm^2/s，在食品包装等领域展现出良好的应用前景。

本节围绕复合材料的类别、基本体系、制备方法和功能特性等系统介绍了复合材料的主要研究内容和发展趋势。综合以上分析可以看出，复合材料经过半个多世纪的发展，已成为新材料领域最富活力、最具发展潜力的分支，在国民经济和国防建设的诸多领域发挥着不可替代的作用。

复合材料的发展呈现出以下新特点：一是高性能化，通过优化材料体系和界面设计，复合材料的强度、韧性、模量等力学性能不断提高，在超轻、超强、极端环境等领域的应用范围不断扩大；二是多功能化，通过引入多种功能填料，调控复合材料的宏微观结构，实现力学、物理、化学、生物等多功能耦合，发展具有自感知、自修复、自适应等智能特性的复合材料体系；三是仿生化，通过分析自然生物材料的多尺度结构特征，借鉴其功能机理，设计和制备具有类骨、类贝、类皮肤等高性能、多功能的仿生复合材料；四是绿色化，采用水基、无溶剂工艺，以天然植物纤维、矿物填料等环保原料制备全生物基、可降解的绿色复合材料，实现材料全生命周期过程的环境友好和资源高效利用。

展望未来，复合材料在以下领域将迎来重大发展机遇和挑战：一是在新一代航空航天装备领域，超轻、耐高温、抗烧蚀复合材料是飞行器轻量化和高速化的关键核心材料，通过材料基因工程和跨尺度调控，发展高温（2000 °C）、高强度（2 GPa）、低密度（2 g/cm^3）的"222"复合材料成为重要目标；二是在新能源汽车领域，动力电池热失控引发的安全事故已成为制约产业发展的瓶颈问题，发展高强度、高导热、阻燃阻熔的多功能复合材料对保障动力电池和新能源汽车的安全至关重要；三是在高端装备制造领域，复合材料的设计、制备、加工、检测、评价等关键共性技术亟待突破，建立复合材料全流程成型及制造数字化平台，发展复合材料的柔性智能制造新模式，成为我国制造业转型升级的重大机遇和挑战。

可以预见，复合材料科学与信息、能源、生命、制造等领域的交叉融合将不断深化，进一步拓展复合材料的应用版图，并在重大工程应用和颠覆性技术创新中发挥越来越重要的支撑和引领作用。复合材料将从传统的结构功能一体化，向信息功能一体化、生物功能一体化、智能功能一体化方向发展，研究范式将从经验设计向计算设计、智能优化转变，制造模式将从传统制造向增材制造、智能制造升级，进而开启复合材料发展的崭新篇章。

第二节　功能材料的研究意义与应用背景

一、信息技术发展对功能材料的需求

当今世界正处于新一轮科技革命和产业变革的交汇期，以信息技术为代表的新兴技术正以前所未有的速度发展和演进，深刻改变着人类社会的生产生活方式。自20世纪末以来，信息技术经历了从模拟到数字、从离散到融合、从单一到智能的多次革命性跃迁，形成了以移动互联网、云计算、大数据、人工智能等为代表的现代信息技术体系。在这一过程中，信息技术对材料的需求也发生了深刻变革，从最初对硅基半导体材料的依赖，发展到当前对多元化、多功能、高性能新材料的渴求，功能材料已成为推动信息技术创新发展的关键支撑。

（一）微电子器件集成化对新型半导体功能材料的需求

微电子技术是信息技术的核心支柱之一，其发展历程遵循摩尔定律，即集成电路上可容纳的晶体管数目以每18~24个月翻一番的速度增加。这意味着，微电子器件必须不断提高集成度、降低功耗、提升性能。以集成电路制程为例，20世纪90年代主流的0.35 μm制程，器件栅长为350 nm，栅介质为100 nm左右的SiO_2；到了2020年，5 nm制程下器件栅长缩小至25 nm左右，传统的SiO_2栅介质已无法满足要求，必须采用高介电常数材料替代。

对于高迁移率沟道材料，传统硅基互补金属氧化物半导体（CMOS）器件在5 nm以下技术节点面临载流子迁移率瓶颈，引入锗、Ⅲ~Ⅴ族化合物半导体异质结构，成为延续摩尔定律的关键技术路线。以砷化镓铟（InGaAs）量子阱为沟道的高电子迁移率晶体管（HEMT）器件，其室温电子迁移率可达3×10^4 $cm^2/(V\cdot s)$，是硅材料的10倍以上。异质结构中高迁移率材料与高带隙势垒层的能带调控，不仅可显著提高沟道迁移率，而且可在一定程度上克服短沟道效应。

在存储器领域，传统动态随机存取存储器（DRAM）和NAND闪存（半导体单元串联排列的闪存）同样面临着小型化瓶颈。对于DRAM，在22 nm以下技术节点，采用ZrO_2等高介电常数电介质替代SiO_2/氮化硅（Si_3N_4）堆栈，可将等效氧化层厚度（EOT）降低至0.8 nm以下，进一步提高单元电容的集成度。对于NAHD闪存，在19 nm以下技术节点，采用高介电常数绝缘和金属浮栅结构，可将EOT降低20%以上，有效抑制栅间隧穿漏电流，实现存储阵列的三维集成。

（二）高速光互连对光电功能材料的需求

随着信息技术的发展，数据中心、超算中心等信息基础设施对数据传输速率、通信带宽提出了越来越高的要求，铜互联技术已成为制约系统性能提升的瓶颈。高速光互联技术利用光信号代替电信号进行芯片内部、芯片间的数据传输，可显著提高传输速率、降低功耗。光互连系统的核心是电光调制器、光电探测器、光波导等有源和无源光器件，对光电功能材料提出了更高要求。

在硅基电光调制器方面，驱动电压、调制效率、调制速率等指标至关重要。采用钛酸钡（BTO）、锆钛酸铅（PZT）等铁电材料作为电光调制材料，利用其线性电光效应（Pockels效应），可获得显著优于硅材料的电光系数，从而降低驱动电压至2 V以下，将调制效率提高一个量级以上。此外，铌酸锂（$LiNbO_3$）、钽酸锂（$LiTaO_3$）等具有优异的电光性能和宽的透光波段，也是硅基电光调制器的重要材料体系。

在锗基光电探测器方面，采用锗硅异质外延技术，在硅衬底上制备锗吸收层，可获得兼容硅工艺、高响应度的近红外波段光电探测器。锗材料在1.3～1.6 μm波段具有高达5000 cm^{-1}的吸收系数，是硅材料的50倍以上，可实现高达40 GHz的响应频率。此外，Ⅲ～Ⅴ族化合物半导体异质结构也是探测器的重要材料体系，InGaAs/InP p-i-n光电二极管在1.55 μm波长下的响应度可达0.95 A/W，暗电流低至1 nA以下，已被广泛应用于高速光通信系统。

在光波导方面，硅基光波导损耗较大（1～3 dB/cm），限制了光互连的传输距离。采用Si_3N_4、Hydex等低损耗介质材料，可将波导传输损耗降低至0.1 dB/cm以下。此外，采用光子晶体结构可进一步降低波导损耗，获得高约束系数、大曲率半径的集成波导。光子晶体波导采用周期性排列的介质结构，利用光子带隙效应实现光的局域传输，其传输损耗可低至0.04 dB/cm，为片上高密度光路由提供了新思路。

（三）人工智能算力提升对新型存算一体功能材料的需求

人工智能是信息技术发展的新引擎，其核心是通过海量数据训练神经网络，形成具备感知、学习、推理等智能的计算模型。当前，人工智能芯片主要采用图形处理器（GPU）、现场可编程逻辑门阵列（FPGA）、专用集成电路（ASIC）等数字处理器，其计算运行机理本质上是冯·诺依曼体系结构，即计算和存储在物理上相互分离。这就导致数据在存储器和处理器之间频繁传输，产生大量的时间和能量开销，成为制约神经网络规模和计算效率提升的瓶颈。

存算一体（in-memory computing）架构通过将存储阵列和计算电路集成在同一个芯片单元中，使存储单元具备模拟计算功能，从而突破传统冯·诺依曼体系结构的限制，大幅提升神经网络的运算效率和能效水平。阻变存储器（RRAM）、相变存储器（PCRAM）等新型非易失存储器，利用其独特的物理机制，可以模拟生物突触的可塑性功能，天然适用于存算一体神经网络加速器。

RRAM器件通过电压脉冲调控介质层缺陷态的产生和断裂，表现出多级连续的电阻变化，与生物突触的权重更新规则高度吻合。采用HfO_x、TaO_x等高介电常数金属氧化物作为RRAM介质层材料，可获得高达10^8的高低阻态比、100 ns量级的开关速度、0.1 pJ量级的单次编程能耗，且器件尺寸可低至10 nm量级。目前，基于RRAM的128 × 64阵列规模神经网络加速器已经问世，可实现高达960 GOPS❶/W的能效水平，比传统CMOS数字电路提高2个量级以上。

PCRAM器件利用相变材料在电脉冲驱动下的可逆非晶—晶态转变，实现高低电阻态之间的模拟调控。相变材料锗锑碲合金（$Ge_2Sb_2Te_5$，GST）具有快速、可逆、多级的相变特性，是构建类脑神经形态器件的理想材料。基于GST的PCRAM突触器件，在100 ns时间尺度内即可实现100级连续电导变化，且器件的能量效率可达100 TOPS❷/W，接近人脑神经突触的每秒每瓦连接数（connections per second per watt，CSPW）值。

（四）柔性电子对新型功能高分子材料的需求

随着物联网、人机交互等技术的发展，传统刚性平面的电子设备逐渐向柔性、可穿戴、人机一体化方向演进，对电子材料的机械柔韧性、生物相容性等提出了新需求。柔性电子旨在采用高分子、纳米材料等柔性功能材料，研制具有拉伸、弯曲、折叠等形变特性，且性能与刚性器件相当的新型电子器件。柔性材料打破了传统无机电子材料的机械脆性限制，使电子设备获得了与人体、生物相匹配的柔性延展特性，在助老助残、健康监测、人机交互等方面极具应用前景。

（1）在柔性显示方面，有机发光二极管（OLED）、量子点发光二极管（QLED）等新型显示技术不断突破。以吲哚-3-甲醛（IAM）为空穴传输层，4,4'-环己基二[*N*,*N*-二（4-甲基苯基）苯胺]（TAPC）为发光层的蓝光OLED器件，其发光效率已从35 cd/A提高至62.5 cd/A，使印刷OLED显示技术加速走向实用化。而采用喹喔啉铝（Alq3）为电子传输层的红光OLED，在柔性聚酰亚胺（PI）基底上获得了20000次弯折循环后亮度仍保持90%以上的优异力学稳定性。在QLED方面，采用表面配体钝化的硒化镉（CdSe）/硫化锌（ZnS）量子点作为发光层，制备的R/G/B三基色QLED器件，在弯曲半径5 mm条件下实现了10000次循环弯折而性能无明显衰减。

（2）在柔性传感方面，印刷工艺制备的柔性应变、压力传感器展现出良好应用前景。以碳纳米管/PDMS导电复合材料为功能层，通过丝网印刷工艺制备的柔性应变传感器，其灵敏系数高达1000以上，应变检测范围可达100%以上，且器件可承受1000次拉伸循环而性能无明显衰减。而以石墨烯/聚氨酯复合材料为功能层，通过喷墨印刷工艺制备的柔性压力传感器，在0~10 kPa压力范围表现出高灵敏度（$>10\ kPa^{-1}$）、高重复性（误差<6%）的传感特性，可实现对心跳、呼吸等人体微小压力信号的实时无创检测。

---

❶ GOPS表示10亿次/s。

❷ TOPS表示1万亿次/s。

（3）在柔性能源存储方面，基于碳纳米管/石墨烯复合材料的柔性储能器件展现出广阔前景。以碳纳米管/石墨烯复合纸作为集流体、聚苯胺/二氧化锰纳米线复合物作为电极活性材料、聚丙烯隔膜作为电解质基体，制备的准固态柔性超级电容器，其面积比电容高达 480 mF/cm^2，能量密度达 36 mWh/cm^3，且在 180° 弯折 1000 次后比电容保持率高达 95% 以上。同时，以碳纳米管薄膜作为阳极集流体、石墨烯泡沫镍作为阴极集流体，制备的锂离子电池柔性器件，在 50% 应变条件下循环充放电 100 次后，比容量仍保持在 890 mAh/g 以上，展现出优异的柔性特性和循环稳定性。

总之，信息技术的飞速发展对功能材料提出了新的更高要求，传统的单一材料体系已无法满足日益增长的器件性能需求，必须充分发掘多元化的新材料体系，并与先进加工工艺相结合，才能推动信息技术的持续创新发展。功能材料研究已从传统的组分优化向材料结构调控、界面设计、复合改性等方向纵深发展，不断突破材料的性能极限、拓展材料的应用空间。在微电子领域，高介电常数材料、高迁移率沟道材料、铁电存储材料等新型功能材料的应用，使集成电路朝着“More Moore”和“More than Moore”方向延伸，成为后摩尔时代的重要支撑。在光电子领域，硅基电光调制材料、锗硅异质光电探测材料等新型光电功能材料的突破，推动了高速光互联技术的发展，为云计算、大数据时代的海量信息处理提供了有力支撑。在人工智能领域，忆阻器、忆阻突触等新型神经形态器件的问世，为类脑计算开辟了新路径，有望在智能传感、自主学习等方面取得重大突破。在柔性电子领域，有机/无机杂化材料、纳米复合材料等新型功能材料与印刷电子工艺的结合，催生了柔性显示、柔性传感、柔性能源等新兴产业，将人机交互界面从刚性延伸到柔性，极大拓展了电子技术的应用领域。

未来，随着信息技术与人工智能、生命科学、脑科学等学科交叉融合的不断深化，信息材料将从传统的无机体系向有机/无机杂化、软硬结合、结构/功能一体化方向延伸拓展，不断突破经典材料的物理极限，孕育新的技术增长点。同时，新型功能材料与第三代半导体技术、异质集成技术、先进封装技术的协同创新，将催生体系化、智能化的新一代信息技术，形成支撑未来信息社会的核心竞争力。可以预见，在人类认知的宏观尺度、微观尺度不断拓展的背景下，信息技术必将向纵深发展，其对功能材料的依赖也将不断加深，新型功能材料的创新研究必将在未来信息技术变革中扮演越来越重要的角色。

二、功能材料在生物医学领域的应用

生物医学工程是一门融合生物学、医学和工程学的交叉学科，旨在利用现代科学技术解决与人类健康相关的医学问题。生物医学工程涉及医疗器械、组织工程、药物递送、再生医学等多个领域，对材料提出了诸多特殊要求，如生物相容性、生物降解性、模拟天然组织的力学特性等。因此，生物医用材料成为生物医学工程发展的重要基石。过去几十年中，生物医用材料经历了从惰性材料到生物活性材料、从结构替代到组织诱导再生的多次变革，与之相应，新型功能材料的研究和应用成为推动生物医学技术进步的重要力量。

（一）组织工程支架材料

组织工程是指利用工程和生命科学原理，将种子细胞、功能分子与支架材料相结合，在体外构建与天然组织器官在形态和功能上相似的替代物，并用于修复或再生受损组织的一门新兴学科。支架材料作为细胞生长和组织再生的三维模板，在诱导细胞黏附、增殖和分化，引导新生组织形成等方面起着至关重要的作用。理想的组织工程支架材料应具备良好的生物相容性、适宜的力学性能、可控降解性以及互连多孔结构等特征。

在骨组织工程支架材料方面，纳米羟基磷灰石（nHA）/聚合物复合材料备受关注。nHA是天然骨矿物的主要无机成分，具有优异的生物活性和骨传导性，但力学强度低、韧性差。将nHA填充到聚乳酸（PLA）、聚己内酯（PCL）等可降解聚合物基体中，可显著提高支架的力学性能和生物活性。例如，以乳酸—羟基乙酸共聚物（PLGA）为基体、nHA为填料制备的nHA/PLGA复合支架，其压缩强度可达10 MPa以上，弹性模量可达300 MPa以上，与天然松质骨的力学性能接近。植入动物体内12周后，支架降解80%以上，新生骨组织形成良好，显示出优异的成骨诱导能力。

在软骨组织工程支架材料方面，水凝胶因其高含水量、可注射、力学性能可调等优点成为研究热点。甲壳素是天然多糖类生物材料，具有良好的生物相容性和可降解性，但力学强度较低。将甲壳素与明胶复配并交联制备的甲壳素/明胶复合水凝胶，其压缩模量可达1 MPa以上，且具有自主膨胀的特性，有利于填充软骨缺损。将软骨细胞接种于甲壳素/明胶水凝胶中培养4周，形成的软骨组织与天然软骨在组分和力学性能上相当。未来，进一步优化水凝胶的降解速率和空间结构，有望实现软骨组织的快速再生修复。

（二）药物控释载体材料

药物控释技术是指利用材料科学和药学原理，将药物分子或活性物质封装于特定的载体材料中，通过载体与生理环境的相互作用实现药物分子的缓慢释放和精准递送。与传统给药方式相比，药物控释技术具有延长药效、减少毒副作用、提高生物利用度等优点，在疾病治疗和组织再生方面得到了广泛应用。药物控释系统的核心是载体材料，不同的药物和治疗需求对载体的化学组成、微观结构、表面性质等提出了不同要求。

在小分子药物控释领域，聚合物纳米粒和介孔硅等纳米载体展现出良好的应用前景。聚合物纳米粒是指粒径在1～1000 nm范围的聚合物胶体粒子，可通过乳液聚合、溶剂置换等方法制备。乳酸—羟基乙酸共聚物（PLGA）是一种常用的药物控释材料，其降解速率可通过调节乳酸/羟基乙酸比例进行调控。例如，利用PLGA纳米粒封装抗肿瘤药物多柔比星（DOX）制备的DOX/PLGA纳米粒平均粒径为200 nm，药物包封率高达80%以上，体外释放实验表明DOX缓释可持续4周以上，显著提高了DOX的治疗效果和生物安全性。

介孔硅因其规则的孔道结构和高比表面积成为药物控释的理想载体。以正硅酸四乙酯（TEOS）为硅源、十六烷基三甲基溴化铵（CTAB）为结构导向剂，制备的介孔二氧化硅（MCM-41）材料，其比表面积可达1000 m^2/g以上，孔径分布集中在2～5 nm范围。将抗炎药布洛芬（IBU）负载于MCM-41孔道中制备的IBU/MCM-41复合材料的药物装载量可达35%以上。体外释放试验表明，IBU可持续释放24 h以上，释放曲线呈现零级动力学特征。进一步在MCM-41表面修饰pH敏感基团，可实现药物分子对病灶微环境的智能响应释放。

（三）生物成像与诊疗探针材料

生物医学成像技术如X射线成像、核磁共振成像、超声成像等在疾病诊断和治疗监测方面发挥着重要作用。然而，大多数成像技术的灵敏度和特异性有待提高，难以实现病灶的早期诊断和精准定位。纳米探针由于其独特的尺寸效应和表面效应，可显著提高成像灵敏度和特异性，并实现多模态成像和诊疗一体化，成为新型医学影像技术的重要支撑。常见的纳米探针材料包括金纳米粒子、上转换纳米粒子、量子点等。

金纳米粒子具有优异的光学性质和表面等离子体共振效应，可用于X射线计算机断层扫描（CT）、光声成像等。例如，以柠檬酸三钠为还原剂，通过化学还原法制备的金纳米粒子，其粒径可控制在2～100 nm范围，且具有良好的生物相容性。静脉注射金纳米粒子后，可选择性聚集在肿瘤部位，其X射线吸收系数是碘对照剂的2.7倍，成像灵敏度可提高50%以上。进一步在金纳米粒子表面修饰肿瘤特异性配体，可实现肿瘤的主动靶向和多模态成像。

上转换纳米粒子是一类在近红外光激发下能发射可见光的稀土掺杂纳米晶体，具有荧光量子产率高、光稳定性好、组织穿透深度大等优点，在生物标记和深部组织成像方面具有独特优势。例如，以NaYF4为基质，Yb^{3+}/Er^{3+}或Yb^{3+}/Tm^{3+}共掺杂制备的上转换纳米材料，在980 nm近红外光激发下可发射绿光（540 nm）或蓝光（480 nm），发光效率可达10%以上，组织穿透深度可达1 cm以上。将肿瘤特异性抗体修饰于上转换纳米粒子表面，静脉注射后可在肿瘤部位富集，实现肿瘤的高灵敏、高分辨、低背景的荧光成像，为肿瘤的早期诊断和精准手术导航提供了新思路。

量子点是一类粒径小于10 nm的无机纳米半导体晶体，具有量子尺寸效应、宽光谱吸收、窄发射峰等独特的光学性质。硒化镉（CdSe）、碲化镉（CdTe）硫化铅（PbS）等Ⅱ～Ⅵ族或Ⅳ～Ⅵ族半导体量子点在近红外波段具有优异的荧光性能，可用于深层组织、肿瘤等的活体成像和示踪。例如，以CdTe/CdS核壳结构量子点为探针，静脉注射后可在小鼠肝脏和肺部肿瘤处聚集，并可持续示踪48 h以上。进一步优化量子点的表面配体和粒径分布，可将量子产率提高至80%以上，显著降低量子点的毒性风险。此外，半导体量子点还具有优异的双光子吸收性能，可用于活体组织的深层光学切片成像和高分辨三维重构。

（四）诊疗一体化智能纳米机器人

智能纳米机器人是指集成纳米材料、生物医学和机器人学，可在外部刺激下（如磁场、超声等）自主运动并执行特定医学功能（如诊断、给药、手术等）的微纳米级智能体。智能纳米机器人可在血液循环系统内主动游走，并对病灶部位实现精准靶向和定点诊疗，有望突破现有医学技术在诊疗深度、精度等方面的瓶颈，开辟纳米医学的新时代。纳米机器人的驱动和功能实现高度依赖新型智能纳米材料体系，如磁响应纳米材料、声驱动纳米马达、光控纳米执行器等。

磁驱动纳米机器人是目前研究最为深入的一类纳米机器人，其驱动力来源于材料的磁各向异性和外加旋转磁场之间的相互作用。以铁磁性金属[如Fe、钴（Co）、Ni及其合金]和氧化物[如四氧化三铁（Fe_3O_4）]纳米线为驱动构件，通过模板法、水热法等制备的螺旋状、链状等异构纳米机器人，其推进速度可达50 μm/s以上，在狭窄血管和脑部微循环等复杂环境下展现出良好的运动性和穿透力。进一步在驱动构件表面组装药物、基因等治疗性分子，可实现肿瘤等病灶的精准给药和高效治疗。例如，以Fe_3O_4纳米线为驱动构件、DOX为治疗分子，组装制备的磁驱动纳米机器人，在50 Hz、5 mT旋转磁场驱动下，可在C6胶质瘤细胞间快速穿梭并将DOX定点释放，细胞存活率可降低80%以上，显示出良好的肿瘤抑制效果。

声驱动纳米机器人的驱动力来源于材料与声场的非线性相互作用，如声悬浮、声流、空化效应等。以Au、铂（Pt）等贵金属或高分子聚合物为声响应材料，通过物理气相沉积、光刻等方法构筑不对称微纳结构（如锥形、螺旋形等），在超声场激励下可产生定向推进力，驱动速度可达数百微米每秒量级。例如，以聚二甲基硅氧烷（PDMS）为声响应材料，通过聚合物印迹技术制备的人鱼状纳米机器人，其尾部刚度梯度结构在37 MHz超声场激励下可产生非对称振动，驱动速度可达120 μm/s，在血管动力学环境下仍能保持稳定运动，为血管内病灶治疗提供了新思路。

光驱动纳米机器人的驱动力主要源于光热、光化学等光诱导相变效应，如偶氮苯的顺反异构化、液晶高分子的相转变等。以Pt纳米粒子掺杂的液晶弹性体（LCE）为驱动材料，通过3D打印工艺制备的LCE微柱阵列，在偏振光照射下可发生各向异性弯曲变形，实现毛毛虫式爬行运动。进一步在LCE表面修饰温敏性聚合物，可实现光—热协同驱动，运动速度可提高一个量级以上。又如，将间硝基苯腈接枝于高分子纳米纤维表面，构筑的Janus[1]纳米马达在紫外光驱动下可实现定向旋转运动，转速可达1500 r/min以上，有望在微流控芯片、活细胞操纵等方面得到应用。

总之，生物医学工程的飞速发展对功能材料的智能化、微型化、多功能集成化提出了新的迫切需求，推动了化学、材料、生物、医学等多学科领域的交叉融合，催生了一系列新型生物医用功能材料。组织工程支架材料通过模拟细胞外基质的化学组分和空间结构，引导内源性组织再生；药物控释载体材料利用材料与生理环境的动态响应，实现药物分子的定点释放和精准给药；生物成像与诊疗探针利用光、热、声、磁等多重响应特性，实现疾病的精准诊断和靶向治疗；智能纳米机器人集成了驱动、感知、治疗等多重功能，在体内实现自主运动和智能诊疗。这些智能化、微型化、多功能一体化的新型材料体系，正在重塑人类疾病诊疗的模式，并为精准医疗和智慧医疗注入了新的动力。

当前，生物医用功能材料的发展呈现出以下新特点：一是仿生化，通过分析自然界生物

---

[1] Janus材料是指两种化学组成在同一体系，具有明确的区分结构，因而具有双重性质（如亲水/疏水，极性/非极性）的材料。

体系的精细结构和优异性能，利用自下而上组装、3D打印成型等技术构建多尺度、多层次仿生结构，实现复杂组织器官的再生修复；二是个性化，利用3D打印、4D打印等增材制造技术，结合患者医学影像数据，实现组织工程支架、药物载体的精准制造，突破“大规模生产”的传统模式，开启“私人定制”的精准医疗时代；三是智能化，利用物理化学刺激响应材料、自修复材料、形状记忆材料等，研制具有环境感知、自主学习、决策执行等智能特征的新型医用材料，实现材料性能的主动优化调控；四是集成化，利用微纳加工、界面修饰等技术，将诊断、给药、修复等多重功能集成于同一材料体系，发展具有诊疗一体化特征的多功能纳米平台，提高疾病诊疗的精准性和有效性。

展望未来，生物医用功能材料在以下方面有望取得突破性进展：一是在再生医学领域，随着干细胞技术、生物活性因子修饰技术的进步，个性化、多功能化支架材料将在器官再生、创伤修复等方面发挥重要作用；二是在智能药物递送领域，基于多重刺激响应机制的智能纳米载药系统将实现药物分子对病灶微环境的智能识别和自适应给药；三是在精准医疗领域，集成诊断示踪、药物靶向、热声磁电复合治疗功能的多模态纳米探针将突破常规医学影像的灵敏度和分辨率瓶颈，实现恶性肿瘤等重大疾病的早期诊断和精准治疗；四是在组织器官芯片领域，集成生物材料、微流控、传感检测等技术的类器官芯片将在药物筛选、疾病机理研究等方面发挥革命性作用。

可以预见，生物医用功能材料的未来发展将进一步突破学科壁垒，发挥化学、材料、生物、医学、信息等多学科的协同效应，并从分子、纳米、器官、个体等不同层次入手，解译生命活动的物质基础，攻克重大疾病的治疗难题。新型功能材料与先进制造、智能辅助等技术的深度融合，将催生智能化、精准化、个性化的新一代生物医学工程技术，为智慧医疗的发展提供有力支撑。而这一过程也将极大地推动生物医用功能材料的应用创新，形成基础研究、应用开发、成果转化的良性互动，开启生物医学与材料科学融合发展的崭新时代。

三、新能源技术对功能材料的推动作用

化石能源的大规模开发和利用，带来了以温室效应为代表的全球性环境问题，同时也加剧了能源供给的矛盾与危机，发展清洁、高效、可再生的新能源技术已成为人类社会可持续发展的必然选择。而新能源技术的突破和应用离不开功能材料的支撑。太阳能、风能、生物质能等可再生能源以及储能技术的发展，对光伏材料、热电材料、催化材料、电池材料等功能材料的组成、结构、性能提出了新的更高要求，成为当前功能材料研究的重要驱动力之一。

（一）光伏发电技术对新型功能材料的需求

太阳能是一种清洁、安全、取之不尽的可再生能源，开发利用太阳能被认为是解决能源危机和环境问题的重要途径。光伏发电技术通过光伏效应将太阳能直接转化为电能，其因清洁、高效、便利等优点得到了快速发展。光伏电池是实现光电转换的核心器件，其性能高度

依赖光伏材料的光电转换效率和使用寿命。随着光伏产业的飞速发展，对光伏材料提出了转换效率高、成本低、环境友好的更高要求，推动了新型光伏功能材料的研究与应用。

1. 钙钛矿太阳能电池

近年来，有机—无机杂化钙钛矿太阳能电池因其优异的光电转换性能和低成本制备工艺而备受关注。钙钛矿材料具有高吸光系数、长载流子扩散长度、优异的缺陷容忍度等特点，其光电转换效率已从2009年的3.8%迅速提升至2021年的25.5%，展现出极大的应用潜力。但钙钛矿电池在环境稳定性、潮解性等方面还存在不足，亟须开发高效稳定的新型钙钛矿功能材料。

全无机钙钛矿材料因其优异的热稳定性而成为研究热点。三碘化铯铅（$CsPbI_3$）是一种典型的全无机钙钛矿材料，其禁带宽度为1.73 eV，与太阳光谱匹配良好，但在室温下易发生从钙钛矿相到非钙钛矿相的转变，导致光电性能恶化。引入FA^+、Rb^+等有机阳离子部分取代Cs^+，可显著提高$CsPbI_3$的相稳定性。例如，$CsPb_{0.9}FA_{0.1}PbI_3$钙钛矿薄膜的光致发光寿命长达1.1 μs，是$CsPbI_3$的10倍以上，对应的电池器件效率达21.5%，且在环境中放置1000 h后效率仍保持在初始值的90%以上。

低维钙钛矿材料由于其优异的缺陷钝化和载流子限域效应，在钙钛矿电池长期稳定性方面展现出独特优势。通过在3D钙钛矿基体中引入2D限域结构，构筑低维异质结钙钛矿，可有效抑制缺陷态的产生，延长载流子寿命。例如，在碘铅甲胺（$MAPbI_3$）钙钛矿前驱液中掺入苯乙胺（PEA）有机阳离子，制备的2D/3D异质结钙钛矿薄膜，其载流子扩散长度从1.2 μm提高至2.5 μm，空穴扩散长度则从0.8 μm提高至10 μm以上，对应的电池器件效率达23.5%，且在环境中连续光照1000 h后效率仍保持在初始值的95%以上。

2. 量子点太阳能电池

半导体量子点因其优异的带隙可调、多激子效应等特性，在太阳能电池领域备受关注。传统含铅量子点存在重金属毒性问题，开发无铅、低毒量子点材料成为研究热点。钙钛矿量子点材料兼具钙钛矿和量子点的优点，如高吸光系数、宽带隙范围、高载流子迁移率等，且无毒环保，在量子点太阳能电池中得到了广泛应用。

全无机钙钛矿量子点如$CsPbI_3$量子点，其禁带宽度可通过量子尺寸效应在1.4~2.3 eV范围调控，覆盖了太阳光谱的可见—近红外波段。以$CsPbI_3$量子点作为吸光层，采用异质结电池结构，光电转换效率可突破15%，且器件稳定性大幅提升。进一步采用表面配体工程，在量子点表面引入$MAPbI_3$钙钛矿壳层，可有效钝化表面缺陷态，量子产率从75%提高至95%以上，电池效率进一步提升至18.3%。

Ⅰ、Ⅲ、Ⅵ族无铅钙铜矿量子点材料如硫铟铜（$CuInS_2$）、铜铟硒（$CuInSe_2$）等，具有无毒、元素丰度高、光吸收强等优点，通过阳离子替换可实现带隙在0.9~2.6 eV范围连续调控。例如，用镓（Ga）部分替代铟（In）可将$CuInS_2$量子点的禁带宽度从1.55 eV增大至2.38 eV，实现对太阳光谱的有效吸收和利用。将锌（Zn）掺杂的$CuInSe_2$量子点作为敏化剂，结合TiO_2电子传输层和Pt对电极，构建全印刷量子点敏化太阳能电池，光电转换效率达12.6%，且在环境中放置1000 h后效率保持率高达95%以上。

（二）热电技术对新型功能材料的需求

热电技术是利用热电材料的塞贝克效应，将热能直接转化为电能的一种新型能源技术。与传统的热机循环发电相比，热电发电具有结构简单、体积小、无噪声、无污染等优点，在余热回收、温差发电等领域具有广阔的应用前景。热电材料的性能优劣直接决定了热电器件的转换效率，是实现热电技术产业化应用的关键。近年来，纳米结构热电材料、声子玻璃—电子晶体（PGEC）热电材料、柔性热电材料等新型热电功能材料不断涌现，为热电技术的发展注入了新的活力。

1.纳米结构热电材料

纳米结构化是提高热电材料性能的有效途径之一。纳米结构材料中存在大量界面和表面，可有效散射声子降低晶格热导率，同时量子限域效应可提高塞贝克系数，从而提升热电优值（*ZT*）。目前，基于BiSbTe、PbTe、$CoSb_3$、硅锗合金等传统热电材料，采用球磨、热压、放电等离子烧结方法制备的纳米结构体系，其*ZT*值均获得了不同程度的提高。

以BiSbTe基纳米结构热电材料为例，采用机械合金化结合放电等离子烧结工艺，可制备纳米晶/非晶复合结构的BiSbTe块体材料。在纳米尺度下（10~20 nm），声子散射明显增强，晶格热导率从1.5 W/（m·K）降低至0.4 W/（m·K），而载流子迁移率保持在100 cm^2/（V·s）以上，最终获得的热电优值*ZT*约等于1.8的优异热电性能，较传统BiSbTe块体材料提高了80%以上。类似地，PbTe/Ag_2Te纳米复合材料的*ZT*值达到2.2，硅锗（SiGe）纳米线的*ZT*值达到1.3，均显著高于对应块体材料。

2.声子玻璃—电子晶体热电材料

声子玻璃—电子晶体是一类新型高性能热电材料的设计思想，即材料在声子输运方面表现为无规则的非晶态，散射声子，降低晶格热导率；而在电子输运方面表现为有序排列的晶态，保持高电导率和塞贝克系数。PGEC材料的代表是填充方钴矿化合物，其分子式为ABX3，A位原子松散地填充于BX6八面体形成的笼状结构中，填充原子的“rattling”效应可有效散射声子，而B—X共价框架网络则形成了电子传输的快速通道。

以$Ba_{0.3}Co_4Sb_{12}$方钴矿化合物为例，Ba原子填充在$CoSb_3$骨架的空洞位置，在基频140 /cm处存在局域化的Sb—Sb键伸缩振动模式，可有效散射声子，将晶格热导率降低至1.5 W/（m·K）以下，而$CoSb_3$骨架中Co—Sb共价键形成的电子传输通道，载流子迁移率保持在100 cm^2/（V·s）以上，在800 K下获得了*ZT*值约为1.3的优异热电性能。通过在$Ba_{0.3}Co_4Sb_{12}$基体中掺杂Fe、Ni等过渡族元素，可进一步降低晶格热导率至1.0 W/（m·K）以下，*ZT*值提高至1.5以上。类似地，稀土填充的铋碲化物$Yb_{0.3}Co_4Sb_{12}$的*ZT*值达1.4，双填充的硫族化合物$Cu_yMo_6Se_8$的*ZT*值达1.1，均是潜在的中高温热电发电材料。

3.柔性热电材料

柔性热电材料是一类可实现热电功能与结构延展性一体化的新型热电材料。通过在柔性基底上构筑热电活性层，赋予器件柔韧性、延展性、可穿戴性等特点，在人体余热发电、自供能传感等方面具有独特优势。目前，基于聚合物/无机热电纳米复合材料，采用印刷、涂覆等方法制备的柔性热电薄膜，其力学性能和热电性能均取得了长足进步。

以聚（3,4-乙烯二氧噻吩）：聚苯乙烯磺酸钠（PEDOT：PSS）/Bi_2Te_3纳米复合材料为例，采用电化学沉积法在柔性PET基底上制备了Bi_2Te_3纳米线阵列，再通过旋涂法引入PEDOT：PSS导电聚合物基体，获得了兼具优异热电性能和力学柔韧性的柔性热电薄膜。该薄膜的塞贝克系数高达180 μV/K，电导率达900 S/cm，功率因子PF高达30 μW/（m·K^2），且在1000次弯折循环后塞贝克系数和电导率保持率均在90%以上。进一步集成p型和n型薄膜构建柔性热电发电器件，当温差为50 K时，输出功率密度可达50 μW/cm^2，展现出良好的热电转换性能和可穿戴适用性。

类似地，采用静电纺丝法制备Ag纳米线/聚乳酸复合纤维薄膜，其塞贝克系数高达350 μV/K；采用真空过滤法制备还原氧化石墨烯/聚吡咯复合薄膜，其功率因子PF高达160 μW/（m·K^2）；采用印刷法制备碳纳米管/PVDF复合薄膜，其*ZT*值高达0.5。这些研究进展表明，热电功能与力学柔韧性的有机结合是柔性热电材料未来的重要发展方向，有望在可穿戴自供能电子、柔性传感器等领域得到广泛应用。

（三）催化技术对新型功能材料的需求

催化技术在化石能源的清洁高效利用以及可再生能源的转化利用中发挥着不可或缺的作用。高效催化剂材料是催化技术的核心，直接决定了催化过程的效率、选择性和稳定性。传统的贵金属催化剂存在成本高、储量少等问题，亟须开发高效、廉价、环保的新型催化功能材料。单原子催化剂、金属—有机框架催化剂（MOF）、电催化剂等新型催化功能材料的出现，为催化技术的可持续发展提供了新的机遇。

1.单原子催化剂

单原子催化剂是指将活性金属组分以单个原子的形式分散于载体表面，形成高密度且均匀分布的活性位点。与纳米颗粒催化剂相比，单原子催化剂具有原子利用率高、活性位点数密度大、催化效率高等优点。以单原子Pt催化剂为例，将Pt原子负载于氧化铈（CeO_2）载体表面，Pt原子与铈（Ce）之间形成了强相互作用，Ce 4f轨道与Pt 5d轨道之间的电荷转移增强了Pt的还原能力，一氧化碳（CO）氧化反应的转化频率（TOF）从纳米Pt颗粒的0.05 s^{-1}提高至0.59 s^{-1}，提高了一个数量级。类似地，负载于FeO_x载体表面的单原子Pt催化剂，在低温CO氧化反应中展现出优异的催化活性和稳定性，在150 ℃下的CO转化率接近100%，且在200 ℃下连续反应100 h后，催化活性无明显下降。

除贵金属Pt外，过渡金属如Fe、Co、Ni等也可形成高效的单原子催化剂。以掺杂Fe的氮化碳（Fe—N—C）为例，Fe原子与N原子配位形成FeN_4活性中心，与纳米Fe颗粒相比，Fe原子利用率从30%提高至90%以上，在氧还原反应中的半波电位从0.75 V提高至0.90 V，质量活性从20 A/g提高至120 A/g，成为高效的非贵金属ORR电催化剂，在燃料电池等能源电催化领域展现出广阔应用前景。

2. 金属—有机框架催化剂

金属—有机框架（metal-organic framework，MOF）是一类由金属离子/团簇与有机配体通过配位键连接形成的多孔晶体材料。MOF材料的孔道结构和化学环境可通过改变金属中心和有机配体进行调控，因而在多相催化领域备受关注。以UiO-66型MOF为例，其分子式为$Zr_6O_4(OH)_4(BDC)_6$（BDC=对苯二甲酸），由Zr_6O_8簇与BDC配体构成框架结构，具有高达1200 m^2/g的比表面积和0.3～1.2 nm可调的孔径分布，且Zr—O簇与BDC配体之间存在Lewis酸碱对，在催化反应中具有协同作用。

以锆（Zr）基MOF催化剂催化CO_2加氢制甲醇为例，利用Zr_6O_8簇上配位不饱和的Zr^{4+}位点吸附活化CO_2分子，邻近的羟基可活化H_2分子解离为H原子，并促进其溢流至CO_2分子上，从而大大加速了CO_2加氢反应，在200 °C、4.0 MPa条件下，CO_2转化率达18.1%，甲醇选择性达79.2%，是相同条件下$Cu/ZnO/Al_2O_3$催化剂的4倍多。类似地，以MOF衍生的金属/氮/碳多孔材料作为催化剂，在电催化N_2还原合成NH_3反应中，法拉第效率从传统钌（Ru）催化剂的0.1%提高至8.3%，为电化学合成NH_3提供了新思路。

3. 电催化剂

电催化是一种利用外加电场调控电极表面催化反应的新型催化技术，在电化学能源转化与存储、电合成等领域具有重要应用。电催化过程涉及电极/电解质界面的电荷转移和表面化学反应，因而对电催化剂材料的导电性、表面化学性质等提出了特殊要求。贵金属如Pt、Pd、Ru等因具有优异的导电性和表面化学活性，是最常用的电催化剂材料，但储量有限、价格昂贵限制了其大规模应用。因此，开发高效且稳定的非贵金属电催化剂材料成为电催化技术发展的关键。

在析氢反应（HER）电催化剂方面，二硫化钼（MoS_2）是一类极具应用前景的非贵金属电催化材料。MoS_2晶体结构中暴露的Mo边缘S原子具有类Pt的HER催化活性，但MoS_2材料导电性差、比表面积低，限制了其电催化性能。通过在MoS_2表面引入缺陷和应变，构筑纳米尺度的MoS_2量子点，可将HER起峰电位从−0.32 V提高至−0.11 V（vs.RHE），塔菲尔斜率从105 mV/dec降低至53 mV/dec。在氧析出反应（OER）电催化剂方面，过渡金属氢氧化物/氧化物因其储量丰富、价格低廉，且具有优异的OER催化活性，受到了广泛关注。以Ni基氢氧化物/氧化物为例，β-Ni（OH）$_2$在碱性条件下的OER催化活性与二氧化铱（IrO_2）相当，但导电性差，限制了其性能的发挥。通过在β-Ni（OH）$_2$纳米片表面引入Fe离子掺杂，制备了β-NiFe双金属氢氧化物。Fe掺杂引起了Ni—O键的畸变，增加了Ni的配位不饱和度，从而增强了材料的OER本征活性。同时，Fe掺杂还提高了材料的导电性，有利于电荷传输。在1 mol/L KOH电解液中，NiFe双金属氢氧化物电极在10 mA/cm^2的电流密度下，过电位仅为240 mV，塔菲尔斜率为39 mV/dec，性能指标优于IrO_2。此外，在碱性离子交换膜水电解槽中，以NiFe双金属氢氧化物为阳极，经过200 h的连续电解，电流密度保持在100 mA/cm^2以上，展示了优异的操作稳定性。

在CO_2电还原制备碳基燃料（如CO、甲酸、乙醇等）方面，Cu基催化剂表现出独特的优势，其可将CO_2选择性还原为C^{2+}产物。以氧化铜衍生的Cu纳米线阵列为例，通过阳极氧化和电化学还原制备的Cu纳米线，具有丰富的晶界、拐角和台阶位等高能面，可增强CO_2吸附和活化。在−0.7 V（vs.RHE）电位下，CO_2还原为乙醇的法拉第效率高达37.5%，同时对乙烯、乙烷等C2+产物的选择性达80%以上，而CH_4等C1产物的选择性被大大抑制。密度泛函理论（DFT）计算表明，Cu纳米线中的低配位原子具有更强的CO_2吸附能力，且利于中间体*HCCOH的形成，从而有利于C—C偶联，选择性生成C2+产物。

除上述二氧化碳、析氢、氧析出等小分子反应体系外，电催化技术在有机合成领域也展现出独特优势。电催化有机合成无须化学计量的氧化剂或还原剂，可显著提高原子经济性，符合绿色可持续发展理念。以柯尔贝（Kolbe）电解为例，在阳极施加正电位，可实现羧酸脱羧，生成自由基中间体，进而偶联生成二聚产物。该反应可用于二聚脂肪酸的合成，在润滑油、香料等领域被广泛应用。但传统柯尔贝电解存在产率低、选择性差等问题，故发展高效Kolbe电解催化剂十分必要。最新研究发现，硼掺杂金刚石（BDD）阳极可有效促进自由基的生成，大大提高了柯尔贝电解效率。以月桂酸为底物，在BDD阳极上的Kolbe电解效率高达95%，选择性达98%，为二聚脂肪酸的工业化制备提供了新思路。

电化学还可用于药物分子及其中间体的选择性合成。以抗肿瘤药物紫杉醇侧链的合成为例，瓦泽（Waser）等通过电化学氧化脱氢交叉偶联反应，以75%的产率实现了紫杉醇侧链关键中间体的高效制备。该反应以廉价的石墨作为阳极，无须过渡金属催化剂，反应条件温和，底物普适性好，展现了电合成技术在复杂药物分子定向合成中的应用前景。

总之，电催化技术的发展为传统热催化反应提供了新的思路，为新能源开发利用、复杂分子合成等领域带来了新的机遇。发展高效电催化剂材料，揭示其结构与性能间的构效关系，对电催化技术走向工业应用至关重要。与此同时，原位表征、理论模拟等先进科学手段在电催化研究中的深入应用，可加深对电催化反应机制的理解，为高效电催化剂的理性设计提供指导，推动电催化技术长足发展。

第三节　本书的结构安排

一、理论基础与基本概念

功能材料是材料科学与技术的重要分支，其研究涉及材料科学、物理学、化学、生物学、信息科学等多个学科领域的基本理论和前沿知识。为帮助读者系统地了解和掌握功能材料的理论基础与研究方法，本书将在第二章中重点介绍功能材料研究的基础理论与关键科学问题，主要包括以下三个方面。

（一）固体物理基础

功能材料的物理性质如光、电、磁、声、热等特性，归根结底取决于材料内部的电子结构和声子结构。因此，固体物理的基本概念和理论方法是理解功能材料物理机制的基石。本部分将系统介绍固体能带理论、费米面、玻尔兹曼输运方程等经典理论，以及密度泛函理论、第一性原理计算等量子力学理论方法，阐明电子结构与材料宏观性能之间的内在联系，并结合功能材料的研究实例，讨论固体物理理论在新型功能材料设计中的应用。

能带理论是研究晶体材料电子结构的基础，物质的导电性、光学性质等宏观物理性质很大程度上由其能带结构决定。通过分析功能材料的能带色散关系、态密度分布、费米能级位置等特征参数，可判断材料属于金属、半导体还是绝缘体，进而预测其电学、光学等性质。例如，对于半导体材料，导带底和价带顶的能量差即为禁带宽度，而禁带宽度是决定半导体光吸收波段、载流子浓度的关键参数。通过掺杂、应变、量子限域等调控手段，可实现禁带宽度的连续可调，从而诱导出新的光电功能。

除能带结构外，玻尔兹曼输运理论也是研究功能材料电学性质的重要理论工具。在外电场作用下，材料中载流子的运动满足玻尔兹曼输运方程，通过求解该方程可获得载流子的迁移率、浓度、有效质量等输运参数，进而计算材料的电导率、霍尔系数等宏观电学性质。例如，在热电材料的研究中，通过分析声子玻尔兹曼输运方程，可计算材料的晶格热导率，结合电子输运参数可进一步计算热电优值（ZT），为新型热电材料的理论设计提供了重要依据。

随着计算机技术的飞速发展，第一性原理计算成为功能材料研究的重要理论工具。第一性原理计算基于密度泛函理论，在给定材料的晶体结构后，通过求解薛定谔方程，可获得材料的电子结构、声子谱、弹性常数、介电常数等基础物理参数，进而预测材料的宏观性能，指导新材料的理论设计与实验制备。例如，在压电材料的研究中，采用第一性原理计算不仅可准确预测材料的压电系数、介电常数等压电性能参数，还可分析压电响应与材料结构、化学组分之间的构效关系，为新型压电材料的设计提供理论指导。

（二）材料化学基础

功能材料的化学组成和结构是其功能特性的物质基础，材料化学的基本原理和表征方法是功能材料研究的重要基石。本部分将重点介绍材料组成与结构表征、结构—性能关系、化学键理论、表界面化学、团簇化学等材料化学的基础知识，阐明功能材料的化学组成、微观结构与性能之间的内在关联，并结合研究实例讨论材料化学理论和方法在功能材料设计中的应用。

材料的化学组成与微观结构是决定其性能的关键因素，采用X射线衍射、X射线光电子能谱、拉曼光谱、核磁共振等表征手段，可获得材料的元素组成、化学价态、局域结构、键合方式等微观信息。例如，在钙钛矿太阳能电池的研究中，通过X射线衍射分析可获知钙钛矿材料的晶体结构、相组成、结晶取向等，为优化薄膜生长工艺、提高器件性能提供了重要依据。而X射线光电子能谱可提供钙钛矿材料表面元素的化学价态、能级结构等信息，对理解界面载流子复合、能级调控等机制至关重要。

化学键理论是理解材料微观结构与性能关系的重要理论工具。通过分析材料内部的化学键类型、键长、键角等特征参数，可判断材料的结构稳定性、力学性能、化学反应活性等。

例如，以共价键为主的金刚石具有极高的硬度和热导率，而以离子键为主的氯化钠则具有优异的光学透明性。通过调控材料的化学键类型和键合方式，可诱导出新的物理化学性质。例如，在过渡金属碳化物MXene材料[1]中，通过表面官能团修饰，引入M—F、M—O等离子/共价键，可显著改变材料的电荷分布和能带结构，诱导出优异的电化学储能、电磁屏蔽等新功能。

表界面化学在功能材料的可控制备和性能调控中发挥着重要作用。材料的表界面结构和化学性质与其本体往往存在显著差异，表现出独特的物理化学行为。纳米材料由于比表面积大、表面能高，其性质很大程度上取决于表界面效应。通过表面修饰、界面偶合等化学手段，可显著改变纳米材料的分散性、稳定性、催化活性、光电性能等。例如，以油酸为表面配体合成的PbS量子点，其光致发光量子产率可从普通PbS量子点的10%以下提高到60%以上，并且胶体稳定性大大增强，成为性能优异的太阳能电池光吸收材料。

团簇化学为功能材料的精准合成提供了新思路。团簇是指由几个至几千个原子通过化学键结合形成的稳定结构单元，具有与宏观物质不同的物理化学性质。通过团簇组装可构筑具有特定化学组成、尺寸、形貌的纳米结构，从而实现功能材料性能的精准调控。例如，以安德森（Anderson）型杂多酸团簇（如$[MMo_6O_{24}]^{n-}$，M=Cr，Mn等）为构筑基元，通过自组装可制备出高比表面积、规则介孔结构的杂化材料，其氧化还原电位可调、催化活性高，在电催化析氢、选择性氧化等领域展现出优异性能。

（三）材料物理与化学的交叉融合

功能材料的研究是一个多学科交叉融合的过程，既需要物理学的基础理论和研究方法，也离不开化学的合成技术和表征手段。材料物理与化学的交叉融合，能够从多个尺度、多个层面理解功能材料的结构与性能之间的内在联系，是发现新材料、发展新功能的重要途径。本部分将结合几类典型功能材料的研究实例，如超导材料、自旋电子学材料、生物医用材料等，讨论物理学和化学的交叉融合在新型功能材料创新中的重要作用。

以超导材料的研究为例，超导电性起源于材料中电子的关联作用，遵循BCS微观理论，因而属于典型的量子物理问题。然而，如何获得高临界温度、高临界电流的超导材料，又离不开材料化学的合成设计与结构表征。以铜氧化物高温超导体为例，通过部分取代镧（La）位的钡（Ba）、锶（Sr）等碱土元素，调控Cu—O面内载流子浓度，在最佳掺杂浓度处可获得133 K的最高临界温度。进一步采用化学气相沉积、分子束外延等薄膜生长技术，可在钛酸锶（$SrTiO_3$）、铝酸镧（$LaAlO_3$）等单晶衬底上外延生长高质量的铜氧化物薄膜，制备高性能的超导量子器件。

自旋电子学材料是信息存储与处理领域的核心材料之一，其研究涉及自旋轨道耦合、磁各向异性、巨磁电阻等物理机制，而材料的化学组分和微观结构又对其磁电性能具有决定

[1] MXeue是一种二维材料，该材料为离子运动提供了更多的通道，可大幅提高离子运动的速度。

性影响。以磁性拓扑绝缘体锰铋碲（$MnBi_2Te_4$）为例，通过调控锰（Mn）/铋（Bi）的化学计量比，可诱导出铁磁性和反铁磁性两种基态，Mn自旋取向也随之改变。采用分子束外延技术在六角氮化硼（BN）衬底上外延生长的$MnBi_2Te_4$薄膜，具有原子级平整的表面和界面，展现出量子反常霍尔效应，有望用于构建新型自旋器件。

生物医用材料是生物、医学与材料科学交叉融合的典型代表，其功能特性既取决于材料的物理力学性能，也与材料的化学组成、表面性质密切相关。以人工骨修复材料为例，理想的骨修复材料需要兼具优异的力学强度、韧性以及生物相容性、成骨诱导能力。采用冰模板法制备的纳米羟基磷灰石/聚合物复合材料，其压缩强度可达30 MPa以上，弹性模量可达2~6 GPa，与天然松质骨相当。通过在复合材料表面接枝Arg—Gly—Asp（RGD）等细胞黏附肽，可显著提高成骨细胞在支架材料表面的黏附、增殖和分化，新生骨组织形成速率提高3倍以上。这些研究进展充分体现了物理学与化学交叉融合对新型生物医用材料创新发展的重要推动作用。

综上所述，功能材料的研究需要物理学与化学的理论基础与方法，以揭示材料组成、结构与性能之间的内在联系，为新材料的设计、制备与应用提供理论指导。通过材料物理与化学的交叉融合，综合利用第一性原理计算、量子化学、表界面化学、材料合成与表征等多学科的前沿理论与方法，能够加深对功能材料复杂体系的物理化学机制的理解，为突破传统材料的性能瓶颈、发展具有颠覆性创新潜力的新型功能材料提供科学基础。

本书将在第二章系统阐述与功能材料相关的物理学、化学基础理论与研究方法，内容涵盖了从宏观物性到微观机制的不同尺度、不同层次，反映了当前功能材料基础研究的核心科学问题和前沿进展。通过理论分析与研究实例的紧密结合，不仅可帮助读者加深对功能材料物理本质的理解，更能启发创新思考，为功能材料领域的科技工作者提供理论指引和方法参考。

需要指出的是，功能材料科学是一个不断发展、日新月异的研究领域，新材料、新功能、新机制层出不穷，材料物理和化学的发展也日新月异，不断涌现出新的理论、新的方法。本书所论述的理论基础与研究方法具有一定的代表性和系统性，但难免挂一漏万。因此，在学习本书理论基础的同时，读者还需广泛学习材料科学与物理化学的专业书籍与文献，以及时了解、深入研究前沿科学问题，并勇于探索创新、勇于实践尝试，在丰富的研究实践中加深对功能材料本质的认识，做出基础性、原创性的研究成果。只有坚持理论联系实际，在科学探索中不断拓展新的研究视野，才能推动功能材料基础研究不断向纵深发展，并最终形成支撑引领新兴产业发展的原创性成果和核心技术。

二、各类功能材料的详细讨论

功能材料被广泛应用于信息、能源、环境等领域，其种类繁多，性能各异。本书将重点讨论几类典型的功能材料，包括磁性材料、超导材料、光电材料、催化材料和储能材料等，深入探讨其制备方法、结构特征、性能调控和应用前景。

磁性材料是一类重要的功能材料，其独特的磁学性能在信息存储、电子器件、生物医学等领域有着广泛的应用。本书将系统介绍磁性材料的基本概念和分类，重点阐述铁氧体、稀土永磁材料和软磁材料的制备工艺、微观结构和磁学性能。针对不同类型磁性材料的特点，深入分析其结构—性能的关系，揭示影响磁学性能的关键因素，探讨提高磁性能的策略和方法。同时，还将介绍磁性材料在信息存储、电磁屏蔽、生物医学等领域的应用进展和发展趋势。

超导材料因其零电阻和强抗磁性等独特性能而备受关注，在能源、电力、医疗等领域有着广阔的应用前景。本书将全面介绍超导材料的基本原理和分类，重点讨论高温超导材料和铁基超导材料的制备方法、超导机理和临界特性。针对不同类型超导材料的特点，系统分析其结构与超导性能的关系，阐明影响超导临界温度、临界电流密度等关键参数的因素。同时，还将探讨超导材料在强磁场、超导电缆、超导磁悬浮等领域的应用现状和挑战。

光电材料是一类重要的功能材料，其独特的光电转换、发光、光催化等性能在信息、能源、环境等领域有着广泛的应用。本书将系统介绍光电材料的基本概念和分类，重点讨论半导体发光材料、太阳能电池材料、光催化材料等的制备方法、光电性能和器件应用。针对不同类型光电材料的特点，深入分析其结构—性能关系，揭示影响光电转换效率、发光效率、光催化活性等关键性能指标的因素。同时，还将探讨光电材料在照明、显示、太阳能利用、环境治理等领域的应用进展和发展趋势。

催化材料在化学工业、能源转换、环境保护等领域发挥着关键作用，其高效、选择性和稳定性是衡量催化性能的重要指标。本书将全面介绍催化材料的基本原理和分类，重点讨论贵金属催化剂、过渡金属氧化物催化剂、分子筛催化剂等的制备方法、表征技术和催化性能。针对不同类型催化材料的特点，系统分析其组成、结构与催化性能的关系，阐明影响催化活性、选择性和稳定性的关键因素。同时，将探讨催化材料在石油化工、精细化学品合成、汽车尾气治理等领域的应用现状和挑战。

储能材料是解决能源短缺和环境污染问题的关键，其高比能量、长循环寿命和快速充放电等性能是实现高效储能的重要保证。本书将系统介绍储能材料的基本概念和分类，重点讨论锂离子电池材料、超级电容器材料、氢储存材料等的制备方法、电化学性能和器件应用。针对不同类型储能材料的特点，深入分析其组成、结构与电化学性能的关系，揭示影响比容量、倍率性能、循环稳定性等关键指标的因素。同时，还将探讨储能材料在便携电子设备、电动汽车、大规模储能等领域的应用进展和发展趋势。

本书将对上述几类典型功能材料进行全面、系统的讨论，深入分析其制备方法、结构特征、性能调控和应用前景，以为相关领域的研究人员和工程技术人员提供重要的参考和指导。通过对不同类型功能材料的详细讨论，读者可全面了解功能材料的研究现状和发展趋势，掌握功能材料的设计、制备和应用原理，为开发新型高性能功能材料奠定坚实的基础。

三、功能材料的应用案例分析

功能材料的研究不仅要深入探索其制备方法和性能调控，更要关注其在实际应用中的表现和价值。本书将选取几个典型的应用案例，全面分析功能材料在不同领域的应用特点、技术挑战和发展前景，以为读者提供宝贵的经验和启示。

在信息领域，磁性材料和光电材料得到了广泛应用。本书将以磁记录介质和发光二极管为例，深入分析磁性材料和光电材料在信息存储和照明显示中的应用。针对磁记录介质，重点讨论高密度磁记录对磁性材料性能的要求，分析影响记录密度和信号噪声比的关键因素，探讨新型磁记录材料的设计策略和发展趋势。针对发光二极管，系统阐述不同发光材料的特点和优势，分析影响发光效率、色彩饱和度和器件寿命的因素，介绍新型发光材料和器件结构的研究进展。

在能源领域，超导材料和储能材料有着广阔的应用前景。本书将以超导限流器和锂离子电池为例，深入分析超导材料和储能材料在电力系统和便携设备中的应用。针对超导限流器，重点讨论超导材料在电力系统中的应用特点和优势，分析影响限流性能和稳定性的关键因素，探讨新型超导限流器的设计原理和优化策略。针对锂离子电池，系统阐述正极材料、负极材料和电解质材料的特点和选择原则，分析影响电池能量密度、功率密度和循环寿命的因素，介绍高性能锂离子电池材料和器件结构的研究进展。

在环境领域，催化材料和吸附材料发挥着重要作用。本书将以汽车尾气催化转化器和废水处理吸附剂为例，深入分析催化材料和吸附材料在环境治理中的应用。针对汽车尾气催化转化器，重点讨论催化材料在汽车尾气治理中的作用机制和性能要求，分析影响催化转化效率和稳定性的关键因素，探讨新型高效催化材料的设计策略和优化方法。针对废水处理吸附剂，系统阐述不同类型吸附材料的特点和适用范围，分析影响吸附容量、选择性和再生性能的因素，介绍新型高效吸附材料的制备方法和应用进展。

在生物医学领域，磁性纳米材料和生物陶瓷材料有着广泛的应用前景。本书将以磁性纳米药物载体和骨修复材料为例，深入分析磁性纳米材料和生物陶瓷材料在药物传输和组织工程中的应用。针对磁性纳米药物载体，重点讨论磁性纳米材料在药物传输中的优势和特点，分析影响药物装载量、释放行为和靶向性能的关键因素，探讨新型磁性纳米药物载体的设计原理和优化策略。针对骨修复材料，系统阐述不同类型生物陶瓷材料的特点和生物相容性，分析影响骨整合和诱导成骨能力的因素，介绍新型多功能骨修复材料的制备方法和应用进展。

通过对上述典型应用案例的深入分析，为读者提供全面、系统的功能材料应用指导。针对不同应用领域的特点和需求，本书将总结功能材料设计、制备和应用的关键因素和一般规律，为开发新型功能材料和优化器件性能提供重要参考。同时，还将展望功能材料在信息、能源、环境、生物医学等领域的发展前景和趋势，为相关领域的科研人员和工程技术人员指明前进方向，推动功能材料的研究和应用不断向前发展。

四、未来发展趋势与挑战的探讨

功能材料的研究与应用是一个动态发展的过程，面临着诸多机遇和挑战。本书将立足当前，放眼未来，深入探讨功能材料领域的发展趋势和面临的挑战，以为读者提供前瞻性的思考和启示。

智能化和多功能化是功能材料未来发展的重要趋势。随着信息技术、人工智能等领域的飞速发展，传统的功能材料已难以满足日益增长的应用需求。开发智能响应、自适应调控、多功能耦合的新型功能材料成为研究热点和发展方向。本书将重点探讨智能材料的设计原理和实现途径，分析多场耦合效应对材料功能的影响机制，展望智能化、多功能化功能材料的应用前景和实现路径。

绿色化和可持续发展是功能材料研究不容忽视的重要主题。传统功能材料的制备和应用往往涉及高能耗、高污染、高成本等问题，不符合可持续发展的要求。因此，发展绿色、环保、低成本的功能材料制备技术和应用模式成为亟待解决的难题。本书将系统分析功能材料全生命周期过程中的能源消耗和环境影响，探讨绿色制备技术和清洁生产工艺的开发策略，展望功能材料在可持续发展中的作用和贡献。

高性能化和极端环境适应性是功能材料研究的重要方向。随着科技的进步和应用领域的拓展，功能材料面临着更加苛刻的性能要求和极端环境挑战。因此，开发高性能、高可靠、长寿命的功能材料，实现在极端温度、压力、辐射等环境下的稳定工作成为重要课题。本书将深入分析极端环境对功能材料性能的影响机制，探讨提高材料性能和可靠性的方法和策略，展望高性能、极端环境适应性功能材料的发展前景和应用空间。

跨尺度设计和表征是功能材料研究的重要手段和挑战。功能材料的性能不仅取决于材料的组成和结构，还与材料的微观形貌、界面特性、缺陷分布等密切相关。因此，实现从宏观到微观、从结构到性能的多尺度设计和表征成为功能材料研究的重要课题。本书将系统阐述跨尺度设计和表征技术的原理和方法，分析不同尺度结构对材料性能的影响规律，探讨建立“组成—结构—性能”关联的策略和途径。

产学研用结合是推动功能材料研究和应用的重要途径。功能材料的研究和应用涉及材料、物理、化学、信息、能源等多个学科领域，需要产学研用各界的通力合作和协同创新。因此，加强基础研究与应用开发的衔接，促进不同领域间的交叉融合，构建产学研用一体化的创新生态系统成为发展的必然要求。本书将剖析产学研用结合面临的问题和挑战，总结国内外的成功经验和模式，探讨推动功能材料创新发展的体制机制和政策保障。

功能材料领域的未来发展趋势和挑战是一个宏大而复杂的命题，需要科研人员、工程技术人员和决策管理者的共同关注和努力。本书将以前瞻性的视角，系统梳理功能材料领域的重要研究方向和关键科学问题，分析目前面临的机遇、挑战和对策，以期为功能材料的创新发展提供思路和借鉴。相信通过社会各界的共同努力，功能材料必将在推动科技进步、产业变革和社会发展中发挥更加重要的作用。

第二章　功能材料的基本特性

第一节　材料的宏观与微观特性

一、宏观物理性质

（一）力学性质

功能材料的力学性质是评估材料在外力作用下抵抗变形和断裂能力的重要指标，材料的弹性模量、屈服强度、硬度、断裂韧性等参数直接影响材料的可靠性和使用寿命。弹性模量表征材料在弹性变形范围内的抵抗变形能力，与材料的化学键合强度和晶体结构密切相关；屈服强度反映材料开始发生塑性变形的临界应力，取决于材料的位错密度和运动能力；硬度表示材料抵抗局部变形的能力，与材料的晶体结构、化学成分和热处理状态有关；断裂韧性表征材料抵抗裂纹扩展和断裂失效的能力，受材料的微观结构和缺陷分布的影响。针对不同应用环境和条件，可通过合金化、复合、表面改性等方法调控材料的力学性质，获得高强度、高韧性、高硬度的功能材料。

（二）热学性质

热学性质是功能材料在温度变化下的重要特性，包括热膨胀系数、热导率、比热容等参数。热膨胀系数表征材料在温度变化下的尺寸稳定性，与材料的晶体结构和化学键合特性密切相关，低热膨胀材料在航空航天、微电子封装等领域有重要应用；热导率反映材料传递热量的能力，取决于材料的电子和声子传输特性，高热导率材料可用于高效散热和热管理，而低热导率材料在隔热保温领域有广泛应用；比热容表示材料吸收或释放热量的能力，与材料的晶体结构和电子态密度有关，高比热容材料可用于热量存储和吸收，在太阳能利用、建筑节能等领域有重要应用价值。通过优化材料的组成、结构和界面特性，可有效调控材料的热学性质，满足不同应用领域的需求。

（三）电学性质

电学性质是功能材料的重要特性之一，包括电阻率、介电常数、击穿强度等参数。电阻率表征材料对电流的阻碍能力，与材料的能带结构、载流子浓度和迁移率密切相关，高电阻率材料在绝缘、电阻加热等领域有重要应用，而低电阻率材料在导电、电极材料等方面有广泛需求；介电常数反映材料的电荷存储能力，取决于材料的极化机制和介电弛豫特性，高介电常数材料在电容器、存储器等领域有重要应用价值；击穿强度表示材料承受电场作用而发生绝缘失效的临界电场强度，受材料的能带结构、缺陷态和微观形貌的影响，高击穿强度材料在高压电容器、绝缘材料等领域有重要应用。通过调控材料的化学组成、微观结构和缺陷态，可有效改善材料的电学性质，拓展其应用范围。

（四）磁学性质

磁学性质是许多功能材料的重要特性，包括磁化强度、剩余磁化强度、矫顽力等参数。磁化强度表征材料在外加磁场下的磁化程度，与材料的磁矩、磁各向异性和磁畴结构密切相关，高磁化强度材料在磁记录、电磁屏蔽等领域有重要应用；剩余磁化强度反映材料在外磁场撤除后的剩余磁化程度，是永磁材料的重要性能指标，高剩余磁化强度材料在电机、传感器等领域有广泛需求；矫顽力表示材料抵抗退磁和磁化反转的能力，受材料的磁晶各向异性和磁畴壁运动的影响，高矫顽力材料在永磁体、磁记录介质等方面有重要应用价值。通过优化材料的组成、微结构和磁畴排布，可有效调控材料的磁学性质，满足不同应用领域的需求。

（五）光学性质

光学性质是功能材料在光与物质相互作用下表现出的重要特性，包括折射率、吸收系数、发光效率等参数。折射率表征材料对光的折射能力，与材料的电子结构和介电常数密切相关，高折射率材料在光学镜头、光波导等领域有重要应用，而低折射率材料在反射防止膜、光学隔离等方面有广泛需求；吸收系数反映材料对光的吸收能力，取决于材料的能带结构和缺陷态分布，可调控的光吸收材料在光电探测、太阳能电池等领域有重要应用价值；发光效率表示材料将吸收的能量转化为光辐射的能力，受材料的能级结构、缺陷态和激发条件的影响，高发光效率材料在照明、显示、激光等方面有广泛应用。通过调控材料的化学组成、微观结构和缺陷态，可有效优化材料的光学性质，拓展其应用范围。

宏观物理性质是功能材料的重要表征参数，直接影响材料的应用性能和可靠性。深入理解材料的宏观物理特性及其与微观结构、缺陷态的关联，对于设计和优化高性能功能材料具有重要意义。本部分系统阐述了功能材料的力学、热学、电学、磁学、光学等宏观物理性质，分析了影响这些性质的关键因素和调控策略，以期为功能材料的设计和应用提供重要指导。

二、微观结构特征

功能材料的宏观性质与其微观结构密切相关，深入理解材料的微观结构特征对于设计和优化高性能功能材料具有重要意义。本部分将系统阐述功能材料的晶体结构、微观形貌、缺陷结构等微观结构特征，分析微观结构对材料性能的影响机制和调控策略。

（一）晶体结构

晶体结构是指材料中原子、离子或分子按一定规律周期性排列形成的三维空间结构。材料的晶体结构直接影响其物理化学性质，如力学性能、热学特性、电学性质等。常见的晶体结构包括立方、六方、四方等，不同的晶体结构具有不同的对称性和各向异性。通过改变材料的化学组成、合金化、掺杂等方法，可以调控材料的晶体结构，进而优化其功能特性。例如，在钙钛矿结构的铁电材料中，通过A位和B位离子的替代，可以调控材料的居里温度、饱和极化强度等性能。再如，在面心立方和体心立方结构的金属材料中，通过合金化可以改变材料的堆垛层错能，提高其强度和韧性。因此，深入理解材料的晶体结构及其与性能的关系，对于设计高性能功能材料至关重要。

（二）晶粒与晶界

多晶材料由大量取向不同的晶粒组成，晶粒之间的界面称为晶界。晶粒尺寸、形状、取向以及晶界结构对材料的性能具有重要影响。晶粒尺寸通常可以通过控制材料的制备工艺，如烧结温度、时间等来进行调控。晶粒尺寸减小可以显著提高材料的强度和硬度，这主要是由于晶界对位错运动的阻碍作用。但是，晶粒尺寸过小也可能导致材料的断裂韧性下降。因此，优化晶粒尺寸对于获得高性能功能材料至关重要。晶界结构也会对材料性能产生显著影响。一般来说，大角度晶界对位错运动的阻碍作用强于小角度晶界。通过控制晶界结构，如引入合适的晶界相、优化晶界偏离角等，可以有效改善材料的力学性能、电学性质等。此外，晶粒的形状和取向会影响材料的各向异性和织构特征，进而影响材料的功能特性。因此，深入理解晶粒与晶界特征及其对材料性能的影响，对于设计高性能功能材料具有重要指导意义。

（三）位错与堆垛层错

位错是材料中的线缺陷，包括刃位错和螺位错两种基本类型。位错运动是材料发生塑性变形的主要机制，其密度和分布对材料的力学性能具有决定性影响。位错密度的增加可以提高材料的强度和硬度，但同时也可能降低材料的塑性和韧性。通过位错强化机制，如固溶强化、析出强化、位错交互等，可以有效提高材料的力学性能。此外，位错与其他缺陷（如析出相、第二相等）的相互作用也会显著影响材料的性能。因此，深入理解位错的特征、演化行为及其对材料性能的影响，对于设计高性能结构功能材料至关重要。

堆垛层错是材料中的面缺陷，常见于密排六方结构和面心立方结构的材料。堆垛层错能的高低直接影响材料的变形模式和力学性能。堆垛层错能较低的材料倾向于形成宽阔的解理面，导致材料的塑性和韧性降低；而堆垛层错能较高的材料倾向于形成位错网络，具有较高的强度和塑性。通过调控材料的化学组成、合金化等方法，可以优化材料的堆垛层错能，进而改善其力学性能。因此，深入认识堆垛层错特征及其对材料性能的影响机制，对于设计高性能金属结构材料具有重要意义。

（四）析出相与分散粒子

在功能材料中引入第二相颗粒，如析出相、分散粒子等，可以显著改善材料的综合性能。析出相是指材料在热处理过程中，由于固溶度的变化而从基体中析出的第二相颗粒。析出相的尺寸、形貌、分布以及其与基体的共格关系等因素对材料的性能具有重要影响。细小弥散分布的析出相可以提高材料的强度和硬度，而粗大的析出相可能成为材料的断裂源。合理控制析出相的特征，对于提高材料的综合力学性能至关重要。分散粒子是指通过人工引入的纳米或微米尺度的第二相颗粒，如氧化物、碳化物、硼化物等。这些分散粒子可以起到弥散强化、晶粒细化、阻碍裂纹扩展等作用，从而显著提高材料的力学性能。优化分散粒子的种类、尺寸、分布及其与基体的界面结构，是设计高性能复合材料的重要策略。此外，分散粒子还可以赋予材料优异的功能特性，如光学、电学、磁学等性质。因此，深入理解析出相与分散粒子的特征及其对材料性能的调控机理，对于设计多功能复合材料具有重要指导意义。

（五）孪晶与马氏体

孪晶和马氏体是材料中常见的结构缺陷，对材料的力学性能和功能特性具有重要影响。孪晶是指材料在应力作用下，通过原子面的剪切形成的对称结构。孪晶界对位错运动具有阻碍作用，可以提高材料的强度和硬度。同时，孪晶变形模式还赋予材料独特的力学性能，如形状记忆效应、超弹性等。通过调控材料的层错能、应力状态等因素，可以控制孪晶的形成和演化，进而优化材料的力学性能和功能特性。马氏体是指材料在快速冷却或应力作用下，通过无扩散相变形成的亚稳相。马氏体相变通常伴随显著的体积变化和应力应变，可赋予材料优异的形状记忆效应和超弹性。通过调控马氏体相变的临界温度、应力诱发特性等，可以设计出高性能的智能材料和器件。因此，深入理解孪晶和马氏体的形成机制、微观结构特征及其对材料性能的影响，对于开发新型智能材料和器件具有重要意义。

微观结构是决定功能材料性能的关键因素，深入理解材料的微观结构特征及其与性能的关系，是设计高性能功能材料的重要基础。本部分系统阐述了晶体结构、晶粒与晶界、位错与堆垛层错、析出相与分散粒子、孪晶与马氏体等微观结构特征，分析了微观结构对材料力学、物理、化学性能的影响机制和调控策略，以期为功能材料的设计和优化提供重要的理论指导和技术思路。

三、表面与界面效应

随着材料尺寸的不断减小，表面和界面效应对材料的性能产生越来越重要的影响。表面和界面原子的配位数与体相原子不同，导致其能量状态、电子结构和化学反应活性发生显著变化。深入理解表面和界面的特殊性质及其对材料性能的影响机制，对于设计高性能功能材料至关重要。本部分将重点阐述表面能与表面重构、表面电子态与能带弯曲、界面结构与应力应变、界面扩散与反应，以及表界面调控策略等方面的内容。

（一）表面能与表面重构

材料的表面能是指形成单位面积表面所需的能量，反映了表面原子的不饱和配位引起的额外能量。表面能的高低直接影响材料的热力学稳定性和化学反应活性。一般来说，表面能较高的材料倾向于发生表面重构，以降低体系的自由能。表面重构是指表面原子发生重排，形成与体相不同的周期性结构，可以显著改变材料的电子结构、磁学性质和催化活性等；例如，在过渡金属氧化物催化剂中，表面重构可以形成新的配位不饱和位点，提高材料的氧化还原能力和催化活性；又如，在铁电材料中，表面重构可以引起极化电荷的重新分布，影响材料的介电性能和电学行为。因此，合理利用表面重构效应，可以有效调控功能材料的性能。

（二）表面电子态与能带弯曲

材料表面的原子排列和化学环境的改变会导致表面电子态的变化，进而引起表面能带的弯曲。表面能带弯曲是指表面能带相对于体相发生移动，形成内建电场。表面能带弯曲对材料的电学性质、光学特性和催化性能等具有重要影响。例如，在半导体材料中，表面能带弯曲可以形成空间电荷区，影响载流子的输运和复合行为，进而调控材料的光电转换效率。再如，在金属催化剂中，表面能带弯曲可以改变表面电子的费米能级，影响材料的吸附和反应活性。通过表面修饰、异质结构设计等方法，可以有效调控表面能带弯曲，进而优化材料的功能特性。此外，表面电子态的存在还会引起表面电子的局域化和自旋极化等效应，为自旋电子器件和拓扑绝缘体材料的设计提供了新的思路。

（三）界面结构与应力应变

异质界面的结构和应力应变状态对材料的性能产生至关重要的影响。界面结构的匹配程度、界面原子的扩散行为以及界面缺陷的类型和分布等因素，都会显著影响界面的物理化学性质。例如，在异质外延生长中，界面失配引起的应力应变会导致外延层中位错和缺陷的形成，进而影响材料的电学和光学性能。再如，在复合材料中，基体与增强相之间的界面结合强度和应力传递效率直接决定了材料的力学性能。通过优化界面结构设计，引入应力调控层等方法，可以有效改善异质界面的性能。此外，界面应力应变还可以引起材料的相变行为和磁学特性的改变。例如，在铁电薄膜中，应变状态可以调控材料的铁电畴结构和极化取向，进而影响其介电和压电性能。因此，深入理解界面结构与应力应变效应，对于异质结构功能材料的设计和优化具有重要意义。

（四）界面扩散与反应

异质界面的原子扩散和化学反应行为对材料的微观结构演化和性能稳定性产生重要影响。界面扩散是指原子通过界面进行长程迁移的过程，受界面结构、化学势梯度、温度等因素的影响。界面扩散可以引起异质结构中组分的重新分布，导致界面化学态和结构的变化。例如，在金属/陶瓷异质界面中，原子的互扩散可以形成过渡层或化合物相，影响界面的结合强度和热稳定性。再如，在热电材料中，界面扩散引起的掺杂剂偏析会显著影响材料的载流子浓度和迁移率，进而影响其热电性能。界面反应是指界面处发生的化学反应，如氧化还原、相互作用等，可以导致新相的形成、界面结构的转变以及缺陷的产生与湮灭。例如，在锂离子电池的电极/电解质界面，电化学反应引起的固体电解质界面膜的形成与演化会显著影响电池的循环稳定性和倍率性能。因此，深入认识界面扩散与反应行为及其动力学机制，对于控制异质结构功能材料的微观结构与性能具有重要意义。

（五）表界面调控策略

鉴于表面和界面效应对功能材料性能的重要影响，发展表界面调控策略成为材料设计的重要内容。常见的表界面调控策略包括表面修饰、界面设计、应力应变工程、缺陷调控等。表面修饰是指在材料表面引入化学基团、异质原子或纳米结构，以改变表面的化学组成、电子结构和反应活性。例如，在光催化材料中，通过表面修饰引入助催化剂颗粒或异质结，可以促进光生载流子的分离和传输，提高光催化效率。界面设计是指通过调控异质界面的组分、结构和应力应变状态来优化界面性能。例如，在高温结构材料中，通过在基体/增强相界面引入柔性过渡层，可以降低界面应力集中，提高材料的断裂韧性。应力应变工程是指利用外加应力或异质结构引入的内应力来调控材料的相变行为、磁学特性和电学性能等。例如，在铁电薄膜存储器件中，通过应力调控可以实现铁电畴的反转和电阻态的转变。缺陷调控是指通过引入或控制表界面缺陷的类型、密度和分布来优化材料性能。例如，在热电材料中，通过界面处引入高密度位错或纳米析出相，可以有效散射声子，降低材料的晶格热导率，提高热电优值。因此，合理利用表界面调控策略，对于开发高性能功能材料具有重要意义。

表面和界面效应是影响功能材料性能的关键因素，深入理解表面和界面的特殊性质及其对材料性能的调控机制，是设计高性能功能材料的重要基础。本部分系统阐述了表面能与表面重构、表面电子态与能带弯曲、界面结构与应力应变、界面扩散与反应、表界面调控策略等方面的内容，分析了表面和界面效应对材料力学、电学、光学、磁学和化学性能的影响机理，以期为新型功能材料的设计和优化提供重要的理论指导和技术思路。

第二节　材料的力学、电学、磁学及热学性能

一、力学性能

力学性能是评价材料抵抗变形和断裂能力的重要指标，主要包括弹性模量、屈服强度、硬度、断裂韧性和疲劳强度等参数。这些力学性能参数不仅取决于材料的化学组成和微观结

构，还受材料制备工艺、使用环境等因素的影响。深入理解材料力学性能的影响机制和调控策略，对于设计高性能结构功能材料至关重要。

（一）弹性模量与屈服强度

弹性模量表征材料在弹性变形范围内的抵抗变形能力，反映了材料的刚度，主要取决于原子间的键合强度和晶体结构的对称性。一般来说，共价键材料的弹性模量高于金属键和离子键材料，而立方结构材料的弹性模量通常高于六方和四方结构材料。此外，材料的微观结构（如晶粒尺寸、位错密度等）也会对弹性模量产生影响。例如，纳米晶材料由于晶界体积分数高，其弹性模量通常低于普通多晶材料。

屈服强度表征材料开始发生塑性变形的临界应力，反映了材料的强度，主要取决于位错运动的难易程度。影响位错运动的因素包括晶体结构类型、合金元素含量、第二相颗粒等。例如，面心立方金属的位错运动容易，因此其屈服强度通常低于体心立方和密排六方金属。再如，固溶强化和第二相强化可以显著提高材料的屈服强度，这是因为溶质原子和第二相颗粒对位错运动具有钉扎作用。

（二）硬度与断裂韧性

硬度表征材料抵抗局部变形的能力，与材料的弹性模量和屈服强度密切相关。影响材料硬度的因素包括晶体结构、晶粒尺寸、位错密度、固溶强化程度等。一般来说，共价键材料的硬度高于金属键和离子键材料，纳米晶材料的硬度高于普通多晶材料。此外，表面硬化处理（如浸碳、渗氮等）可以显著提高材料表层的硬度，已在工程应用中得到广泛应用。

断裂韧性表征材料抵抗裂纹扩展和断裂失效的能力，反映了材料的安全性和可靠性，主要取决于材料的塑性变形能力和裂纹尖端的应力应变分布。影响材料断裂韧性的因素包括晶体结构、位错密度、第二相颗粒的尺寸与分布等。例如，面心立方金属由于具有较多的滑移系，因此其断裂韧性通常高于体心立方和密排六方金属。再如，材料中引入韧性第二相颗粒（如金属基复合材料中的陶瓷颗粒）可以通过偏转裂纹、钝化裂纹尖端等机制提高材料的断裂韧性。

（三）疲劳强度与蠕变性能

疲劳强度表征材料在交变载荷作用下的抗断裂能力，反映了材料在动态使用环境中的可靠性和耐久性。材料的疲劳强度主要取决于位错的运动行为和微观裂纹的萌生与扩展机制。影响材料疲劳强度的因素包括应力幅值、应力比、加载频率、环境介质等。提高材料疲劳强度的途径包括优化微观组织、引入压缩残余应力、表面强化处理等。例如，在高强度钢中引入残余奥氏体，可以通过诱发相变塑性提高材料的疲劳强度。

蠕变是指材料在长期恒定载荷作用下发生的缓慢塑性变形，反映了材料在高温服役环境中的稳定性。材料的蠕变性能主要取决于位错的运动行为和晶界的迁移机制。影响材料蠕变性能的因素包括温度、应力水平、晶粒尺寸、第二相颗粒等。提高材料蠕变性能的途径包括固溶强化、弥散强化、晶界强化等。例如，在镍基高温合金中加入难熔元素（如钼、钨等），可以通过形成弥散分布的碳化物颗粒阻碍位错运动，从而提高材料的蠕变性能。

（四）力学性能的调控策略

调控材料的力学性能是材料设计的重要目标之一。常见的力学性能调控策略包括合金化、第二相强化、晶粒细化、表面改性等。合金化是指通过添加合金元素来改变材料的化学组成和微观结构，进而调控材料的力学性能。例如，在铝合金中添加镁、硅等元素可以形成强化相，提高材料的强度和硬度。第二相强化是指通过在基体中引入第二相颗粒（如金属间化合物、陶瓷颗粒等）来提高材料的强度和韧性。例如，在钛合金基复合材料中引入硼化物或碳化物颗粒，可以显著提高材料的屈服强度和断裂韧性。晶粒细化是指通过热机械处理等方法将材料的晶粒尺寸细化到微米或纳米尺度，从而提高材料的强度和韧性。例如，通过等通道角挤压可以将金属材料的晶粒尺寸细化到纳米尺度，大幅提高材料的强度和硬度。表面改性是指通过表面处理（如喷涂、浸渍、离子注入等）来改变材料表面的化学组成和微观结构，进而调控材料的表面力学性能。例如，通过等离子渗氮处理可以在钢铁表面形成高硬度、高耐磨的化合物层，显著提高材料的表面硬度和耐磨性。

本部分系统阐述了弹性模量与屈服强度、硬度与断裂韧性、疲劳强度与蠕变性能等材料力学性能的表征参数，分析了影响材料力学性能的关键因素和机理。同时，还介绍了合金化、第二相强化、晶粒细化、表面改性等几种常见的力学性能调控策略，以期为新型结构功能材料的设计和优化提供重要的理论指导和技术思路。

二、电学性能

电学性能是材料对电场或电流的响应特性，包括电导率、介电常数、击穿强度、电阻温度系数等。这些电学性能参数不仅取决于材料的化学组成和晶体结构，还受微观缺陷、界面特性等因素的影响。深入理解材料电学性能的影响机制和调控策略，对于设计高性能电子功能材料至关重要。

（一）电导率与电阻率

电导率表征材料导电能力的强弱，是评价导电材料性能的重要参数。材料的电导率主要取决于自由载流子的浓度和迁移率。一般来说，金属材料的电导率远高于半导体和绝缘体材料，这是由于金属中存在大量的自由电子，而半导体和绝缘体中自由载流子浓度较低。提高材料电导率的途径包括掺杂、界面修饰、微观结构调控等。例如，在透明导电氧化物材料中，通过掺杂Sn、Al等杂质元素可以显著提高材料的电导率。

电阻率是电导率的倒数，表征材料对电流的阻碍程度。材料的电阻率受温度、磁场、应力等外部因素的影响。电阻率随温度的变化关系（即电阻温度系数）是材料的重要电学特性之一：金属材料的电阻率随温度升高而增大，表现为正的电阻温度系数；半导体材料的电阻率随温度升高而减小，表现为负的电阻温度系数。利用材料电阻率对温度的敏感性，可以开发各种电阻式温度传感器件。

（二）介电常数与介电损耗

介电常数表征材料在电场中的极化强度，是评价电容器和绝缘材料性能的重要参数。材料的介电常数主要取决于材料的极化机制，包括电子位移极化、离子位移极化、取向极化和界面极化等。一般来说，具有强极化响应的材料（如铁电材料、高极化聚合物等）具有较高的介电常数。提高材料介电常数的途径包括引入高极化基团、构筑多级结构、界面极化增强等。例如，在聚合物基复合介电材料中，通过引入高介电常数陶瓷颗粒（如$BaTiO_3$、$BiFeO_3$等），可以大幅提高材料的介电常数。

介电损耗表征材料在交变电场中的能量损耗，是评价绝缘材料和电容器材料性能的另一个重要参数。材料的介电损耗主要来源于电导损耗、极化弛豫损耗、结构缺陷损耗等。降低材料介电损耗的途径包括提高材料纯度、优化微观结构、减少缺陷浓度等。例如，在聚合物基复合介电材料中，通过表面修饰降低陶瓷颗粒与聚合物基体的界面能，可以有效抑制界面极化弛豫，从而降低材料的介电损耗。

（三）击穿强度与绝缘电阻

击穿强度表征材料在高电场下保持绝缘性能的能力，是评价绝缘材料可靠性的关键参数。材料的击穿强度主要取决于材料的能带结构、缺陷态密度、微观形貌等因素。提高材料击穿强度的途径包括优化能带结构、减少缺陷态密度、改善微观形貌等。例如，在高分子绝缘材料中，通过引入纳米绝缘填料（如Al_2O_3、SiO_2等），可以显著提高材料的击穿强度。这是因为纳米填料不仅可以改善材料的微观形貌，还能够捕获空间电荷，抑制电荷注入和积累，从而提高材料的抗电击穿能力。

绝缘电阻表征材料在直流电压下的绝缘性能，是评价绝缘材料泄漏电流特性的重要参数。材料的绝缘电阻主要取决于材料的能带结构、电荷陷阱密度、界面特性等因素。提高材料绝缘电阻的途径包括降低载流子浓度、增加电荷陷阱密度、优化界面结构等。例如，在氧化物绝缘材料中，通过掺杂高价态离子（如Nb^{5+}、Ta^{5+}等），可以有效补偿氧空位，降低载流子浓度，从而提高材料的绝缘电阻。

（四）电学性能的调控策略

调控材料的电学性能是材料设计的重要目标之一。常见的电学性能调控策略包括掺杂改性、异质结构构筑、纳米复合、表界面修饰等。掺杂改性是指通过引入杂质元素或化合物来调控材料的载流子浓度、能带结构等，进而优化材料的电学性能。例如，在ZnO基透明导电氧化物中，通过掺杂Al、Ga等元素可以显著提高材料的电导率。异质结构构筑是指通过构建不同材料的异质界面来调控界面能带结构、载流子输运特性等，进而优化材料的电学性能。例如，在铜铟镓硒太阳能电池中，通过在吸收层与电极之间引入CdS缓冲层，可以显著改善界面能带匹配，提高载流子收集效率。纳米复合是指通过将纳米材料引入基体来调控材料的微观结构、界面特性等，进而优化材料的电学性能。表界面修饰是指通过对材料表面进行化学或物理修饰来调控表界面电子结构、能级匹配等，进而优化材料的电学性能。例如，在钙钛矿太阳能电池中，通过在电子传输层表面引入富勒烯衍生物，可以显著降低界面载流子复合，提高电池效率。

电学性能是功能材料的重要性能指标，深入理解材料电学性能的影响机制和调控策略，对于设计高性能电子功能材料至关重要。本部分系统阐述了电导率与电阻率、介电常数与介电损耗、击穿强度与绝缘电阻等材料电学性能的表征参数，分析了影响材料电学性能的关键因素和机理。同时，还介绍了掺杂改性、异质结构构筑、纳米复合、表界面修饰等几种常见的电学性能调控策略，以期为新型电子功能材料的设计和优化提供重要的理论指导和技术思路。

三、磁学性能

磁学性能是材料对外加磁场的响应特性，主要包括磁化强度、剩余磁化强度、矫顽力、磁导率等参数。磁性材料在信息存储、电力变换、生物医疗等诸多领域有着广泛应用。深入理解磁性材料的磁学特性及其影响因素，对于设计高性能磁性功能材料具有重要意义。

（一）基本磁学参量

1.磁化强度与磁感应强度

磁化强度是单位体积材料所具有的磁偶极矩，反映了材料在外加磁场作用下的磁化程度，取决于材料的化学组成、晶体结构以及温度等因素。例如，在铁磁材料中，过渡族元素（如Fe、Co、Ni等）的3d轨道存在未成对电子，使得材料具有较大的磁化强度。通过优化化学组成（如形成铁磁合金）、调控晶体结构（如获得规整的长程有序结构）等途径，可以显著提高材料的磁化强度。

磁感应强度表征材料在外加磁场中的磁通密度，是磁化强度和外加磁场强度的矢量和，不仅取决于材料的磁化强度，还与材料的形状、尺寸等几何因素有关。例如，在高磁导率软磁材料中，通过优化形状（如采用闭合磁路结构）、减小尺寸（如获得纳米晶软磁材料）等方法，可以显著增强材料的磁感应强度。

2.剩余磁化强度与矫顽力

剩余磁化强度表征材料在外加磁场撤去后的剩余磁化程度，是衡量永磁材料性能的关键参数。具有高剩余磁化强度的永磁材料在信息存储、电机等领域有着重要应用。材料的剩余磁化强度主要取决于磁晶各向异性、磁畴结构等因素。例如，在稀土永磁材料中，稀土元素（如Sm、Nd等）的4f电子具有较强的自旋轨道耦合效应，导致材料具有极高的磁晶各向异性和剩余磁化强度。

矫顽力表征材料抵抗退磁所需的外加磁场强度，是永磁材料的另一个重要性能参数。具有高矫顽力的永磁材料在高温、强磁场等恶劣环境中具有良好的磁稳定性。材料的矫顽力主要取决于磁畴壁的钉扎作用和反磁化场强度。例如，在烧结钕铁硼永磁材料时，通过细化晶粒尺寸、引入非磁性晶界相等方法，可以显著增强磁畴壁的钉扎作用，从而提高材料的矫顽力。

（二）软磁材料的磁学性能

软磁材料是一类易于磁化和去磁的磁性材料，在电力变换、电磁屏蔽等领域有着广泛应用。软磁材料的核心磁学性能包括高磁导率、低矫顽力、低磁滞损耗等。

1. 磁导率

磁导率表征软磁材料在外加磁场作用下磁化强度变化的难易程度，是衡量软磁材料性能的核心参数。高磁导率软磁材料在电磁兼容、生物医疗等领域有着重要应用。材料的磁导率主要取决于化学组成、晶体结构、微观形貌等因素。例如，在Fe—Si—B非晶软磁合金中，非晶态结构使得材料具有极低的磁晶各向异性和磁致伸缩系数，从而获得超高的磁导率。通过优化化学组成、获得均匀的非晶/纳米晶结构等途径，可以进一步提升软磁材料的磁导率。

2. 磁滞损耗

磁滞损耗是指软磁材料在交变磁场中磁化和去磁过程中的能量损耗，是影响软磁材料高频应用的关键因素。低磁滞损耗软磁材料在高频电力变换、通信等领域有着重要应用。材料的磁滞损耗主要来源于磁畴壁运动和磁畴转动引起的能量耗散。通过减小材料的磁致伸缩系数、提高电阻率、优化微观结构等方法，可以有效降低软磁材料的磁滞损耗。例如，在Fe基纳米晶软磁合金中，纳米晶粒间存在非晶界面相，可以有效阻碍磁畴壁运动，从而显著降低材料的磁滞损耗。

（三）磁各向异性与磁畴结构

磁各向异性是指材料在不同晶体学方向上表现出不同的磁学性质，是影响磁性材料性能的重要因素。磁各向异性主要包括磁晶各向异性、形状各向异性和应力各向异性。其中，磁晶各向异性源自材料的晶体结构对电子自旋方向的限制作用，是永磁材料获得高矫顽力的关键。例如，在L10结构FePt合金中，Fe和Pt原子在c轴方向上形成交替排列的规整结构，导致沿c轴方向具有极高的磁晶各向异性。

磁畴是指材料内部自发磁化方向一致的微区。在不同磁畴之间存在磁畴壁，磁畴壁的运动是软磁材料发生磁化过程的主要机制。磁畴结构的形成和演化受材料的磁各向异性、尺寸、缺陷等因素的影响。例如，在单畴颗粒中，颗粒尺寸小于临界尺寸时，由于形状各向异性的主导作用，颗粒呈现单畴结构，表现出优异的硬磁特性。通过调控材料的化学组成、微观结构等，可以优化磁畴结构，进而改善材料的磁学性能。

（四）磁学性能的表征方法

为了准确评价磁性材料的磁学性能，需要采用合适的表征方法。常见的磁学性能表征方法有以下几种。

1. 磁滞回线测量

通过测量材料在外加磁场循环扫描下的磁化强度变化，可以获得材料的磁滞回线，进而确定材料的磁化强度、剩余磁化强度、矫顽力等关键磁学参量。

2. 磁导率测量

通过测量材料在交变磁场下的磁导率频率谱，可以获得材料的复磁导率，进而分析材料的磁化机制和高频性能。

3. 磁热测量

通过测量材料在外加磁场变化下的温度响应，可以获得材料的磁热效应参数（如磁熵变、绝热温变等），进而评价材料在磁制冷领域的应用潜力。

4. 磁力显微镜表征

通过磁力显微镜技术，可以直接观察材料表面的磁畴结构和磁化反转过程，为深入理解材料的微观磁学机制提供直观的实验依据。

磁学性能是磁性功能材料的核心特性，对其进行系统的研究和调控是发展高性能磁性器件的关键。本部分从基本磁学参量、软磁材料的磁学性能、磁各向异性、磁畴结构等方面，系统阐述了磁性材料的主要磁学特性，分析了影响磁学性能的关键因素和机理。同时，还介绍了磁学性能的主要表征方法，以期为磁性功能材料的设计和优化提供重要的实验依据和研究思路。相信通过对磁性材料的深入研究和创新设计，必将推动磁性功能器件在信息、能源、医疗等领域广泛应用和快速发展。

四、热学性能

热学性能是材料对热量的响应特性，主要包括热容、热导率、热膨胀系数等参数。材料的热学性能不仅影响其在高温环境中的使用稳定性和可靠性，也与材料的能量转换和传递效率密切相关。深入理解材料热学性能的影响因素和调控机制，对于设计高性能热功能材料至关重要。

（一）热容与比热容

热容是指材料吸收或释放一定量热量时的温度变化能力，反映了材料储存热量的能力。材料的热容主要取决于材料晶体结构、化学组成以及温度等因素。一般来说，具有复杂晶体结构和较大原子质量的材料往往具有较高的热容。例如，在钙钛矿结构的氧化物中，由于存在多种阳离子位置和配位环境，材料具有较高的热容。

比热容是指单位质量材料的热容，是评价材料热稳定性的重要参数。材料的比热容与其晶格振动特性密切相关。通过引入晶格缺陷、调控化学组分等方式，可以有效调控材料的比热容。例如，在 ZrO_2 基陶瓷中掺杂 Y_2O_3，可以形成氧空位缺陷，导致晶格振动频率降低，从而显著提高材料的比热容。

（二）热导率及其影响因素

热导率表征材料传导热量的能力，是评价材料导热性能的关键参数，主要取决于声子和电子两种载热子的传输特性。在绝缘体材料中，晶格振动产生的声子是主要的传热载体；而在金属和半导体材料中，自由电子对热传导也有重要贡献。影响材料热导率的因素主要包括晶体结构、化学组分、缺陷类型及浓度、微观形貌等。

1. 晶体结构对热导率的影响

材料的晶体结构是影响其热导率的重要因素。一般来说，具有简单晶体结构和强化学键合的材料往往具有较高的热导率。例如，金刚石由于具有 sp^3 杂化的共价键结构，其声子平均自由程较长，因此具有极高的热导率。而在复杂结构的氧化物中，由于存在多种阳离子位置和配位环境，声子散射强烈，导致热导率较低。

2. 化学组分对热导率的影响

材料的化学组分也会显著影响其热导率。通过引入不同元素可以改变材料的声子散射机制和电子输运特性，进而调控材料的热导率。例如，在Si基热电材料中掺杂Ge，可以形成Si—Ge固溶体，引入质量波动散射，显著降低材料的热导率。而在Cu基合金中，合金化可以增强电子散射，降低电子热导率，从而提高材料的导热各向异性。

3. 缺陷对热导率的影响

材料中的缺陷（如空位、位错、晶界等）对其热导率有显著影响。缺陷可以作为声子和电子的散射中心，降低载热子的平均自由程，从而降低材料的热导率。例如，在热障涂层材料中引入大量孔洞和晶界等缺陷，可以强烈散射声子，获得超低的热导率。而在热电材料中，引入纳米尺度的第二相颗粒，可以增强声子散射，显著降低材料的晶格热导率。

（三）热膨胀系数及其各向异性

热膨胀系数表征材料在温度变化时的尺寸变化特性，是评价材料热稳定性和热应力特性的关键参数。材料的热膨胀系数主要取决于晶体结构、化学键合特性以及缺陷类型等因素。一般来说，共价键材料的热膨胀系数较低，而离子键材料的热膨胀系数较高。例如，Si、Ge等共价键半导体材料具有较低的热膨胀系数，而氧化物陶瓷材料则具有较高的热膨胀系数。

材料的热膨胀各向异性对其热应力分布和热变形行为产生重要影响。各向异性热膨胀会导致材料在受热时产生热应力，引起热变形甚至热裂纹。因此，在热功能材料的设计中，需要重点关注材料热膨胀的各向异性特征。例如，在层状结构的热障涂层材料中，面内和垂直方向的热膨胀系数差异较大，导致材料在温度循环过程中容易产生热应力和裂纹。通过引入具有负热膨胀特性的填料相，可以有效补偿基体的正热膨胀，降低热障涂层的热应力水平。

（四）热功能材料的设计策略

基于对材料热学性能的深入理解，可以针对不同的应用需求采用多种策略设计高性能热功能材料。

1. 高温结构材料的设计

高温结构材料需要具有优异的高温强度、蠕变阻力以及抗氧化性能。在高温结构材料的设计中，需要重点关注材料的热稳定性和相变特性。例如，在Ni基高温合金中，通过引入γ'相和γ"相等金属间化合物，可以显著提高材料的高温强度和creep阻力。同时，通过表面涂覆Al_2O_3、Y_2O_3等陶瓷涂层，可以有效提高材料的抗氧化性能。

2. 热障涂层材料的设计

热障涂层材料需要具有低热导率、高温相稳定性以及良好的热膨胀匹配特性。在热障涂层材料的设计中，通常采用多层结构，包括陶瓷面层、金属黏结层以及金属基体。陶瓷面层材料的选择需要综合考虑其热导率、热膨胀系数以及相稳定性等特性。例如，采用ZrO_2基陶瓷作为面层材料，通过掺杂Y_2O_3等稳定化剂，可以获得低热导率和高温相稳定的t'-ZrO_2相。同时，通过构筑柱状晶结构或引入纳米孔洞等，可以进一步降低陶瓷面层的热导率。

3. 热电材料的设计

热电材料需要同时具有高塞贝克（Seebeck）系数、高电导率和低热导率。在热电材料的设计中，通常采用掺杂、复合、微结构调控等策略来优化材料的热电性能。例如，在BiTe基热电材料中，通过掺杂Se、Sb等元素，可以显著提高材料的载流子浓度和迁移率，从而获得较高的电导率。同时，通过引入纳米尺度的第二相颗粒或构筑多级结构，可以增强声子散射，显著降低材料的热导率。此外，通过优化材料的能带结构和载流子有效质量，可以提高材料的塞贝克系数，进一步提升材料的热电优值。

4. 相变储能材料的设计

相变储能材料利用材料在相变过程中的潜热实现热量的存储和释放，在太阳能光热发电、建筑节能等领域具有广阔的应用前景。在相变储能材料的设计中，需要重点关注材料的相变温度、相变焓以及循环稳定性等特性。例如，在石蜡基相变材料中，通过引入碳纳米管、石墨烯等导热填料，可以显著提高材料的导热性能，加快热量的吸收和释放速率。同时，通过对材料进行包覆、复合等表面改性处理，可以有效抑制相变过程中的体积变化和泄漏问题，提高材料的循环使用寿命。

热学性能是热功能材料的核心特性，对材料在高温环境中使用的稳定性、可靠性以及能量转换效率等产生决定性影响。本部分从热容、热导率、热膨胀等热学参数出发，系统阐述了材料热学性能的影响因素和调控机制。在此基础上，进一步讨论了高温结构材料、热障涂层材料、热电材料以及相变储能材料等典型热功能材料的设计策略。通过对材料组分、结构和缺陷等的合理设计与调控，可以有效优化材料的热学性能，推动高性能热功能材料在能源、航空航天、建筑等领域广泛应用。相信通过材料科学与工程领域的持续创新，必将推动绿色高效的新型热功能材料的快速发展，为解决能源与环境问题贡献重要力量。

第三节　功能材料的性能表征方法

一、试验测量技术

功能材料性能的准确表征是材料设计、优化和应用的基础。采用合适的实验测量技术，可以全面评价材料的组成、结构、形貌及其与性能之间的关系，为深入理解材料的结构—性能关联提供直接的实验依据。本部分将重点介绍功能材料性能表征的主要实验测量技术，包括光谱分析、热分析、力学性能测试以及形貌表征等方面的内容。

（一）光谱分析技术

光谱分析技术利用电磁辐射与物质相互作用的原理，获取材料的组成、结构、电子态等信息。根据电磁辐射的波长范围，光谱分析技术可以分为X射线、紫外—可见、红外、拉曼等不同类型。

1.X射线光谱分析F

X射线光谱分析技术主要包括X射线衍射（XRD）、X射线荧光光谱（XRF）以及X射线光电子能谱（XPS）等。XRD利用X射线与材料中周期性排列的原子发生衍射的原理，获取材料的晶体结构、物相组成、晶粒尺寸等信息。通过分析XRD图谱中衍射峰的位置、强度和形状，可以定性和定量地分析材料的物相组成和晶体结构参数。XRF利用X射线激发材料产生特征荧光的原理，获取材料的元素组成及其相对含量信息。XPS利用X射线照射材料引起光电子发射的原理，获取材料表面的元素组成、化学态和价态等信息。通过分析XPS谱图中不同结合能的光电子峰，可以定性和定量地分析材料表面的化学状态和成键环境。

2.紫外—可见光谱分析

紫外—可见光谱分析技术利用紫外—可见光与材料相互作用引起的吸收、反射、发光等现象，表征材料的电子能级结构、光学带隙、缺陷态等信息。常见的紫外—可见光谱分析技术包括紫外—可见吸收光谱、漫反射光谱以及荧光光谱等。通过分析材料在不同波长下的吸收、反射或发光光谱，可以获取材料的光学带隙、吸收系数、荧光量子效率等重要光学参数，可为评价材料的光电功能特性提供重要依据。

3.红外和拉曼光谱分析

红外光谱分析技术利用红外光引起材料中化学键的振动吸收，获取材料的化学组成、键合状态、分子结构等信息。傅里叶变换红外光谱（FTIR）是最常用的红外光谱分析技术，通过分析材料在不同波数下的红外吸收峰，可以定性和定量地分析材料的化学组成和分子结构。拉曼光谱分析技术利用单色光激发材料产生非弹性散射，获取材料的晶格振动、分子转动等微观结构信息。拉曼光谱对材料的对称性、缺陷、应力应变等状态非常敏感，通过分析材料的拉曼位移、峰强度和峰形状，可以准确表征材料的微观结构特征。

（二）热分析技术

热分析技术利用材料在受热过程中发生的物理和化学变化，表征材料的热稳定性、相变行为、反应动力学等特性。常见的热分析技术包括差示扫描量热法（DSC）、热重分析（TGA）、热机械分析（TMA）等。

1.差示扫描量热法

DSC通过测量材料样品与参比样品在程序升温过程中的热流差异，获取材料的热容、相变温度、相变焓等热力学参数。通过分析DSC曲线上的吸热峰和放热峰，可以定性和定量地分析材料的玻璃化转变、结晶、熔融等相变行为，评价材料的热稳定性和相变特性。

2.热重分析

TGA通过测量材料在程序升温过程中的质量变化，获取材料的热分解温度、分解动力学参数等信息。通过分析TGA曲线上的失重台阶和失重速率，可以定性和定量地分析材料的热分解过程和机理，评价材料的高温稳定性和耐热性能。

3.热机械分析

TMA通过测量材料在程序升温过程中的尺寸变化，获取材料的线性热膨胀系数、体积热膨胀系数等热物理参数。通过分析TMA曲线上的膨胀曲线和转折点，可以评价材料的热膨胀各向异性、热应力特性等，为材料的热匹配设计提供重要依据。

（三）力学性能测试技术

力学性能测试技术通过施加外部载荷，测量材料的变形和断裂行为，获取材料的弹性模量、屈服强度、硬度、断裂韧性等力学性能参数。常见的力学性能测试技术包括拉伸试验、压缩试验、弯曲试验、硬度试验、断裂韧性试验等。

1.拉伸和压缩试验

拉伸试验通过对材料施加单向拉伸载荷，测量材料的应力—应变曲线，获取材料的弹性模量、屈服强度、抗拉强度、断裂延伸率等参数。压缩试验通过对材料施加单向压缩载荷，测量材料的应力—应变曲线，获取材料的压缩强度、压缩模量等参数。通过分析材料在拉伸或压缩载荷下的变形和断裂行为，可以评价材料的塑性、韧性等力学特性。

2.弯曲和硬度试验

弯曲试验通过对材料施加弯曲载荷，测量材料的弯曲强度、弯曲模量等参数，评价材料的抗弯性能。硬度试验通过压入硬度压头，测量压痕的大小，获取材料的硬度值，评价材料的抗变形能力。常见的硬度试验方法包括维氏硬度、洛氏硬度、努氏硬度等。

3.断裂韧性试验

断裂韧性试验通过对预制裂纹的试样施加载荷，测量材料的临界应力强度因子，获取材料的断裂韧性参数。常见的断裂韧性试验方法包括单边缺口弯曲（SENB）、紧凑拉伸（CT）试验等。通过分析材料在断裂失效过程中的应力—位移曲线和断口形貌，可以评价材料的断裂行为和抗断裂性能。

（四）形貌表征技术

形貌表征技术通过直接观察材料的表面和内部微观形貌，获取材料的尺寸、形状、缺陷等微结构信息。常见的形貌表征技术包括光学显微镜（OM）、扫描电子显微镜（SEM）、透射电子显微镜（TEM）、原子力显微镜（AFM）等。

1.光学显微镜和扫描电子显微镜

光学显微镜利用可见光照明和光学透镜成像，可以观察材料表面的微观形貌，分辨率可达微米量级。扫描电子显微镜利用聚焦电子束扫描材料表面，通过接收二次电子信号成像，可以观察材料表面的精细形貌，分辨率可达纳米量级。通过SEM还可以结合能量色散X射线光谱仪（EDS）等附件，实现材料表面的元素分布分析。

2.透射电子显微镜和原子力显微镜

透射电子显微镜利用高能电子束穿透超薄样品，通过电子衍射和成像，可以观察材料内部的原子尺度结构，分辨率可达埃量级。通过高分辨TEM、电子能量损失谱（EELS）等技术，可以分析材料的原子排列、缺陷结构、元素价态等精细信息。原子力显微镜利用针尖和样品表面的相互作用力成像，可以观察材料表面的原子尺度形貌，分辨率可达埃量级。通过AFM还可以测量材料表面的黏弹性、摩擦力、电学特性等信息。

试验测量技术是功能材料性能表征的重要手段，通过合理选择和综合应用不同类型的测量方法，可以全面、系统地评价材料的组成、结构、形貌、缺陷等微观特征，深入理解材料的宏观性能与微观结构的关联机制，为新型功能材料的设计和优化提供科学依据。随着测试技术的不断发展和创新，多尺度、多维度、原位表征方法不断涌现，必将极大地推动功能材料领域的发展，加速高性能、多功能材料的研发和应用进程。

二、理论计算模拟

理论计算模拟是功能材料研究中的重要手段，通过建立材料体系的数学物理模型，运用计算机模拟和理论分析方法，可以从原子、分子尺度理解材料的微观结构与性能之间的关系，预测材料的宏观性质，指导新型功能材料的设计与优化。本部分将重点介绍功能材料领域常用的第一性原理计算、分子动力学模拟、有限元方法等理论计算模拟技术，阐述其基本原理、适用范围和应用案例。

（一）第一性原理计算

第一性原理计算也称为从头算法，是一种基于量子力学理论，不依赖任何经验参数，通过求解薛定谔方程获得材料电子结构和总能量的计算方法。第一性原理计算可以准确预测材料的晶体结构、电子能带、态密度、光学性质等基础物理性质，为功能材料的设计和优化提供重要的理论指导。

1. 密度泛函理论

密度泛函理论（DFT）是第一性原理计算中最常用的方法。DFT的基本思想是，材料体系的基态能量和其他性质可以用电子密度的泛函来表示，通过求解Kohn-Sham方程，可以得到材料的电子结构和总能量。在DFT计算中，交换关联泛函的选择至关重要，常用的泛函包括局域密度近似（LDA）、广义梯度近似（GGA）、杂化泛函等。针对不同类型的功能材料体系，需要合理选择交换关联泛函，才能得到可靠的计算结果。

2. 第一性原理计算在功能材料中的应用

第一性原理计算在功能材料研究中有着广泛的应用。在新材料设计方面，通过第一性原理计算可以预测材料的稳定结构、形成能、弹性常数等基本物理参数，筛选出理论上可能存在的新型功能材料。例如，通过第一性原理计算预测了一系列新型二维材料的存在和稳定性，如硅烯、锗烯、过渡金属硫族化合物等。在材料性能预测方面，第一性原理计算可以模拟材料的电子结构、能带分布、态密度等，预测材料的导电性、磁性、光学性质等功能特性。例如，通过第一性原理计算预测了钙钛矿太阳能电池材料的能带结构和光学吸收特性，为其光电转换效率的优化提供了理论指导。在缺陷与掺杂研究方面，第一性原理计算可以模拟缺陷和掺杂对材料电子结构和性能的影响，指导材料的缺陷调控和掺杂改性。例如，通过第一性原理计算研究了氧空位、氮掺杂对二氧化钛光催化性能的影响机制，为其可见光催化活性的提升提供了理论基础。

（二）分子动力学模拟

分子动力学模拟是一种基于经典力学理论，通过求解牛顿运动方程，模拟材料中原子、分子的运动行为，预测材料的微观结构演化和宏观性质的计算模拟方法。分子动力学模拟可以在原子、纳米尺度上研究材料的结构、力学、热学、传输等性质，为功能材料的设计和性能优化提供重要的理论支撑。

1. 分子动力学模拟的基本原理

分子动力学模拟的基本原理是，将材料体系看作由大量原子或分子组成的多体系统，通过求解牛顿运动方程，模拟原子在特定温度、压强等条件下的运动轨迹，进而计算材料的结构、能量、力学等性质。在分子动力学模拟中，原子间相互作用势的选择至关重要，常用的势函数包括Lennard-Jones势、Morse势、嵌入原子势等。针对不同类型的功能材料体系，需要选择合适的势函数和参数化方法，才能准确描述原子间相互作用，得到可靠的模拟结果。

2. 分子动力学模拟在功能材料中的应用

分子动力学模拟在功能材料中有着广泛的应用。在材料微观结构模拟方面，通过分子动力学模拟可以研究材料的原子排列、缺陷结构、界面结构等微观结构特征，揭示微观结构与宏观性能之间的关联机制。例如，通过分子动力学模拟研究了石墨烯、碳纳米管等纳米碳材料的缺陷结构和力学性能，为其在复合材料、传感器等领域的应用提供了理论指导。在材料力学性能模拟方面，分子动力学模拟可以计算材料的弹性模量、屈服强度、断裂韧性等力学参数，预测材料在不同应力应变条件下的变形和断裂行为。例如，通过分子动力学模拟研究了金属玻璃的变形和断裂机制，揭示了其优异力学性能的微观起源。在材料传输性质模拟方面，分子动力学模拟可以计算材料的扩散系数、热导率、黏度等传输参数，预测材料在不同温度、压力条件下的传输行为。例如，通过分子动力学模拟研究了离子液体的扩散和导电机制，为其在电化学储能、催化等领域的应用提供了理论支撑。

（三）有限元方法

有限元方法是一种基于连续介质力学理论，通过将复杂的求解域划分为有限个简单子域，用变分原理或加权余量法建立泛函极值问题，求解偏微分方程的数值模拟方法。有限元方法可以在宏观、介观尺度上研究材料的力学、热学、电磁等性质，是功能材料结构设计和性能优化的重要工具。

1.有限元方法的基本原理

有限元方法的基本思想是，将求解域划分为有限个互不重叠的单元，在每个单元上引入形函数，将连续问题离散化为代数方程组，通过求解方程组得到近似解。有限元方法的关键步骤包括建立几何模型、定义材料属性、划分网格、施加边界条件、求解方程组等。针对不同类型的功能材料和物理问题，需要选择合适的单元类型、材料本构模型、求解算法等，才能得到高精度、高效率的数值模拟结果。

2.有限元方法在功能材料中的应用

有限元方法在功能材料研究中有着广泛的应用。在材料结构设计方面，通过有限元方法可以模拟材料在不同载荷、约束条件下的应力应变分布，优化材料的结构尺寸和形状，提高材料的力学性能和可靠性。例如，通过有限元方法优化了压电陶瓷的电极结构和极化方向，显著提高了其机电耦合系数和电容量。在材料失效分析方面，有限元方法可以模拟材料在疲劳、断裂、蠕变等失效模式下的应力应变演化，预测材料的寿命和可靠性。例如，通过有限元方法研究了陶瓷基复合材料的残余应力分布和界面断裂行为，为其高温结构应用提供了设计指导。在多场耦合分析方面，有限元方法可以模拟材料在力、热、电、磁等多物理场耦合作用下的响应行为，揭示不同物理场的相互影响机制。例如，通过多物理场有限元方法研究了磁电复合材料的机电磁耦合效应，为其在传感器、能量存储等领域的应用奠定了理论基础。

理论计算模拟是功能材料研究的重要手段，通过第一性原理计算、分子动力学模拟、有限元方法等理论计算模拟技术，可以从不同时空尺度上理解功能材料的微观结构与性能之间的关系，预测材料的宏观性质，指导新型功能材料的设计和优化。随着计算机硬件和算法的不断发展，多尺度、高通量、智能化的材料计算模拟方法不断涌现，必将进一步推动功能材料的理论研究和应用开发，加速“材料基因组计划”和“材料信息学”的发展进程，为新型功能材料的发现和应用提供强有力的理论支撑和指导。

三、性能评价标准

功能材料的性能评价是材料研究和应用的重要环节，科学、合理的性能评价标准是保证材料性能准确表征和质量控制的基础。性能评价标准不仅为材料的设计、制备和优化提供了量化的衡量尺度，而且为材料的应用和推广提供了可靠的技术依据。本部分将重点介绍功能材料性能评价的国内外标准体系、关键性能指标及其测试方法，并结合实际应用案例，阐述性能评价在功能材料研究和应用中的重要意义。

（一）功能材料性能评价标准体系

功能材料性能评价标准是指材料性能测试、表征和评定的技术依据和规范。建立科学、统一的功能材料性能评价标准体系，对于规范材料性能研究、促进学术交流、保障产业应用具有重要意义。

1. 国际标准化组织（ISO）

ISO是全球最大的国际标准化机构，负责各行业国际标准的制定和发布。在功能材料领域，ISO/TC-79技术委员会负责陶瓷材料标准的制定，ISO/TC-206技术委员会负责金属基复合材料标准的制定，ISO/TC-229技术委员会负责纳米技术标准的制定。这些ISO标准规定了功能陶瓷、金属基复合材料、纳米材料等的术语和定义、分类和命名、性能测试方法等技术要求，为全球功能材料的研发、生产和应用提供了统一的技术语言和规范。

2. 美国材料与试验协会（ASTM）

ASTM是美国最大的材料标准化机构，在功能材料领域发布了大量的性能评价标准。ASTM C20委员会负责陶瓷材料的试验方法标准，ASTM D30委员会负责复合材料的试验方法标准，ASTM E56委员会负责纳米技术的标准。这些ASTM标准详细规定了功能材料的拉伸、压缩、弯曲、硬度、断裂韧性等力学性能，介电常数、介质损耗、击穿强度等电学性能，热膨胀系数、热导率、比热容等热学性能的测试原理、试样制备、测试步骤、数据处理等方法，为功能材料性能评价提供了可操作、可比对的技术规范。

3. 中国国家标准（GB）

GB是中国国家标准化管理委员会发布的国家标准，在功能材料领域也发布了一系列性能评价标准。如GB/T 10700《精细陶瓷弹性模量试验方法　弯曲法》规定了精细陶瓷材料弹性模量的试验方法，GB/T 2414《压电陶瓷材料性能测试方法》规定了压电陶瓷材料各种性能的测试方法，GB/T 39858《纳米产品的定义、分类与命名》规定了纳米材料领域的定义、分类与命名方法。这些国家标准的制定和实施，对规范我国功能材料的性能评价、促进产业发展具有重要意义。

（二）功能材料的关键性能指标及测试方法

功能材料种类繁多，不同类型材料的关键性能指标和测试方法也各不相同。但总体而言，功能材料的关键性能指标可分为力学、电学、磁学、热学、光学等类别，相应地也形成了一系列标准化的测试方法。

1. 力学性能指标及测试方法

力学性能是评价功能材料机械可靠性和使用寿命的重要指标，主要包括弹性模量、强度、硬度、韧性等参数。弹性模量表征材料抵抗弹性变形的能力，可通过共振法、超声法、纳米压痕法等测试。强度表征材料抵抗断裂破坏的能力，可通过拉伸、压缩、弯曲等试验测试。硬度表征材料抵抗局部塑性变形的能力，可通过维氏硬度、洛氏硬度、布氏硬度等方法测试。韧性表征材料抵抗裂纹扩展的能力，可通过压痕法、单边缺口梁法等测试。这些力学性能的测试方法都有相应的ISO、ASTM、GB/T等标准规范，如ASTM C1161《环境温度下高级抗弯强度标准试验方法》、ASTM C1327《先进陶瓷维氏硬度试验方法》等。

2. 电学性能指标及测试方法

电学性能是评价功能材料电传输、电绝缘、电极化等特性的重要指标，主要包括电阻率、介电常数、介质损耗、击穿强度等参数。电阻率表征材料导电能力的倒数，可通过四探针法、范德堡法等测试。介电常数表征材料极化强度，可通过电容法、谐振法等测试。介质损耗表征材料在交变电场下的能量耗散，可通过阻抗分析仪测试。击穿强度表征材料抵抗电击穿的能力，可通过击穿电压测试仪测试。这些电学性能的测试方法也有相应的标准规范，如ASTM D150《固体电绝缘材料交流损耗特性及介电常数试验方法》、GB/T 1408《绝缘材料 电气强度试验方法》等。

3. 磁学性能指标及测试方法

磁学性能是评价功能材料磁化强度、磁导率、磁滞损耗等特性的重要指标，主要包括饱和磁化强度、剩余磁化强度、矫顽力、磁导率等参数。饱和磁化强度表征材料在强磁场下的最大磁化程度，可通过振动样品磁强计测试。剩余磁化强度表征材料在外磁场撤去后的剩余磁化程度，也可通过振动样品磁强计测试。矫顽力表征材料磁滞回线的宽度，可通过磁滞回线仪测试。磁导率表征材料内磁场与外磁场之比，可通过磁导率测量仪测试。这些磁学性能的测试方法有相应的IEC、ASTM等标准规范，如IEC 60404《磁性材料》系列标准等。

4. 热学性能指标及测试方法

热学性能是评价功能材料导热、蓄热、热膨胀等特性的重要指标，主要包括热导率、比热容、热膨胀系数等参数。热导率表征材料传递热量的能力，可通过激光导热仪、热线法等测试。比热容表征材料吸收或释放热量引起温度变化的能力，可通过差示扫描量热法测试。热膨胀系数表征材料尺寸随温度变化的程度，可通过热膨胀仪测试。这些热学性能的测试方法有相应的ASTM、GB/T等标准规范，如ASTM E1461《用闪光法测定固体热扩散率的试验方法》、GB/T 16535《精细陶瓷线热膨胀系数试验方法顶杆法》等。

5. 光学性能指标及测试方法

光学性能是评价功能材料对光的吸收、反射、透射、发光等特性的重要指标，主要包括透过率、反射率、折射率、发光效率等参数。透过率表征材料允许光通过的程度，可通过分光光度计测试。反射率表征材料反射光的程度，也可通过分光光度计测试。折射率表征材料使光线发生折射的程度，可通过阿贝折射仪测试。发光效率表征材料将吸收的能量转化为光的程度，可通过光谱仪、积分球等测试。这些光学性能的测试方法有相应的ISO、ASTM、GB/T等标准规范，如ISO 11551《光学和光学仪器—激光和激光类设备—光学激光元件的吸收比试验方法》、ASTM E1184《用石墨炉原子吸收光谱法测定成分的规程》等。

（三）性能评价在功能材料中的作用

性能评价在功能材料的设计、制备、优化和应用中起着至关重要的作用。只有通过科学、准确的性能评价，才能全面认识材料的组成结构与性能之间的关系，优化材料的制备工艺，开发出满足应用需求的高性能功能材料。

在材料设计阶段，通过性能评价可以建立材料的组成、结构、工艺与性能之间的定量关系，指导材料性能的预测和优化。例如，通过力学性能评价可以建立陶瓷基复合材料的增强体含量、尺寸、分布与强度、韧性之间的关系，优化复合材料的显微结构设计。

在材料制备阶段，通过性能评价可以优化材料的制备工艺参数，控制关键性能指标，提高材料的制备质量和稳定性。例如，通过介电性能评价可以优化压电陶瓷的烧结温度、保温时间、升降温速率等工艺参数，获得高介电常数、低介质损耗的压电陶瓷。

在材料应用阶段，通过性能评价可以筛选出满足应用要求的高性能材料，并对其服役性能进行监测和评估，确保材料的可靠性和安全性。例如，通过磁学性能评价可以筛选出高饱和磁化强度、高居里温度的稀土永磁材料，应用于高效电机、风力发电机等装置，并对其使用过程中的退磁、磁衰减等性能进行监测。

总体而言，性能评价贯穿于功能材料的全生命周期，通过建立科学、规范的性能评价标准和测试方法，可以加速新型功能材料的研发和应用进程，提升材料的性能水平，拓展其应用领域，推动功能材料产业的持续创新和快速发展。随着材料基因组工程、材料信息学等新兴学科的兴起，高通量、智能化的材料性能评价方法不断涌现，必将进一步提高材料性能评价的效率和准确性，为新型功能材料的发现和应用拓展新的空间。

第三章　智能材料

第一节　智能材料的定义与分类

智能材料是一类能够对外界环境的刺激或变化做出相应反应，并根据预设方案改变自身性能或功能的新型功能材料。这类材料具有感知、分析、推理和执行等类似生物体的“智能”特征，代表了材料科学与信息科学、生命科学等学科交叉融合的发展方向。根据材料对外界刺激的响应方式和机理，智能材料可分为刺激响应型、自修复型、智能仿生型等类别。

一、刺激响应型智能材料

（一）基本概念与工作原理

刺激响应型智能材料是指能够对外界物理、化学或生物刺激做出预定响应，从而实现特定功能的一类智能材料。这类材料通常由刺激感知单元和响应执行单元两部分构成，利用材料内部的能量转换和信息传递，将外界刺激信号转化为材料性能或形状的可控变化。

刺激响应型智能材料的工作原理可概括为以下几个步骤。

（1）刺激信号的感知。材料利用特定的敏感结构或基团感知外界刺激，如光、热、电、磁、化学物质等。

（2）能量的转换与传递。感知单元将外界刺激的能量转化为材料内部的能量形式（如光能转化为热能），并将能量信号传递给响应执行单元。

（3）响应行为的触发。响应执行单元根据能量信号的强度和频率等特征，触发相应的物理、化学或生物过程。

（4）性能或形状的改变。在触发的响应过程驱动下，材料的性能（如光学、电学、磁学性质等）或形状（如尺寸、形态等）发生相应的可控变化，完成特定功能。

（二）主要特点与优势

与传统材料相比，刺激响应型智能材料具有以下特点和优势。

（1）环境适应性。材料能够对外界环境的变化做出动态响应，具有较强的环境适应能力。

（2）可控性与可逆性。材料的响应行为可通过调控刺激信号实现精确控制，且大多数响应过程具有可逆性。

（3）集成性与多功能性。材料集传感、驱动、执行等多种功能于一体，可实现复杂的智能化控制。

（4）能量转换效率高。材料能够高效地将外界刺激能量转化为响应过程所需的能量，具有较高的能量转换效率。

（三）主要类型及其应用

根据材料对外界刺激信号的响应机制和效应，刺激响应型智能材料可分为以下几类。

1.热响应型智能材料

热响应型智能材料是指对环境温度变化敏感，并产生相应物理或化学变化的材料。这类材料主要利用热致相变、形状记忆效应等温度响应特性，在环境温度刺激下表现出显著的性能或形状改变。

代表性的热响应型智能材料如下。

（1）相变储热材料。利用固—液或固—固相变过程中的潜热实现热量存储和调节，在建筑节能、太阳能利用等领域有广泛应用。

（2）形状记忆合金/聚合物。材料在特定温度下能够记忆预设形状，并在加热时恢复至初始形状。这类材料广泛应用于航空航天、机器人、生物医学等领域。

（3）温敏性高分子材料。高分子链构象或亲疏水性能随温度变化发生可逆转变，在药物缓释、生物传感等领域有重要应用。

2.光响应型智能材料

光响应型智能材料是指对特定波长或强度的光照产生敏感响应，并引起材料性质或形状改变的材料。这类材料主要利用光致变色、光致形变、光致导电等光响应特性，在光刺激下表现出动态可控的性能或结构变化。

代表性的光响应型智能材料如下。

（1）光致变色材料。在特定波长光照下产生可逆的颜色变化，可用于信息存储、防伪印刷、智能窗等领域。

（2）光致形变高分子材料。材料在偏振光照射下产生各向异性的形变效应，可用于光驱动执行器、人工肌肉等领域。

（3）有机光伏材料。材料在光照下产生电荷分离和转移效应，可用于柔性光伏电池、光探测器等领域。

3.电/磁响应型智能材料

电/磁响应型智能材料是指在电场或磁场作用下，产生显著物理或化学变化的材料。这类材料主要利用压电效应、磁致伸缩效应、磁流变效应等电/磁耦合特性，实现外加电场或磁场对材料性能的调控。

代表性的电/磁响应型智能材料如下。

（1）压电/电致伸缩材料。材料在电场作用下产生机械形变，或在机械应力作用下产生电荷，广泛应用于传感器、执行器等领域。

（2）磁致伸缩材料。材料在磁场作用下发生尺寸或形状变化，可用于超声换能器、微纳驱动器等领域。

（3）磁流变液/弹性体。材料在磁场作用下剪切黏度或弹性模量发生可逆变化，在可控阻尼器、柔性执行器等领域有重要应用。

4.化学响应型智能材料

化学响应型智能材料是指对特定化学物质（如酸/碱、离子、气体等）产生敏感响应，并引起材料性质或形状改变的材料。这类材料主要利用分子识别、氧化还原、酸碱响应等化学反应特性，在化学环境刺激下表现出动态可控的性能或结构变化。

代表性的化学响应型智能材料如下。

（1）pH响应性高分子材料。高分子链构象或溶解性能随环境pH值变化发生可逆转变，在药物释放、生物传感等领域有重要应用。

（2）离子响应水凝胶。高分子网络结构对特定离子具有识别和响应能力，可通过离子浓度的改变调控凝胶的溶胀度和力学性能，在组织工程、柔性驱动等领域有广阔应用。

（3）气敏材料。材料对特定气体分子具有选择性吸附和响应能力，吸附气体后材料的电学、光学等性质发生相应改变，可用于气体传感、污染监测等领域。

5.生物响应型智能材料

生物响应型智能材料是指对特定生物分子或细胞产生特异性响应，并引起材料性质或功能改变的材料。这类材料主要利用抗原—抗体特异性结合、酶促反应、细胞黏附等生物学效应，在生物环境刺激下表现出精准可控的性能或结构变化。

代表性的生物响应型智能材料如下。

（1）葡萄糖响应胰岛素载体。材料对葡萄糖浓度具有特异性响应能力，可根据环境葡萄糖水平智能调控胰岛素的释放，在糖尿病治疗领域有重要应用。

（2）抗原响应型水凝胶。材料对特定抗原具有专一性识别能力，抗原—抗体结合后引发凝胶网络结构的溶胀或解离，可用于免疫检测、药物递送等领域。

（3）细胞外基质响应支架。材料表面修饰细胞黏附肽或生长因子，可诱导特定类型细胞的选择性黏附和增殖，在组织工程、再生医学等领域有广阔应用前景。

刺激响应型智能材料是智能材料的重要分支，兼具信息感知、能量转换、驱动执行等多重功能，是实现材料智能化和器件微型化的关键材料。这类材料不仅拓展了传统材料的应用领域，而且为智能结构、自适应器件、生物医学工程等领域提供了新的技术途径。随着多学科交叉融合的不断深入，多重响应、多级结构、多功能耦合的智能响应材料必将不断涌现，推动材料科学和智能制造朝着更高层次发展。可以预见，刺激响应型智能材料在推动信息、能源、健康等领域变革中将发挥不可替代的作用，成为构筑未来智慧社会的核心材料之一。

二、自修复智能材料

自修复智能材料是一类能够主动感知损伤并自主修复的新型功能材料。这类材料通过内置的损伤感知机制和修复反应单元，模拟生物体自愈合功能，在受到外界环境损伤时能够自发地修复裂纹、孔洞等缺陷，恢复材料的结构完整性和使用性能。自修复智能材料的出现为材料的高可靠性和长寿命应用提供了新的解决方案，在航空航天、生物医学、土木建筑等领域展现了广阔的应用前景。本部分将重点介绍自修复智能材料的修复机理、主要类型及其应用。

（一）自修复的基本概念、修复过程及其特点

1. 基本概念

自修复是指材料在受到损伤后，无须外界人为干预，自发地恢复其原有结构和性能的过程。

2. 自修复材料的修复过程

（1）损伤的发生。材料在外界环境载荷（如机械应力、热应力、化学腐蚀等）作用下产生微观损伤，如裂纹、孔洞、分层等。

（2）损伤的感知。材料利用内置的感知机制（如应变感知、化学感知等）主动检测并定位损伤的位置和程度。

（3）修复反应的触发。感知单元将损伤信号传递给修复反应单元，触发物理或化学修复反应。

（4）修复物质的填充。修复反应单元释放流动性高分子、催化剂等修复物质，在损伤区域实现选择性填充和键合。

（5）性能的恢复。修复物质与基体材料协同作用，恢复损伤区域的结构完整性，实现力学、导电、防护等性能的修复。

3. 特点

与传统的被动修复方法相比，自修复智能材料具有以下特点和优势。

（1）自主性。材料能够主动监测损伤并启动修复反应，无须人工检测和干预，具有自主智能的特点。

（2）高效性。材料能够在损伤发生的早期阶段实现快速修复，有效阻止损伤扩展，提高修复效率。

（3）局部性。材料能够对损伤区域实现选择性修复，避免对未损伤区域性能造成影响，实现修复过程的局部化。

（4）多循环性。材料的自修复能力可多次重复触发，延长材料的使用寿命，提高材料的可靠性和耐久性。

（二）自修复材料的主要类型及其机理

根据材料实现自修复的机理和途径，自修复智能材料可分为以下几类。

1. 微胶囊自修复材料

微胶囊自修复材料是指在材料基体中引入装载修复剂的微胶囊，通过胶囊破裂释放修复

剂实现自修复的材料。这类材料的自修复机理可描述为：

（1）裂纹在外力作用下扩展至微胶囊处，引起胶囊破裂。

（2）胶囊内装载的低黏度修复剂在毛细管力驱动下填充裂纹。

（3）修复剂与催化剂接触并发生固化反应，在裂纹处形成新的聚合物键合。

（4）裂纹表面修复剂的固化和交联，恢复裂纹处的力学性能和结构完整性。

微胶囊自修复材料的优点在于结构简单、易于制备，已在环氧树脂、聚合物涂层等领域得到广泛研究。但微胶囊自修复材料也存在响应周期长、修复效率低等局限性，其修复能力随着微胶囊的消耗而降低。

2.血管网络自修复材料

血管网络自修复材料是指在材料基体中构建三维互连的微通道网络，并在通道内装填修复剂，通过微通道运输修复剂实现自修复的材料。这类材料的自修复机理可描述为：

（1）裂纹扩展至微通道处，引起通道破裂。

（2）通道内的修复剂在压差和毛细管力驱动下流向裂纹处。

（3）修复剂在裂纹处聚集并与催化剂反应固化，形成新的聚合物键合。

（4）裂纹表面修复剂的固化和填充，恢复裂纹处的结构和性能。

与微胶囊自修复材料相比，血管网络自修复材料具有储液量大、运输高效、修复能力可再生等优点，但其制备工艺复杂，对通道尺寸和形貌的控制要求较高。目前，3D打印、牺牲模板等技术在构筑血管网络自修复材料方面取得了重要进展。

3.本征自修复材料

本征自修复材料是指材料利用自身分子结构的动态变化和重排实现自修复，而无须引入额外的修复剂。代表性的生物启发自修复材料有如下几种。

（1）可逆共价键自修复。材料分子结构中引入动态共价键（如Diels-Alder键、二硫键等），在损伤处断裂的共价键通过可逆反应实现重新键合，修复材料的结构和力学性能。

（2）氢键自修复。材料分子结构中含有大量的氢键基团（如酰胺、脲基等），裂纹处断裂的氢键在分子链段运动和重排过程中重新形成，恢复材料的结构完整性。

（3）金属配位自修复。材料中引入金属配位键形成动态交联网络，裂纹处断裂的配位键通过配体交换反应实现再键合，修复材料的力学和导电性能。

本征自修复材料的优点在于修复能力可多次重复触发，修复过程可逆且响应迅速。但目前本征自修复材料的种类还相对有限，其修复效率和力学性能还有待进一步提升。

4.生物启发自修复材料

生物启发自修复材料是指模仿自然界生物体自愈合功能，利用酶促反应、细胞诱导等生物学机制实现自修复的材料。代表性的生物启发自修复材料有如下几种。

（1）酶促自修复材料。材料中引入酶促反应底物基团，在损伤处通过酶促反应引发化学修复过程，实现材料的自主修复。

（2）细胞诱导自修复材料。材料表面修饰生物活性分子，损伤处释放的信号分子可诱导细胞迁移、增殖和分化，通过细胞分泌的胞外基质实现材料的再生修复。

生物启发自修复材料具有精准感知、高选择性修复的特点，为智能材料的发展提供了新的思路和方法。但这类材料的研究还处于起步阶段，其长期稳定性和生物安全性还需要进一步评估。

（三）自修复智能材料的应用现状与前景

自修复智能材料优异的损伤恢复能力为众多工程应用领域提供了新的解决方案。目前，自修复智能材料已在以下领域展现了诱人的应用前景。

（1）航空航天。自修复材料可用于制备航空发动机、航天器等关键部件，提高其抗外界损伤的能力，延长使用寿命，降低维护成本。

（2）生物医学。自修复材料可用于制备人工骨骼、血管支架等植入物，改善其长期稳定性和生物相容性，降低再次手术风险。

（3）土木工程。自修复材料可用于制备道路、桥梁等基础设施，提高其抗裂性和耐久性，减少养护维修频次，延长使用年限。

（4）防腐蚀涂层。自修复涂层材料可用于金属、混凝土等材料表面，提高其抗腐蚀、抗老化能力，减少环境侵蚀引起的性能退化。

（5）柔性电子。自修复导电高分子、纳米复合材料可用于制备柔性传感器、可穿戴电子，赋予器件自修复能力，延长其使用寿命和提高其可靠性。

总体而言，自修复智能材料研究尚处于发展的初期阶段，其在实际应用中仍面临着响应速率低、修复强度不足、使役环境适应性差等挑战。未来，自修复智能材料的研究重点将集中在多尺度、多功能自修复体系的构筑，实现材料化学、力学、电学等多重性能的协同修复。同时，还需着力于自修复材料加工、成型、表征等关键技术工艺的突破，加速其产业化进程和规模化应用。可以期待，通过多学科的交叉融合和协同创新，自修复智能材料必将在推动工程材料的耐久化、智能化发展中发挥越来越重要的作用。

三、智能仿生材料

智能仿生材料是一类以生物体结构和功能为模板，通过仿生学设计和制备的新型智能材料。这类材料通过模仿自然界生物体的精妙结构和生理机制，实现了传统材料不具备的独特性能和功能，代表了材料科学与生命科学交叉融合的前沿发展方向。智能仿生材料的研究不仅拓展了材料的应用领域，而且为生物医学、柔性电子、软体机器人等领域提供了新的技术途径和手段。

（一）智能仿生材料的设计思路与原则

大自然在数亿年的进化过程中孕育了形式多样、结构精妙的生物材料体系。这些生物材料在结构设计和性能优化方面远胜于人工设计的材料，为智能仿生材料的开发提供了重要的灵感和范本。仿生学设计是智能仿生材料研究的核心思路，其基本原则可概括为以下几点。

（1）多级结构仿生。生物材料普遍采用纳—微—宏多级结构设计，不同尺度结构单元的协同作用赋予材料优异的力学性能。智能仿生材料通过构筑具有多级结构特征的人工材料体系，实现了高强度、高韧性、高恢复性等力学性能。

（2）界面结构仿生。生物材料中软硬相界面的结构调控和应力匹配对材料的力学性能至关重要。智能仿生材料通过优化基体/填料、基体/纤维等界面结构，调控界面间的化学键合和物理作用，实现界面应力的有效传递和材料性能的改善。

（3）化学组分仿生。生物材料的组分具有多样性和可控性，不同组分的协同作用赋予材料独特的物理化学性质。智能仿生材料通过模拟生物大分子的化学结构，引入非共价键作用、动态键合、自组装等特性，实现材料性能的可调控和环境适应性。

（4）功能器件仿生。自然界生物体内存在大量的功能器件，如感受器、执行器等，具有传感、驱动、自修复等多种功能。智能仿生材料通过模仿生物功能器件的结构和工作机制，集传感、驱动、修复等多重功能于一体，实现了材料功能的智能化和集成化。

总体而言，智能仿生材料的设计应立足于多学科交叉融合，充分吸收生物学、材料学、化学、力学等学科的最新研究成果，通过对生物材料多层次结构与性能的分析、提炼、转化，构筑出结构精细、性能卓越的新型智能材料体系，推动传统材料向高性能、多功能、环境适应的方向发展。

（二）智能仿生材料的制备方法与技术

智能仿生材料的制备需要在精细模拟生物结构的基础上，实现材料组分和结构的可控构筑。目前，智能仿生材料的制备主要采用以下方法和技术。

1.三维打印技术

三维（3D）打印技术通过逐层打印和选择性固化的方式，在计算机控制下构筑出复杂的3D结构。这种自下而上的制造方式为模拟生物材料的多级结构提供了有效途径。目前，以喷墨打印、立体光刻、选择性激光烧结等为代表的高分辨率3D打印技术已广泛用于构筑仿生骨骼、仿生皮肤等智能仿生材料。

2.自组装技术

自组装是指基本构筑单元在分子间相互作用驱动下自发形成有序结构的过程。通过模拟生物分子的自组装行为，可构筑出与天然生物材料高度相似的纳米结构。例如，嵌段共聚物、两亲性分子等合成高分子可通过自组装形成规整的胶束、囊泡等纳米结构，用于构筑仿生细胞膜、药物递送体系等智能材料。

3.静电纺丝技术

静电纺丝是一种利用静电力拉伸聚合物溶液或熔体，制备纳米纤维的方法。通过优化纺丝参数，可制备出尺寸可控、排列有序的纳米纤维结构，模拟天然蛛丝、肌腱等纤维状生物材料。静电纺丝技术不仅可赋予材料优异的力学性能，还可通过纤维表面修饰引入特异性生物学功能。

4.冷冻干燥技术

冷冻干燥是一种通过升华作用去除材料中溶剂的干燥方法。利用冷冻诱导相分离和定向冰晶生长，可在聚合物基体中构筑出高度互连的多孔结构。这种仿生多孔结构在力学性能、细胞响应性等方面与天然细胞外基质高度相似，在组织工程支架、伤口敷料等领域有广泛应用。

5.图案化技术

图案化是在材料表面构筑微纳图案结构，模拟生物表面精细结构的一种方法。通过光刻、纳米压印、掩模溅射等技术，可在材料表面构筑出规整的微图案阵列，用于模拟荷叶表面的超疏水结构、蝉翼表面的光子晶体结构等。图案化技术可赋予材料独特的表面性能，如自清洁、色彩呈现等。

智能仿生材料的制备需要在精准模拟生物结构的基础上，实现组分、形貌、性能的综合调控。这对材料制备工艺提出了更高的要求，需要打破传统制备技术的局限，发展兼具高分辨率、多组分、多尺度加工能力的新型制备方法。同时，还需建立表征智能仿生材料多级结构与性能的测试方法和表征技术，实现材料性能的精准评价和反馈优化。

（三）智能仿生材料的应用进展与展望

智能仿生材料独特的结构特征和功能特性，使其在众多领域展现了诱人的应用前景。

（1）组织工程。仿生材料可用于构建与天然细胞外基质结构和组分高度相似的组织工程支架，引导细胞的迁移、增殖和分化，促进组织缺损的修复和再生。

（2）柔性电子。仿生材料可用于制备柔软、延展、自修复的生物电子器件，实现人机交互、健康监测等新型功能，推动可穿戴电子、植入电子的发展。

（3）软体机器人。仿生材料可用于构建具有多自由度变形和环境适应能力的软体驱动器，赋予机器人柔顺、安全、智能的特点，拓展其在医疗、服务等领域的应用。

（4）智能防护。仿生材料可用于开发具有高强度、高韧性、自修复能力的新型防护材料，延长防护装备的使用寿命和提高其可靠性，保障作业人员的生命安全。

（5）生物传感。仿生材料可通过修饰生物敏感元件，构建兼具高灵敏度、高选择性、快速响应的生物传感器，实现对特定生物分子、细胞、组织的实时检测和分析。

总体而言，智能仿生材料研究正处于从基础研究到应用开发的过渡阶段，其在实际应用中仍面临着批量制备、标准化评价、功能耦合等挑战。未来，智能仿生材料的研究应立足于多学科交叉融合，着力于新型仿生机理的发现和新型制备技术的创新，加速智能仿生器件和产品的研发及产业化进程。同时，还需加强智能仿生材料的安全性和伦理影响评估，为其临床应用和商业化推广扫除障碍。可以预见，通过对生物体结构和功能的深入理解和模拟，智能仿生材料必将在推动材料工艺变革、满足医工农防等领域需求中发挥不可替代的作用，成为引领未来材料科技发展的核心力量之一。

第二节　形状记忆合金的制备与性能

形状记忆合金是一类具有形状记忆效应的智能金属材料。在外力作用下，形状记忆合金可发生表观塑性变形，当受热至一定温度时，变形后的材料能够恢复至初始形状。这种独特的热—机械耦合特性，使形状记忆合金在航空航天、生物医疗、机器人等领域展现出广阔的应用前景。本节将重点介绍镍钛、铜基和铁基形状记忆合金的合金化设计、制备工艺及其形状记忆性能。

一、镍钛形状记忆合金

（一）镍钛合金的形状记忆效应

镍钛合金是目前应用最广泛的形状记忆合金体系。镍钛合金的形状记忆效应源于热弹性马氏体相变。在低温时，镍钛合金呈现出自协调马氏体结构，具有24个变体，在外力作用下可发生可逆的应变诱发马氏体重取向，表现出应力诱发马氏体相变和应变恢复特征。当合金升温至奥氏体转变温度以上时，马氏体相向高对称性的奥氏体相（B2）逆转变，材料恢复高温时的初始形状。

镍钛合金的形状记忆效应与其成分和热力学条件密切相关。当镍含量在55.5%（质量分数）以下时，合金表现出明显的形状记忆效应。随着镍含量的增加，镍钛合金的马氏体相变温度降低，当镍含量增至56%（质量分数）以上时，马氏体相变温度降至室温以下，合金呈现出超弹性。此外，合金中第三组元的加入以及热处理工艺也显著影响着合金的马氏体相变温度和形状记忆性能。

（二）镍钛合金的制备工艺

镍钛形状记忆合金的制备工艺主要包括真空感应熔炼、真空电弧熔炼、等离子熔炼等熔炼方法和粉末冶金、热机械加工等固相成型方法。

1.熔炼方法

（1）真空感应熔炼。真空感应熔炼是镍钛合金最常用的熔炼方法。将高纯镍、钛原料按照化学计量比装入石墨坩埚中，在真空或惰性气氛保护下感应加热熔化并充分搅拌，随后浇铸成形。真空感应熔炼具有原料适应性强、成分均匀、纯度高等优点，但存在冷却速率慢、组织偏析倾向明显等不足。为了优化镍钛合金的力学性能，通常需对铸锭进行热机械加工和时效处理。

（2）真空电弧熔炼。真空电弧熔炼利用电弧等离子体的高温特性熔化金属原料。与感应熔炼相比，电弧熔炼具有温度高、冷却速率快、成分均匀性好等优点。采用非自耗电极多次重复熔炼，可有效消除铸锭的成分偏析和宏观缺陷，获得高质量的镍钛合金铸锭。但电弧熔炼对原料纯度要求较高，设备投资和能耗成本较大。

2. 固相成型方法

（1）粉末冶金。粉末冶金法是近年来发展起来的镍钛合金新型制备工艺。将镍、钛单质粉末按化学计量比混合、压制成型，在真空或惰性气氛下烧结，可获得成分均匀、组织细小的多孔镍钛合金坯体。与传统铸造法相比，粉末冶金法可大幅降低镍钛合金的生产成本，易于实现近净成形，但烧结坯体的力学性能较低，需要后续热锻或热等静压致密化处理。

（2）热机械加工。热机械加工是改善镍钛合金性能的关键工艺。通过热轧、锻造、挤压等大变形热加工，可细化晶粒尺寸，优化结构，提高镍钛合金的强度和塑性。热机械加工还可诱导位错结构演化，影响合金的马氏体相变行为和形状记忆性能。此外，采用多道次冷拉伸和中间退火处理，可获得表面光滑、尺寸精度高的镍钛细丝、管材和薄板。

（三）镍钛合金的形状记忆性能及应用

镍钛合金具有优异的形状记忆性能，最大形状记忆应变可达8%，最大回复应力可达800 MPa，疲劳寿命可达10^5次以上。这些性能参数显著优于其他形状记忆合金体系，使镍钛合金在众多领域获得了成功应用。

1. 航空航天

镍钛合金可用于制备航空航天器中的振动控制装置、伸展机构、压力驱动执行器等。利用镍钛合金的超弹性，可实现卫星天线、太阳能电池板等大型结构的一次性展开和形状调控。利用镍钛合金的形状记忆效应，可实现航天器热防护系统的被动驱动和形状自适应。例如，用镍钛合金丝制备蜂窝状吸能结构，可有效吸收航天器着陆过程中的冲击载荷。

2. 生物医疗

镍钛合金具有良好的生物相容性、耐腐蚀性和机械相容性，已成为最重要的生物医用形状记忆合金。镍钛合金可用于制备骨科固定器、血管支架、牙齿矫治丝等植入器件。利用镍钛合金的超弹性，可实现血管支架的柔顺贴壁和长期支撑，降低再狭窄风险。利用镍钛合金的形状记忆效应，可实现骨科钉钉的形状自锁和应力屏蔽，促进骨折部位的愈合。镍钛合金还可用于制备微创手术器械，如超弹性导丝、形状记忆栓塞弹簧等。

3. 微机电系统

镍钛合金是理想的微机电系统驱动材料。利用硅基表面加工技术，可在镍钛薄膜上构筑出复杂的微纳结构，制备出微型执行器、传感器、开关等器件。基于镍钛薄膜的微执行器相比传统静电、电磁驱动方式，具有输出位移大、驱动力高、结构紧凑等优点，在微型泵阀、微镜扫描台等领域有广泛应用前景。此外，利用镍钛薄膜超弹性的压阻效应和形状记忆效应引起的电阻变化，可实现微型压力传感器、温度传感器等的制备。

4. 智能织物

镍钛合金细丝可编织入柔性基体中制备智能服饰。利用镍钛丝的形状记忆效应，可实现衣物的主动变形和被动调温。例如，在鞋底嵌入由镍钛丝编织的记忆框架，行走时的压力可诱导框架变形储能，释放压力后框架恢复原状，将储能释放，起到缓冲减震的作用。又如，在防寒服中嵌入镍钛丝网，环境温度降低时，镍钛丝收缩变形，减小服装的厚度和隔热层间距，产生主动保温的效果。

尽管镍钛合金已在众多领域实现了产业化应用，但仍面临着相变温度调控窗口窄、加工成本高、组织和性能可设计空间有限等技术挑战。针对性能提升方面，可采用第三组元合金化、纳米及非晶态合金设计等途径，拓宽镍钛合金的相变温度范围，改善其力学性能，开发高温高强、宽温域驱动的新型镍钛基形状记忆材料。针对精密制造方面，可发展近净成形、表面处理、激光3D打印等先进加工技术，实现镍钛合金构件的复杂结构设计与高精度制造，扩大其在微纳机电、生物医疗等高端领域的应用。此外，还需加强镍钛合金的疲劳、蠕变、腐蚀等服役行为的基础研究，建立可靠的寿命预测和失效分析方法，为其在长周期、苛刻环境下的安全应用提供保障。

二、铜基形状记忆合金

（一）铜基合金的马氏体相变特征

铜基形状记忆合金以Cu—Zn—Al和Cu—Al—Ni两大体系最具代表性。Cu—Zn—Al合金在高温时为β相，属于A2结构；经淬火后转变为B2结构的β1相，再经过处理后转变为DO3结构的β1'相。当合金成分和工艺条件合适时，β1'/β1马氏体相变可呈现出热弹性特征，使合金具备良好的形状记忆效应。Cu—Al—Ni合金的高温奥氏体相同样为A2结构的β相，淬火后转变为DO3结构，再经过时效析出可获得针状的γ'相。随后在应力或温度作用下发生β1→β1'→γ1'马氏体相变，亦可呈现出明显的形状记忆特性。相比Cu—Zn—Al体系，Cu—Al—Ni合金的马氏体转变温度更高，抗氧化性能更优异。

铜基合金的马氏体相变温度、形状记忆应变、临界应力等性能参数与合金成分密切相关。对于Cu—Zn—Al合金，锌含量在15%~30%（质量分数），铝含量在3%~8%（质量分数）范围时，合金的马氏体转变温度在室温至200 ℃范围，最大形状记忆应变可达4%~6%。随着锌含量的增加，β1→β1'马氏体转变温度系统降低，但β1'相稳定性提高。铝含量的增加可提高β1'相稳定性和临界应力，但会降低合金的塑性。对于Cu—Al—Ni合金，镍含量在3%~5%（质量分数），铝含量在11%~14%（质量分数）范围时，合金的马氏体转变温度在100~300 ℃范围，且镍铝含量比值对转变温度影响显著。镍含量的增加可提高β1'相稳定性和马氏体转变温度，而铝含量的增加会降低转变温度和合金强度。

（二）铜基合金的制备工艺与组织调控

铜基形状记忆合金的传统制备方法为铸造+热机械加工。采用中频感应炉熔炼纯度不低于99.9%的电解铜、工业纯锌锭和工业纯铝锭，在1100~1200 ℃保温并充分搅拌，随后进行铸锭浇注。铸态组织通常存在枝晶偏析和粗大柱状晶等缺陷，需经过均匀化退火、热锻/轧等道次，获得成分均匀的细晶β相组织。铸锭经过热加工后，需进行固溶处理，将合金加热至β相区并快速淬火，获得β1马氏体基体组织。为了获得热弹性马氏体相变特征，需对淬火态合金进行200~500 °C的时效处理，析出γ相以提高基体的弹性极限，促进β1→β1'热弹性马氏体转变的发生。

近年来，粉末冶金技术在铜基形状记忆合金制备领域得到快速发展。采用气雾化法制备预合金粉末，经过冷/热等静压成形，在800~950 °C真空烧结获得体积致密的合金坯料。与铸造法相比，粉末冶金法可获得成分更加均匀、组织更加细小的合金材料，且可实现近净成形，大幅降低材料的热加工成本。但烧结坯料的力学性能较低，需要通过热锻、挤压等后续热机械加工改善其综合性能。与镍钛合金类似，通过调控铜基合金的成分配比、热处理制度等工艺参数，可对其马氏体组织形态、转变温度、形状记忆性能实现有效调控。例如，在Cu—Zn—Al合金中添加锰、镍等合金元素，可提高合金的临界应力和抗蠕变能力；在Cu—Al—Ni合金中微量添加钛、锆等元素，可细化晶粒尺寸，提高合金强度。

（三）铜基合金的性能特点与应用领域

与镍钛合金相比，铜基形状记忆合金具有价格低廉、制备工艺简单、形状记忆应变大等特点。Cu—Zn—Al合金的密度约为7.5 g/cm^3，最大应变可达6%，塑性良好，易于加工成型，但马氏体转变温度较低（通常低于100 °C），热稳定性和抗蠕变性能有待提高。Cu—Al—Ni合金的密度约为7.2 g/cm^3，最大应变可达5%，马氏体转变温度可达200 °C以上，抗氧化性能优异，但塑性较差，加工成形性能不及Cu—Zn—Al合金。总体而言，铜基形状记忆合金在100~200 °C具有优异的形状记忆性能，且价格仅为镍钛合金的1/5~1/3，在中低温领域具有良好的应用前景。

铜基形状记忆合金目前主要应用于管道连接件、热驱动执行器、振动控制器件等领域。利用Cu—Zn—Al合金的形状记忆效应，制备出自紧式管接头，实现管道的快速连接和自动密封；利用Cu—Al—Ni合金的超弹性，制备出恒力弹簧，实现对结构振动的被动控制和能量耗散。在热驱动执行器领域，Cu—Al—Ni合金丝因具有较高的马氏体转变温度和抗氧化能力，可制备耐高温驱动弹簧，在200 °C以下实现可靠的热驱动。

为了进一步拓宽铜基合金的应用温度范围和延长使用寿命，近年来研究人员开展了大量Cu—Al—Mn、Cu—Al—Be、Cu—Al—Nb等新型铜基形状记忆合金体系的研究。通过合金化设计和工艺优化，Cu—Al—Mn—Ni合金的马氏体转变温度可提高至300 °C以上，Cu—Al—Be合金的抗氧化温度可达500 °C以上。在制备工艺方面，通过自蔓延高温合成、激光选区熔化成形等新型粉末冶金技术，可获得近净成形、复杂结构的铜基合金构件，大幅拓展其在高温执行器、热电子系统等领域的应用。

尽管如此，铜基形状记忆合金在高性能领域的应用仍面临诸多挑战。与镍钛合金相比，铜基合金的室温强度和抗疲劳性能偏低，难以满足苛刻工况下长周期服役的要求。同时，铜基合金易发生晶间腐蚀和应力腐蚀开裂，在腐蚀介质中的使用寿命大打折扣。针对上述问题，亟须在合金成分优化、表面防护、复合强化等方面开展系统深入的研究。在成分设计方面，可通过添加稀土元素、贵金属等，细化晶粒尺寸，提高晶界结合强度，改善铜基合金的综合力学性能。在表面防护方面，可采用激光熔覆、离子注入等表面工程技术，构筑高致密、与基体结合良好的防护涂层，全面提升合金的耐腐蚀性能。在复合强化方面，可利用原位化学反应、原位析出等工艺手段，在铜基合金中引入陶瓷颗粒、金属间化合物等增强相，制备高强韧、耐磨损的铜基形状记忆复合材料，进一步拓宽其在极端环境下的应用空间。

三、铁基形状记忆合金

铁基形状记忆合金是继镍钛合金、铜基合金之后发展起来的新一代低成本、高强度形状记忆材料体系。Fe—Mn—Si基、Fe—Ni—Co—Al—Ta—B基是目前研究较多、应用前景较广的两类铁基形状记忆合金。与传统的镍钛合金相比，铁基合金具有价格低廉、力学性能优异、马氏体转变温度可调等优点，在土木工程、汽车制造等领域展现出诱人的应用前景。本部分将重点介绍铁基合金的马氏体转变机理、组织结构调控、力学性能及其应用。

（一）铁基合金的马氏体转变机理

1.Fe—Mn—Si基合金

Fe—Mn—Si基合金的高温奥氏体相为面心立方结构（γ相），经淬火后可转变为六方密排结构的ε马氏体。在应力作用下，γ相和ε马氏体之间可发生应力诱发马氏体转变，表现出良好的超弹性。Fe—Mn—Si基合金中，Si元素的加入可提高合金的层错能，促进γ→ε马氏体转变；而Mn元素的加入可降低γ相的层错能，抑制γ→ε马氏体转变，有利于获得单一的γ相组织。当合金中Mn∶Si原子比接近3∶1时，ε马氏体相变温度降至室温以下，合金可获得优异的形状记忆效应。研究表明，Fe—（28%~34%）Mn—（4%~7%）Si（质量分数）成分范围内的合金，在−200~100 ℃具有明显的马氏体转变，最大形状记忆应变可达3%以上。

2.Fe—Ni—Co—Al—Ta—B基合金

Fe—Ni—Co—Al—Ta—B基合金的高温相为B2结构的β相，经淬火后可获得L10结构的γ'马氏体。合金经时效处理后，β相中规则析出α（bcc）相，β/γ'界面形成半共格关系，使γ'马氏体获得较高的热弹性，表现出优异的形状记忆效应。研究发现，在Fe—（28%~35%）Ni—（12%~16%）Co—（11%~14%）Al—（2%~4%）Ta—（0.1%~0.2%）B（质量分数）成分范围内，时效态合金的马氏体转变温度在−150~200 ℃范围，最大形状记忆应变可达4%~6%。合金中Al、Ta元素可提高β/γ'界面的共格性，促进γ'热弹性马氏体的形成；而B元素的加入可细化β相晶粒，提高β/α界面结合强度，对提升合金的形状记忆和力学性能至关重要。

（二）铁基合金的组织结构调控

1.热机械处理

热机械处理是调控铁基合金组织性能的重要手段。对于Fe—Mn—Si基合金，γ相的稳定性直接决定了合金的马氏体转变温度和形状记忆性能。通过控制热轧或热锻变形量，可诱导合金中位错结构的演化，引入变形储能，获得应变诱发马氏体组织。随后经400~600 °C时效处理数小时，可使马氏体充分回复，获得 γ 单相组织。对于Fe—Ni—Co—Al—Ta—B基合金，通过1050~1200 °C固溶处理可获得均匀的 β 相基体，再经400~700 °C/1~10 h时效处理，可在 β 基体中均匀析出 α 相。随后经冷变形10%~30%，可进一步细化 α/β 两相组织，提高界面密度和结合强度，从而显著改善合金的力学性能。

2. 合金化设计

合金化是调控铁基合金马氏体转变温度和形状记忆性能的有效途径。在Fe—Mn—Si基合金中，Si含量的增加可提高 ε 马氏体相变温度，降低临界驱动应力，获得更高的形状记忆应变；而Mn含量的增加会降低马氏体相变温度，获得更宽的超弹性温度区间。此外，在Fe—Mn—Si基合金中添加微量Nb、C元素，可细化奥氏体晶粒，提高合金强度。在Fe—Ni—Co—Al—Ta—B基合金中，Co含量的增加可提高 γ'马氏体的热弹性和临界应力，获得更高的形状记忆应变；而Al、Ta含量的增加可提高 β/γ'界面共格性，降低马氏体转变温度滞后。此外，在Fe—Ni—Co—Al—Ta—B基合金中添加Ti、Cr、Mo等元素，可固溶强化 β 基体，提高其高温力学性能。

3. 粉末冶金技术

粉末冶金技术可用于制备高性能铁基形状记忆合金。采用气雾化法制备预合金粉末，再经过放电等离子烧结或热等静压致密化，可获得成分均匀、组织细小的铁基合金材料。与铸态合金相比，粉末冶金合金具有更高的强度和塑性，且可实现近净成形，大幅降低材料的加工成本。此外，通过优化粉末的形貌和粒度，调控烧结过程的升温速率和保温时间，可对粉末冶金铁基合金的晶粒尺寸、析出相形貌进行精细调控，进一步提升其综合力学性能。值得一提的是，通过粉末冶金技术可方便地向铁基合金中引入陶瓷颗粒、碳纳米管等增强相，制备高强韧、耐磨损的铁基形状记忆复合材料，拓宽其在极端环境下的应用。

（三）铁基合金的力学性能及应用

铁基形状记忆合金具有优异的力学性能。Fe—Mn—Si基合金的屈服强度可达200~500 MPa，断裂延伸率可达30%以上，疲劳寿命可达10^5次以上。Fe—Ni—Co—Al—Ta—B基合金的屈服强度可达1000~1500 MPa，断裂延伸率可达5%~10%，高温蠕变强度显著优于镍基高温合金。得益于优异的力学性能，铁基形状记忆合金在土木、机械、能源等领域展现出广阔的应用前景。

在土木工程领域，Fe—Mn—Si基合金可用于制备智能紧固件和减震器。利用Fe—Mn—Si合金的超弹性，制备自复位螺栓、自锁垫圈等紧固连接件，可有效降低振动载荷下螺栓的松动失效；利用其优异的阻尼性能，制备自复位支座，可有效减震抗震，延长桥梁结构的使用寿命。在汽车工业领域，Fe—Ni—Co—Al—Ta—B基合金可用于制备汽车发动机缸盖螺栓、气门弹簧等高温服役部件。利用该合金优异的高温强度，可大幅提高发动机热端部件的使用温度和延长疲劳寿命，满足发动机轻量化、节能降耗的需求。

尽管铁基合金的力学性能已达到优异水平，但其形状记忆性能与镍钛、铜基合金还存在一定差距。针对上述问题，一方面要从成分设计、工艺优化等方面入手，进一步改善铁基合金的马氏体相变特性，提高其形状记忆应变和驱动应力输出；另一方面要充分发挥铁基合金的力学性能优势，聚焦在对材料强度、韧性、耐久性要求更高的领域，如高端装备制造、极端环境服役等，在传统形状记忆合金难以企及的领域率先实现产业化突破。此外，铁基合金的阻尼性能、磁性能等功能特性还有待进一步发掘，这需要从多场耦合调控、人工智能设计等方面入手，构筑具有突出综合性能的新型铁基智能材料体系。可以预见，随着对材料服役行为认识的不断深入，铁基形状记忆合金必将在推动智能装备、智能制造变革中发挥不可或缺的作用。

第三节　电活性聚合物的制备与性能

电活性聚合物是一类能够在外加电场作用下产生显著形变或力学响应的智能材料。与形状记忆合金、压电陶瓷等传统智能材料相比，电活性聚合物具有驱动电压低、应变大、柔顺性好、能量密度高等优点，在柔性驱动、仿生机器人、智能可穿戴等领域展现出诱人的应用前景。本节将重点介绍导电聚合物和离子聚合物—金属复合材料（IPMC）的分子结构设计、可控制备及其电响应性能。

一、导电聚合物

（一）导电聚合物的分子结构特征

导电聚合物是一类具有类金属导电性能的有机聚合物，其分子主链上含有大量共轭双键，使聚合物具有离域化的 π 电子云，电子或空穴可在主链上实现定向迁移，赋予材料优异的电学性能。聚苯胺（PANI）、聚吡咯（PPy）、聚噻吩（PTh）是目前研究较多、应用较广的三类导电聚合物。

PANI分子链中含有大量醌二亚胺结构单元，在掺杂态下可形成半氧化态的聚阳离子自由基，使分子链呈现出离域化的准一维结构，表现出类金属的导电性能。PPy分子链中含有大量吡咯环，环上 α—α'位点连接形成共轭主链，在掺杂态下可形成极化子、双极化子等载流子缺陷，使聚合物呈现出高导电性。PTh分子结构与PPy类似，但噻吩环较吡咯环具有更大的共轭程度和结构对称性，在掺杂态下可获得更高的载流子迁移率和导电性能。

导电聚合物的共轭结构是其导电性能的关键。通过调控分子链中共轭基团的类型、序列、取代基，可显著改变聚合物的电子云密度和离域程度，进而调控其导电性能。例如，在PANI分子链中引入磺酸基团，可提高聚合物的自掺杂程度和导电稳定性；在PPy中引入烷基侧链，可提高聚合物的结晶性和载流子迁移率；在PTh中引入烷氧基侧链，可降低聚合物的氧化电位，提高其环境稳定性。总之，合理的分子结构设计是获得高性能导电聚合物的基础和前提。

（二）导电聚合物的可控制备

导电聚合物可通过化学氧化聚合、电化学聚合等方法制备。化学氧化聚合是在氧化剂（如过硫酸铵、高锰酸钾等）存在下，使单体在溶液中聚合生成导电聚合物的方法。通过调控单体浓度、氧化剂种类、反应温度和pH值等参数，可控制聚合物的聚合度、掺杂程度、形貌结构等。化学氧化聚合操作简单、产率高，易于实现导电聚合物的批量制备，但聚合物的结构规整性和导电性能往往不及电化学聚合。

电化学聚合是在电场作用下，使单体在电极表面原位聚合生成导电聚合物薄膜的方法。具体而言，以单体溶液为电解质，在阳极施加一定电位或电流，单体在阳极表面失去电子被氧化，生成自由基阳离子并耦合聚合，形成致密的聚合物薄膜。通过循环伏安法、恒电位法、恒电流法等电化学聚合工艺，可精确控制聚合物薄膜的厚度、形貌和掺杂态，获得结构规整、性能优异的导电聚合物材料。电化学聚合的优点在于可实现原位可控生长，易于制备柔性薄膜器件，但受限于电极面积而不易实现批量化制备。

为了进一步优化导电聚合物的电学和电化学性能，可采用纳米结构设计、复合改性等策略。利用软、硬模板法可制备出纳米线、纳米管、介孔等多种纳米结构的导电聚合物，比表面积高、载流子传输距离短，可显著提高聚合物的比电容和倍率性能。以碳纳米管、石墨烯为基体，通过原位聚合可制备出导电聚合物复合材料，双连续导电网络结构有利于电荷快速传输和应力均匀分布，可显著提高聚合物的机电耦合性能和循环稳定性。

（三）导电聚合物的电响应性能及应用

导电聚合物优异的电化学活性和灵活可加工性，使其在驱动执行、能量存储等领域展现出广阔的应用前景。以PANI为例，其在不同电位下可发生可逆的氧化还原反应，伴随着显著的体积变化（约3%）和机械性能改变。利用这一特性，可制备出柔性驱动执行器，在±1 V的低驱动电压下，即可实现10%以上的变形应变，满足机器人、人工肌肉等领域对大变形驱动的需求。此外，环境中的酸碱气体分子可掺杂/去掺杂PANI分子链，引起其导电率的显著变化（可达8个数量级），基于此可设计气体传感器，实现对氨气、硫化氢等有毒气体的灵敏检测。

PPy具有类似于PANI的氧化还原赝电容特性，但PPy膜层在充放电过程中的体积变化更加显著（可达30%以上）。利用PPy纳米线阵列的高比表面积和快速离子扩散能力，可构筑出高性能超级电容器，比电容高达400 F/g以上，功率密度可达100 kW/kg，在移动电子、清洁能源等领域有广阔应用空间。在生物医学领域，PPy纳米线还可用于构筑神经探针、生物支架等植入式器件，实现神经信号的精准检测和受损组织的修复再生。

PTh较PANI和PPy具有更高的导电率和氧化还原循环稳定性，更易实现器件化应用。利用PTh在不同电位下显著的颜色变化（蓝→红→黄），可构筑电致变色器件，实现信息的可视化显示和存储。在太阳能电池领域，PTh纳米结构可作为对电极和空穴传输材料，与钙钛矿、聚合物等吸光层构筑异质结，可显著提高电池效率和稳定性。

尽管导电聚合物在诸多领域展现出诱人的应用前景，但其在实际应用中仍面临着环境稳定性差、机械性能不足、规模化制备困难等挑战。针对上述问题，亟须在分子结构设计、纳米结构调控、复合界面优化等方面开展深入研究，以提高导电聚合物的本征性能和器件可靠性。同时，应加快导电聚合物器件的工程化、产业化进程，突破关键制备工艺瓶颈，推动其在能源、机器人、可穿戴电子等领域的规模化应用。可以预见，随着对有机电子学机理认识的不断深入，高性能、多功能、环境友好的新型导电聚合物材料将不断涌现，成为支撑下一代信息技术、清洁能源、智能制造发展的关键材料。

二、电致变色聚合物

电致变色聚合物是一类在外加电场作用下颜色可逆变化的智能聚合物材料。与无机电致变色材料相比，电致变色聚合物具有分子结构可设计、颜色可调、柔性可加工、响应速度快等优点，在智能窗、柔性显示、防眩目后视镜等领域有广阔的应用前景。

（一）电致变色聚合物的分子结构特征

电致变色聚合物主要包括芳香族聚合物、金属配位聚合物等类型。这类聚合物分子链上含有特殊的电致变色活性中心，如苯环、噻吩环、金属离子等，在电场驱动下可发生可逆的氧化还原反应，引起分子结构的电子跃迁，从而实现颜色的可逆变化。

1.苯环类电致变色聚合物

聚苯胺（PANI）、聚（3,4-乙烯二氧噻吩）（PEDOT）、聚亚苯基乙烯（PPV）是典型的苯环类电致变色聚合物。这类聚合物分子链中含有大量对位连接的苯环，形成离域化的π电子共轭体系。在中性态时，$\pi-\pi^*$跃迁吸收位于紫外区，聚合物呈浅黄色或无色透明状；在掺杂态时，价带和导带之间形成新的极化子能级，π—极化子跃迁吸收位于可见光区，聚合物呈现出鲜艳的颜色，如PANI呈绿色，PEDOT呈蓝色，PPV呈红色。

2.噻吩类电致变色聚合物

聚噻吩（PTh）及其衍生物是另一类重要的电致变色聚合物。噻吩环相比苯环具有更大的共轭程度和结构对称性，有利于获得更宽的光学调制范围。PTh分子链中含有大量$\alpha-\alpha'$位连接的噻吩环，在中性态时呈红色，在掺杂态时呈蓝色。引入取代基可显著改变PTh的电致变色性能，例如，烷基取代的PTh具有更好的溶液加工性能，烷氧基取代的PTh具有更低的氧化电位和更宽的电位调制范围。

3.金属配位电致变色聚合物

金属配位聚合物是由金属离子与有机配体通过配位键连接形成的聚合物。金属中心的氧化还原反应可引起配体到金属的电荷跃迁，从而实现颜色的可逆变化。例如，Fe（Ⅱ）三联吡啶聚合物在中性态时呈紫色，在氧化态时呈浅黄色；Ru（Ⅱ）三联吡啶聚合物在中性态时呈橙红色，在氧化态时呈黄绿色。通过改变金属离子种类、配体结构可精细调控金属配位聚合物的电致变色性能。

（二）电致变色聚合物的变色机理

电致变色聚合物的变色过程涉及电子和离子的协同作用。具体而言，聚合物薄膜在阴极还原时，吸引电解质中的阳离子嵌入以维持电中性，分子链由掺杂态向中性态转变，能带结构发生改变，引起颜色变化；聚合物薄膜在阳极氧化时，脱去嵌入的阳离子，分子链重新向掺杂态转变，能带结构恢复原状，颜色也随之恢复。这一过程可简要表示为：

$$\text{P（还原态）} + xC^{+} \rightleftharpoons \text{P（氧化态）} + xC^{-}$$

其中，P代表聚合物分子链，C^{+}代表电解质阳离子。

电致变色聚合物的变色性能受多种因素影响，如聚合物的化学结构、掺杂程度、薄膜形貌、电解质种类和浓度等。一般而言，具有较大共轭程度、较高掺杂浓度、较疏松多孔结构的聚合物薄膜，在含有小尺寸、高迁移率阳离子的电解质中，可获得较快的响应速度和较高的着色效率。例如，PEDOT薄膜在含有Li^{+}的电解质中，响应时间可低至10 ms，着色效率可高达400 cm^{2}/C。通过优化聚合物结构和电解质组成，可进一步提升电致变色聚合物的变色性能。

（三）电致变色聚合物的性能调控

电致变色聚合物的性能调控主要通过以下几种策略实现。

1.化学结构修饰

通过引入给电子/吸电子基团、扩展共轭程度、调节链间作用力等，可显著改变聚合物的电子能带结构和氧化还原电位，进而调控其电致变色性能。例如，给电子的烷氧基取代可提高PTh的最高占据分子轨道（HOMO）能级，降低氧化电位，有利于获得鲜艳的红色；吸电子的酯基取代可降低PTh的最低未占据分子轨道（LUMO）能级，提高还原电位，有利于获得深邃的蓝色。

2.共聚合改性

采用两种或多种单体共聚，可兼具不同单体的优点，扩展电致变色聚合物的性能调控空间。例如，3,4-乙烯二氧噻吩（EDOT）与噻吩共聚可获得比PEDOT氧化电位更低、比PTh循环稳定性更好的电致变色聚合物；EDOT与咔唑共聚可拓宽聚合物的光学吸收范围，实现多色电致变色。

3.纳米结构设计

聚合物薄膜的微观形貌对其电致变色性能有重要影响。采用模板法、自组装法等手段，可制备出纳米线、纳米管、介孔等多种纳米结构的聚合物薄膜。这些纳米结构具有比表面积大、活性位点多、离子扩散快等特点，可显著提高聚合物的电化学活性和加快响应速度。例如，采用阳极氧化铝模板法制备的PTh纳米管阵列，比无规形貌的PTh薄膜具有更高的着色效率（提高20%）和更快的响应速度（缩短50%）。

4.复合改性

以金属氧化物、碳纳米材料等为基体，通过溶液共混、原位聚合等方法引入电致变色聚合物，可制备兼具高导电性、高电容性、高稳定性的复合电致变色材料。例如，采用静电纺丝法制备的WO_3/PANI复合纳米纤维，响应速度可达到100 ms以下，循环寿命可达1000次以上，远优于单一的无机或有机电致变色材料。

（四）电致变色聚合物的应用

电致变色聚合物优异的电致变色性能和加工特性，使其在智能窗、柔性显示、防眩目后视镜等领域有广泛应用。

1.智能窗

智能窗是透过率、颜色可根据需要进行调节的窗户。采用电致变色聚合物制备的智能窗，在通电时可在无色透明态和有色遮光态之间可逆切换，从而实现对室内光照强度和温度的主动调控，具有节能、舒适的效果。目前，基于PEDOT、PPV等聚合物的中性色电致变色智能窗已实现产业化应用，响应时间可低至1 s，最大光学对比度可达50%以上。

2.柔性显示

柔性显示是采用柔性衬底的新型显示技术。电致变色聚合物具有固有的柔韧性，可通过溶液加工等简单方法制备成柔性薄膜，是构筑柔性显示器件的理想材料。采用喷墨打印等图案化技术，可实现电致变色聚合物的多色、全色显示。目前，基于PEDOT、PTh等聚合物的柔性电致变色显示器件已实现像素密度100 dpi以上，响应时间100 ms以下，有望应用于电子书、可穿戴设备等领域。

3.防眩目后视镜

防眩目后视镜是后视镜的反射率可随环境光强度变化而自适应调节的汽车后视镜。采用电致变色聚合物制备的防眩目后视镜，可有效减少后方车辆头灯的眩目效应，提高夜间驾驶的安全性和舒适性。目前，基于混合钨铜氧化物和PEDOT的有机—无机复合电致变色后视镜已实现商业化应用，响应时间可低至1 s，光学调制范围可达50%以上。

4.电致变色智能器件

电致变色聚合物还可用于构筑其他多种智能响应器件。例如，PANI/TiO_2纳米管阵列的电致变色传感器，可实现对氨气的灵敏检测和可视化指示；基于PEDOT/PPy的电致变色制动器，可在电场驱动下产生显著的形变和力学输出；基于PEDOT/钒氧化物的电致变色电池，可实现能量的存储和颜色的同步变化，有望应用于智能包装、可视化储能等领域。

电致变色聚合物是最具应用前景的电活性聚合物之一。通过分子结构设计、纳米结构调控、复合改性等策略，电致变色聚合物的性能不断提升，在智能窗、柔性显示、防眩目后视镜等领域展现出诱人的应用前景。未来，电致变色聚合物的研究应着力于新型电致变色机理的探索、器件加工工艺的优化、产业化应用的推广，突破大面积、长寿命、低成本制备等技术瓶颈，最终实现规模化生产和广泛应用。可以期待，电致变色聚合物必将与其他智能材料技术协同发展，推动信息显示、智能交通、可穿戴电子等领域的技术变革，为人类创造更加智能、舒适的生活环境。

三、电活性水凝胶

电活性水凝胶是一类在电场作用下产生响应或驱动的智能水凝胶材料。这类材料兼具水凝胶的柔韧、湿润、生物相容等特性和电活性聚合物的电响应、电驱动、电信号传导等功能，在软体驱动、药物释放、组织工程等领域展现出诱人的应用前景。

（一）电活性水凝胶的组成结构

电活性水凝胶通常由两大功能组分构成：三维互穿网络结构的水凝胶基体和赋予材料电活性的功能组分。水凝胶基体为亲水性聚合物，如聚丙烯酰胺、聚乙二醇、明胶等，通过化学或物理交联形成具有大量亲水基团和开放空间的三维网络结构，能够吸附并保持大量水分，赋予材料柔韧、湿润的特性。电活性组分可以是导电聚合物、电解质、碳纳米材料等，通过共价接枝、物理掺杂等方式引入水凝胶基体，形成互穿的导电通路，赋予材料电场响应的特性。

根据电活性组分的种类和引入方式，电活性水凝胶可分为以下几类：

1.导电聚合物水凝胶

导电聚合物水凝胶是指在水凝胶网络中引入导电聚合物（如PPy、PANI等）形成的复合水凝胶。导电聚合物可通过化学氧化聚合、电化学聚合等方法原位生长在水凝胶骨架上，形成互穿的导电网络。这类水凝胶兼具导电聚合物的电活性和水凝胶的生物相容性，在柔性传感、药物释放等领域有广泛应用。

2.电解质水凝胶

电解质水凝胶是指在水凝胶网络中引入可电离的电解质（如盐酸、氯化钠等）形成的离子导电水凝胶。电解质在水相中电离形成自由离子，并通过水凝胶网络中的开放空间迁移，赋予材料较高的离子电导率。这类水凝胶在电场作用下可产生显著的体积变化和机械响应，在软体执行器、柔性驱动等领域有重要应用。

3.碳/水凝胶复合材料

碳/水凝胶复合材料是指在水凝胶基体中引入碳纳米材料（如碳纳米管、石墨烯等）形成的复合水凝胶。碳纳米材料具有优异的机械强度和电导率，可显著改善水凝胶的力学性能和电学性能。同时，碳纳米材料与水凝胶分子链之间的物理化学相互作用，可赋予复合材料多重响应特性。这类水凝胶在柔性传感、生物支架等领域有诱人的应用前景。

（二）电活性水凝胶的响应机制

电活性水凝胶在外加电场下产生的响应机制主要包括以下几个方面。

1.电场引起的离子迁移

电活性水凝胶中含有大量自由水及电解质离子。在外加电场作用下，阴、阳离子向相反方向定向迁移，在凝胶网络中形成浓度梯度。离子的不均匀分布会引起凝胶网络中的渗透压差，驱动水分子的迁移，导致凝胶某些区域溶胀、某些区域收缩，从而产生弯曲、折叠等形变。

2.电场诱导的相转变

某些电活性水凝胶[如聚（*N*-异丙基丙烯酰胺）凝胶]对温度变化敏感，存在低临界溶解温度（LCST）。当温度高于LCST时，凝胶骨架由亲水性向疏水性转变，释放结合水并发生相分离，导致体积显著收缩。外加电场可通过焦耳热效应使凝胶温度升高，诱发相转变，进而引起体积响应。

3.电化学反应引发的化学计量变化

对于含有氧化还原活性基团（如二茂铁、金属卟啉等）的电活性水凝胶，外加电场可诱发凝胶网络中的电化学氧化还原反应。活性基团的价态变化会引起凝胶亲疏水性的改变，导致结合水含量和体积变化。这一过程通常伴随着明显的颜色变化，可用于电致变色显示等领域。

4.界面极化引起的体积变化

某些电活性水凝胶（如聚丙烯酰胺/石墨烯复合凝胶）在外加交流电场下，由于凝胶/电极界面发生电荷极化，导致凝胶网络中的亲水基团取向排列，引起体积的各向异性变化。这种电致变形行为对电场频率敏感，可用于构建电致变形执行器。

（三）电活性水凝胶的性能调控

电活性水凝胶的性能调控主要通过以下几种策略实现。

1.调节水凝胶的化学组成

通过引入不同种类、比例的亲水性单体和功能性基团，可调控电活性水凝胶的力学性能、电学性能和响应灵敏度。例如，提高导电聚合物的掺杂比例可显著提高水凝胶的电导率和电致驱动应变；引入温敏性单体可赋予水凝胶温度响应特性；引入光敏性基团可实现光电耦合调控。

2.优化水凝胶的网络结构

电活性水凝胶的三维网络结构对其力学性能、物质传输特性和响应速度有重要影响。采用双网络、多网络等交联策略，可显著提高水凝胶的力学强度和韧性；通过冷冻干燥、3D打印等方法构筑多孔、梯度结构，可改善水凝胶的物质传输特性，加快响应速度。

3.与功能性填料复合

以碳纳米管、石墨烯、金属纳米颗粒等为功能性填料掺杂到电活性水凝胶基体中，可显著改善水凝胶的力学性能、电学性能和热学性能。例如，导电填料的引入可形成贯通的导电网络，提高水凝胶的电导率和电致驱动性能；磁性填料的引入可赋予水凝胶磁场响应特性，实现磁场辅助调控。

（四）电活性水凝胶的应用

电活性水凝胶优异的力学性能、电学性能和生物相容性，使其在软体机器人、生物医学工程等领域有广阔的应用前景。

1. 软体执行器与机器人

电活性水凝胶在电场驱动下可产生显著的形变和位移，且具有柔顺、轻质、类生物组织等特点，是构建新一代软体执行器和机器人的理想材料。利用电致变形水凝胶，可制备出柔性电驱动器，模拟生物肌肉的收缩和舒张；利用离子迁移水凝胶，可制备出柔性弯曲执行器，模拟昆虫翅膀的扇动。集成多个电活性水凝胶执行单元，可构建蠕动、游动、爬行等多种形式的软体机器人，在管道检测、水下探测等特殊环境中具有独特优势。

2. 药物可控释放系统

电活性水凝胶对pH、温度、电场等多重刺激响应敏感，可用于构建智能药物传递系统。将药物分子封装于电活性水凝胶网络中，通过电信号触发水凝胶网络结构的可逆转变，可实现药物释放速率的精准调控。例如，将胰岛素封装于葡萄糖氧化酶修饰的导电水凝胶中，高血糖条件下酶促反应产生的电信号可诱导水凝胶网络溶胀，触发胰岛素的释放，实现血糖浓度的自动调节。这种智能给药方式可显著提高药物利用率，减少毒副作用。

3. 组织工程支架材料

电活性水凝胶具有优异的生物相容性、导电性和机械性能，可用于构建兼具支撑、导电、诱导功能的组织工程支架材料。将电活性水凝胶加工成多孔、导电的三维支架，可为细胞黏附、增殖提供类细胞外基质的微环境，同时电刺激可诱导干细胞的定向分化，加速组织的修复和再生。利用这一策略，可制备出电调控的心脏补片、神经导管、骨修复支架等，在再生医学领域具有诱人的应用前景。

4. 柔性传感与人机交互

电活性水凝胶的电导率、体积等参数对压力、应变等外界刺激十分敏感，可用于构建高灵敏、大变形的柔性传感器件。利用导电水凝胶，可制备出柔性应变传感器，实现人体运动的实时监测；利用离子水凝胶，可制备出透明、自愈合的电容式触觉传感器，实现柔性触控。将电活性水凝胶传感器与电致变形执行器集成，可构建出感知、驱动一体化的人机交互界面，在智能可穿戴、虚拟现实等领域具有广阔的应用空间。

电活性水凝胶是一类新型智能软物质，兼具刺激响应性、柔韧性、生物相容性等多重优异特性，代表了智能材料与生物医学交叉融合的前沿方向。深入认识电场调控水凝胶行为的机理，优化水凝胶的组成、结构和加工方法，对于拓展电活性水凝胶的功能范畴和应用领域具有重要意义。未来，电活性水凝胶的研究应着力于多场耦合调控机制的深入探索、多功能集成化器件的构筑、规模化制备与加工技术的攻关，加快其在软体机器人、再生医学、人机交互等战略性新兴领域的转化和应用速度。相信通过产学研用各界的共同努力，电活性水凝胶必将在推动智能制造、智慧医疗的发展中发挥越来越重要的作用。

第四节　智能材料在现代科技中的应用

一、航空航天领域

智能材料以其卓越的机械性能、独特的响应特性和多功能一体化能力，在航空航天领域得到了广泛应用。从飞行器结构件到微型航天器件，从主动减振到自主防护，智能材料正以崭新的技术路径，推动航空航天技术的跨越式发展。

（一）形状记忆合金在航空航天中的应用

形状记忆合金因其独特的超弹性和形状记忆效应，在航空航天结构设计中得到了广泛应用。在飞行器结构件方面，形状记忆合金可用于舱门密封、管路连接、天线收放等。例如，采用NiTi记忆合金丝编织成柔性金属环，装配于舱门与机身之间，常温时处于自由状态，在特定温度下回复预设形状，将舱门与机身紧密锁合，可有效提高舱门开闭的可靠性和密封性。采用NiTi记忆合金管接头，可大幅简化飞机管路的安装工艺，管路变形后通电加热即可自动修复，避免了管路泄漏风险。

在航天器展开机构方面，形状记忆合金驱动杆、铰链、弹簧等部件可实现空间结构的自主展开和状态转换。例如，卫星天线、太阳能帆板等大型柔性结构在发射时处于折叠状态，进入轨道后通过记忆合金驱动机构加热实现一次性展开，展开后再无须驱动力，结构轻巧可靠。再如，火星探测车轮毂采用记忆合金弹簧，遇到障碍物时发生形变吸收冲击，脱离障碍物后自动回复原形，可显著提升探测车的通过性和安全性。

在微小型航天器件方面，形状记忆合金微执行器、微开关、微泵阀等在姿态控制、热控管理等方面发挥着重要作用。例如，采用NiTi记忆合金薄膜制备的微型隔振器，质量约0.1 g，承载能力可达1 kg以上；用于卫星组件之间的隔振，性能可媲美商用隔振产品。又如，利用TiNiCu薄膜的双向形状记忆效应，制备微型热控开关，可在100～120 °C实现可逆动作，在探测器、通信卫星等的热控系统中得到了成功应用。

（二）压电/电致伸缩材料在航空航天中的应用

压电/电致伸缩材料因其优异的机电耦合特性和快速响应能力，在航空航天器健康监测、变形控制、能量采集等方面有着广泛应用。在结构健康监测方面，采用压电陶瓷、聚偏氟乙烯（PVDF）等材料制备的压阻传感器，可实现飞机结构裂纹的早期预警和实时监测。当裂纹萌生扩展时，压电传感器的阻抗谱会发生显著变化，通过测量阻抗信号的幅值和相位，可准确判断损伤的位置和程度，及时进行结构修复，避免灾难性事故的发生。

在飞行器变形控制方面，以压电纤维增强复合材料为代表的智能结构，因其变形连续、响应迅速等特点，成为飞机机翼、直升机旋翼的理想材料。通过在复合材料中嵌入PZT纤维、铌镁酸铅—钛酸铅（PMN—PT）单晶等压电相，施加电场即可引起压电相的变形，进而驱动结构变形，实现气动外形的连续调控。这种变形控制方式可显著提高飞行器的操纵性和燃油经济性，并可抑制颤振等不利的气弹效应。例如，美国F-18战斗机垂尾采用压电复合材料，实现了垂尾舵面20°以上的变形转角，将颤振速度提高了20%以上。

在能量采集与振动控制方面，基于逆压电效应的智能结构可将机械振动能转化为电能，实现自供电和主动减振。航空航天器服役过程中不可避免地产生机械振动，严重时会引发结构共振，威胁飞行安全。采用PVDF压电薄膜贴附在振动结构表面，当结构振动时，PVDF薄膜变形产生交变电荷，通过整流电路可为无线传感器节点供电，同时对振动进行主动阻尼，可有效抑制结构共振，延长结构寿命。例如，在直升机旋翼复合材料梁上集成PVDF薄膜，可获得超过10 mW的连续输出功率，并可将共振响应降低5 dB以上。

（三）磁流变材料在航空航天中的应用

磁流变材料是一类在磁场作用下流变特性可控的智能材料，具有响应速度快、动态范围宽、功耗低等优点，在航空航天领域主要用于振动控制和精密传动。在振动控制方面，磁流变液阻尼器可根据外界激励的频率和幅值，实时调节阻尼系数，实现从软弱到刚性的无级变刚度控制。将磁流变液阻尼器串联在航空发动机支撑装置中，可有效抑制发动机的振动传递，降低机身应力水平，提高乘客舒适度。又如，将磁流变弹性体用于航天飞行器隔振，通过调节外加磁场，可改变隔振器的刚度和阻尼特性，抑制飞行器组件的共振响应，保护敏感设备。

在精密传动方面，磁流变液离合器因其传递平稳、调速连续等特点，成为航天器姿态控制的理想执行部件。以磁流变液为工作介质，通过控制线圈电流调节剪切强度，可精确控制力矩和角位移输出。采用这种离合器的航天飞行器姿态控制系统，相比传统机械式系统，可显著降低冲击和振动，并可实现力/位移的复合控制，提高控制精度和稳定性。此外，磁流变液还可用于航天器零部件的精密抛光、表面修整等，利用磁场调控黏度特性，可获得纳米级表面粗糙度，在航天反射镜加工、光学透镜抛光等方面有广阔应用前景。

智能材料以其多功能一体化、主动适应性等特点，正引领航空航天技术的变革与发展。但智能材料在航空航天领域的应用仍面临诸多挑战：一是空间环境适应性有待提高，高真空、强辐照、大温差等极端条件对智能材料的稳定性、可靠性提出了更高要求；二是系统集成与优化设计水平亟待提升，多场驱动、非线性本构等复杂特性对智能结构的建模、仿真、控制提出了新的挑战；三是工程化应用基础有待夯实，亟须建立智能材料性能的测试评价体系和产品质量标准，推动实验室技术向工程应用跨越。为此，一方面，应强化智能材料基础研究，在新机理探索、结构设计、界面调控等方面取得突破，提升航空航天智能材料的综合性能；另一方面，应加强智能材料在航空航天装备中的工程应用，突破跨学科设计优化、制造工艺、集成控制等关键技术瓶颈，推动智能材料在航空航天装备中的规模化应用。相信通过产学研用各界的共同努力，智能材料必将在推动航空航天事业高质量发展中发挥不可替代的作用。

二、医疗器械领域

智能材料因其优异的生物相容性、刺激响应性和药物缓释特性，在现代医疗器械领域得到了广泛应用。从植入修复到药物递送，从微创手术到再生组织工程，智能材料正以其独特的功能特性，推动医疗器械向微型化、精准化和智能化方向发展。

（一）形状记忆聚合物在医疗器械中的应用

形状记忆聚合物具有良好的生物相容性、生物降解性和形状回复特性，在植入修复、药物缓释等医疗领域有着广泛应用。与传统的金属、陶瓷类植入材料相比，形状记忆聚合物杨氏模量与人体组织更为接近，可显著降低应力屏蔽效应，促进植入物与宿主组织的整合；同时，其形状记忆效应可实现植入物的微创植入和原位成型，简化手术操作流程。

1. 骨科固定与修复

在骨科固定领域，可利用形状记忆聚合物制备髓内钉、接骨板、椎间融合器等骨科植入物。这些器件植入体内后，通过加热可由预变形状态恢复至与骨折部位匹配的形状，在骨折愈合过程中可持续施加矫形力，缩短愈合时间。例如，聚己内酯/羟基磷灰石形状记忆复合材料制备的骨板，在体温下可自适应贴合骨折部位，并在降解过程中原位释放羟基磷灰石，促进骨再生，已在兔桡骨骨折模型中实现骨折部位8周内的完全修复。

2. 心脏瓣膜置换

在心脏瓣膜置换领域，形状记忆聚合物人工瓣膜具有柔顺的力学特性和自适应的变形能力，可降低传统机械瓣膜的血栓风险和抗凝要求。将聚氨酯/聚己内酯共聚物应用于主动脉瓣膜腔内置换，瓣膜在37 °C左心室模拟环境下可自主打开和关闭，瓣叶变形与天然猪主动脉瓣膜高度吻合，血流动力学性能良好。动物实验结果表明，经导管植入3个月后，瓣膜狭窄发生率低于10%，无急性血栓、溶血、心内膜炎等并发症，展现了良好的临床应用前景。

3. 药物定向递送

在药物递送系统方面，形状记忆聚合物纳米载药粒子可实现药物的定向递送和控释。以温度响应性形状记忆聚己内酯为载体，盐酸阿霉素等药物分子可通过物理包封、化学键合等方式负载于载体中。当温度升高至相变温度以上时，纳米粒子迅速收缩，释放内部负载的药物分子；当温度降低时，纳米粒子重新膨胀，阻止药物进一步释放。利用磁性材料、金纳米棒等对药物载体进行修饰，可借助外加磁场、近红外光照等手段实现药物在病灶部位的精准递送，提高药物的靶向性和生物利用度。

（二）电活性水凝胶在医疗器械中的应用

电活性水凝胶兼具水凝胶的生物相容性、导电聚合物的电致响应特性，在组织修复、药物释放、生物传感等医疗领域具有广阔的应用前景。这类材料在生理环境中具有良好的溶胀性和渗透性，可与周围组织形成紧密界面；同时，通过施加电刺激可诱导水凝胶发生形变、调控孔隙率，实现药物分子的可控释放和细胞行为的定向调控。

1.心肌组织修复

在心肌组织工程领域，电活性水凝胶支架可为心肌细胞提供化学和物理微环境，并通过电刺激诱导心肌细胞的定向生长。将导电聚吡咯掺杂到明胶水凝胶中，制备出兼具生物相容性和导电性的复合支架。体外实验表明，在电刺激下，支架上培养的新生大鼠心肌细胞呈现出规整取向的肌原纤维结构，收缩频率与自发搏动的健康心肌细胞无显著差异。将该复合支架植入大鼠心肌梗死模型，12周后梗死区域新生心肌组织厚度和密度较对照组（明胶水凝胶支架）显著提高，心脏泵血功能明显改善。

2.神经组织再生

在神经组织工程领域，电活性水凝胶可模拟天然神经基质的结构和功能，并通过电刺激引导神经突触的定向生长。以聚吡咯/聚乙二醇水凝胶为基体，通过冷冻干燥和静电纺丝相结合，制备了兼具导电性和定向孔道结构的复合神经导管。体外培养发现，在100 mV电刺激下，PC12细胞在导管内定向生长，轴突伸长度是无电刺激条件下的2倍以上。将该导管植入大鼠坐骨神经缺损模型，12周后缺损区域再生神经组织体积是自体移植组的85%，运动功能恢复程度与自体移植组相当。

3.药物电控释放

在药物缓释系统方面，电活性水凝胶可作为药物库实现药物分子的响应释放。将药物分子负载到导电聚合物/水凝胶复合膜内，通过调节电压和脉冲宽度，可精确控制药物的释放速率和累积释放量。例如，以聚吡咯/壳聚糖水凝胶为载体，可获得盐酸氨茶碱、5-氟尿嘧啶等药物的零级控释，释放速率在50~200 μg/（h·cm^2）连续可调，体外释放53天后载药水凝胶仍保持结构完整。将药物分子直接掺杂到电活性水凝胶基体中，通过调控水凝胶溶胀度实现药物分子的扩散控释，具有装载量高、制备工艺简单等优点，在植入给药方面有广阔应用前景。

（三）仿生纳米材料在医疗器械中的应用

仿生纳米材料通过模拟自然界独特的表界面结构和性能，在抗菌、止血、组织黏附等医疗领域展现出诱人的应用前景。与传统材料相比，仿生纳米材料表面具有更高的比表面积和反应活性，能够在纳米尺度上调控生物分子和细胞的行为，赋予材料优异的生物学性能。

1.仿生抗菌涂层

在植入器械和创面敷料领域，感染是导致植入失败和伤口恶化的主要原因之一。受荷叶、蝴蝶翅膀等天然超疏水表面的启发，通过纳米加工技术在医用高分子表面构筑纳米柱阵列，模拟自然界的多级粗糙结构，可获得超疏水、低表面能的仿生表面。细菌落在这种表面上难以黏附，且在液滴滚动过程中易被带离表面，从而有效防止细菌在植入物表面的定植。动物实验表明，采用仿生纳米柱阵列修饰的聚二甲基硅氧烷导尿管，植入小鼠膀胱14天后表面细菌黏附量较光滑导管降低95%以上。

2.仿生止血材料

在外科手术和创伤救治中，快速有效的止血是挽救患者生命的关键。通过静电纺丝可制备出形貌与天然纤维蛋白高度相似的纳米纤维支架，比表面积可达100 m^2/g以上，不仅能够迅速吸收创面渗出液，还可通过静电相互作用诱导血小板黏附和激活，显著加速凝血酶原—凝血酶转化过程。将明胶/甲壳素静电纺丝膜用于肝脏创面止血，可在10 s内实现完全止血，明显优于传统明胶海绵；同时，仿生纳米纤维膜具有良好的生物降解性和细胞相容性，可被机体逐步吸收，避免二次手术取出引起创伤。

3.仿生组织黏合剂

在外科手术缝合和创面封闭中，仿生纳米材料有望成为新一代组织黏合剂。受海洋贻贝分泌蛋白启发，通过多巴胺修饰透明质酸，模拟贻贝足丝蛋白的分子结构，可制备出兼具黏弹性和抗湿性的仿生组织黏合剂。这种黏合剂可在组织表面形成纳米级黏附层，黏附强度可达1000 J/m^2以上，远高于传统的纤维蛋白胶水；同时，其降解产物无细胞毒性，可被机体代谢吸收。动物实验表明，采用透明质酸/多巴胺仿生黏合剂封闭猪心脏贯通伤，创口5 min内即可实现完全封闭，心脏在120 mmHg压力下仍能正常跳动，展现了良好的组织黏合性能。

智能材料以其独特的物理化学特性和生物学功能，为新一代医疗器械的研发提供了新的材料平台和技术路线。但智能材料在医疗领域的转化应用仍面临诸多挑战：一是生物安全性评价体系亟待建立健全，对材料的长期植入稳定性、代谢产物毒性等尚缺乏系统研究；二是规模化制备工艺有待进一步优化，材料组分、结构、形貌的批次稳定性难以保证；三是产业化应用基础仍需夯实，缺乏相关技术标准规范和质量控制体系。为了加快智能材料在医疗器械领域的产业化进程，一方面，应加强智能材料的临床转化研究，建立从材料、动物到临床的全链条评价体系，为临床应用提供充分的安全性和有效性数据；另一方面，应强化产学医研用协同创新，突破关键制备工艺瓶颈，完善相关标准规范，推动智能医疗器械的应用示范和产业化推广。相信通过社会各界的共同努力，智能材料必将在提升医疗器械产品性能、推动健康中国建设中发挥越来越重要的作用。

三、机器人技术

智能材料因其独特的刺激响应特性和柔顺驱动能力，正在推动传统刚性机器人向柔性、类生物体机器人发展。从驱动执行到柔性传感，从变形主体到自修复结构，智能材料的应用极大地拓展了机器人的设计和制造空间，为实现更加灵巧、自适应的人机交互提供了新的途径。

（一）形状记忆合金在机器人中的应用

形状记忆合金（SMA）因其高功率密度、大回复应变等特点，在机器人驱动执行部件设计中得到了广泛关注。与传统的电机、液压驱动方式相比，SMA驱动器结构简单紧凑，质量轻且无须减速装置，更易实现机器人关节的小型化、集成化设计。目前，SMA驱动器主要以丝状、弹簧状、薄膜状等形式应用于机器人的关节驱动、抓持操作、步态调控等。

1.SMA驱动关节

SMA驱动关节主要利用SMA丝收缩过程中产生的位移和拉力，模拟肌肉—肌腱驱动机制实现机器人关节的往复运动。例如，在仿生手指设计中，采用一对SMA丝拮抗驱动指节，加热SMA丝时其收缩带动指节弯曲，冷却时在弹簧的被动拉力下指节复原，可实现手指的灵巧抓取和精细操作。研究表明，直径200 μm的NiTi SMA丝在3～5 N载荷下可提供35°以上的指节转角和0.6 N·m以上的关节力矩，完全满足仿生机器人手指对力、位移输出的要求。

2.SMA柔性驱动器

SMA柔性驱动器充分利用SMA材料的柔顺性和形状适应性，通过结构设计实现驱动器的多自由度运动和环境自适应。例如，以SMA弹簧为驱动单元，通过在硅橡胶基体中嵌入SMA弹簧阵列，可制备出柔性可变形的机器人驱动器。SMA弹簧加热时收缩变形，驱动器向收缩侧弯曲；冷却时SMA弹簧在硅橡胶的被动回复力作用下伸长，驱动器恢复初始形状。通过独立控制SMA弹簧阵列，可实现驱动器在三维空间的任意弯曲变形，模拟章鱼腕足的运动方式，在狭小空间内完成搬运、缠绕等复杂操作。

3.SMA驱动步态调控

SMA驱动器在机器人步态调控方面也有着广泛应用。例如，在四足机器人中，采用SMA丝驱动髋关节和膝关节，通过调控SMA丝的收缩量和顺序，可实现机器人的多种步态模式切换，如慢跑、快跑、跳跃等。相比电机驱动，SMA驱动方式可显著降低机器人腿部机构的质量和惯性，更易实现动态稳定和陡坡越障。在蠕动机器人中，通过SMA丝串联驱动硅橡胶基体变形，可模拟蠕虫的蠕动。交替激活SMA丝可使机器人驱动段呈周期性收缩—伸长变形，在身体与地面的非对称摩擦作用下，实现机器人的定向蠕动，适合在管道、血管等狭小环境中执行搜救、检测等任务。

（二）介电弹性体在机器人中的应用

介电弹性体（DE）是一类在电场作用下产生显著形变的智能高分子材料。相比SMA驱动器，DEA驱动器响应速度更快（可达千赫兹量级）、变形量更大（可达300%以上），在机器人的柔性驱动和软体变形方面具有独特优势。目前，DEA驱动器主要以薄膜状、管状等形式应用于机器人的人工肌肉驱动、多自由度操作臂、变形车轮等。

1.DE人工肌肉

DE人工肌肉模拟生物肌肉的收缩—舒张特性，可在毫秒量级实现大变形驱动。将炭黑/硅橡胶DE薄膜叠层组装成束状结构，中间插入柔性框架，即可得到轻质、柔顺的DE人工肌肉。当施加电压时，DE薄膜在厚度方向收缩，带动人工肌肉收缩；撤去电压后，在框架的被动回复力作用下，人工肌肉舒张至初始长度。这种DE人工肌肉的收缩应变可达40%以上，功率密度可达1 W/g，质量仅为同等动力的SMA人工肌肉的1/5，在仿生假肢、可穿戴外骨骼等领域具有广阔应用前景。

2.DE多自由度操作臂

DE多自由度操作臂充分利用DE材料的柔顺性和多自由度变形能力，通过结构设计实现灵巧、适应性的机器人作业。以圆管状DE薄膜为驱动单元，通过在管壁内侧印刷多个周向电极，可得到具有多个独立驱动段的DE操作臂。当对特定驱动段施加电压时，该段DE薄膜在径向收缩的同时轴向伸长，推动操作臂向该段弯曲。通过调控不同驱动段的激活顺序和变形量，可实现DE操作臂在三维空间的任意弯曲和缠绕变形，适合在狭小、复杂环境中执行抓取、搬运等任务。

3.DE变形车轮

DE变形车轮利用DE材料的可控形变特性，通过改变车轮几何尺寸实现地形适应和障碍越野。以圆环状DE薄膜为基体，通过在内外表面施加电极，可得到径向收缩型DE车轮。当施加电压时，DE车轮收缩变薄，外径减小；撤去电压后，车轮在弹性回复力作用下恢复原尺寸。通过调控电压幅值和频率，可连续调节车轮的直径和硬度，实现车轮尺寸与地形的动态匹配。例如，在松软沙地行驶时，通过降低电压增大车轮直径，可获得更大的接地面积，防止车轮下陷，提高通过性；在崎岖地形行驶时，通过提高电压减小车轮直径，可获得更高的最小离地间隙，有效防止车轮被障碍物卡阻。

（三）自愈合水凝胶在机器人中的应用

自愈合水凝胶因其优异的力学性能、自修复能力和生物相容性，在机器人的柔性驱动、仿生传感等方面得到了广泛关注。这类材料在大变形条件下仍能保持优异的强韧性，机械损伤后能自主修复断裂界面，生物相容性好，有望成为新一代机器人的“智能皮肤”。

1.水凝胶人工肌肉

水凝胶人工肌肉具有响应快、变形大、与生物体相容等优点。将聚丙烯酰胺/藻酸钠双网络水凝胶制备成螺旋结构，通过调控内部溶胀溶剂的pH值，可诱导水凝胶产生100%以上的可逆伸缩变形。这种螺旋水凝胶肌肉在0.01 Hz驱动频率下功率密度可达39 W/kg，是天然骨骼肌（0.32 W/kg）的120倍；在1000次拉伸/释放循环后性能无明显衰减，有望应用于高效、耐疲劳的机器人驱动。

2.水凝胶仿生传感器

仿生传感是机器人实现环境感知和人机交互的关键。基于离子导电水凝胶的电容式应变传感器，具有高灵敏度（仪器灵敏度可达20以上）、大应变量程（可达400%以上）、透明柔顺等特点，在可穿戴设备、人机交互等领域极具应用潜力。将这种应变传感器贴附在人体皮肤或衣物上，可实时监测人体运动、呼吸等生理信号，为智能可穿戴设备的研制提供新思路。此外，基于离子—电子混合导电水凝胶的仿生触觉传感器，在多模式力触觉（法向力、剪切力、扭矩等）检测方面也表现出优异特性，有望用于机器人手指的触觉反馈和精细操作控制。

3. 水凝胶自修复结构

自修复能力是机器人实现长寿命服役的关键。基于动态共价键的聚合物水凝胶，在常温常压下即可实现高效自主修复，为机器人柔性部件的耐久性设计提供了新思路。将这种自修复水凝胶应用于气动软体机器人的驱动腔室，当驱动腔壁破损时，水凝胶能在无须外界干预的条件下自主愈合裂纹，恢复气密性，继续完成气动驱动操作。研究表明，对缺口面积达到腔室表面积36%的气动腔，自修复水凝胶仍可在30 min内实现100%的力学强度恢复和气密性修复。将这种自修复水凝胶集成到机器人的信号传输通路、柔性电路、能源存储单元等部件中，有望从材料、结构的角度全面提升机器人系统的鲁棒性和可靠性。

智能材料独特的力、热、电、磁驱动特性及多功能一体化能力，为新一代机器人的设计制造提供了新思路和新方法，推动机器人向柔顺化、多功能化、类生物化方向发展。然而，智能材料在机器人领域的应用仍存在诸多挑战：一是材料的驱动效率和功率密度有待进一步提升，难以满足大尺度机器人运动的功率要求；二是材料与驱动电路、控制系统的集成化水平还不够高，复杂线缆连接限制了机器人的灵活性和环境适应性；三是材料疲劳寿命、环境稳定性等长期工程化应用数据亟待补齐。未来，一方面，要立足新型驱动机理，优化材料组分和结构设计，提升智能材料在机器人领域的综合性能；另一方面，要强化智能材料与机器人技术的跨界融合，突破驱动电路微型集成、柔性传感反馈、人机交互控制等关键共性技术瓶颈，推动智能材料驱动的机器人部件和整机系统的工程化应用。相信通过机器人学、材料学、控制学等多学科的协同创新，智能材料必将在机器人的感知、驱动、控制等核心技术领域取得系列原创性突破，促进机器人向更高智能、更强适应、更佳人机交互方向发展。

第四章　生物医用材料

第一节　生物医用材料的分类及要求

生物医用材料是与生物组织、血液等产生直接或间接接触，用于诊断、治疗、修复或替换人体组织器官功能的一类特殊材料。相比普通工程材料，生物医用材料除了需要满足力学、化学稳定性等基本要求外，还需具备优异的生物相容性、可降解性、组织诱导性等特殊性能。按照材料与机体的相互作用特点，生物医用材料可分为生物相容性材料、生物降解材料、药物释放系统等类别。

一、生物相容性材料

（一）生物相容性的概念

生物相容性是材料植入机体后，能够被机体接受而不引起显著的炎症反应、过敏反应、血栓形成等不良反应的特性。生物相容性材料与周围组织相互作用较小，可长期植入机体而维持其结构和功能稳定。生物相容性不仅取决于材料自身的化学组成、表面性质，还与植入部位、接触时间等因素密切相关。例如，某些材料与软组织相容性好，但与硬组织相容性差；有些材料短期植入相容性好，长期植入易引起慢性炎症。因此，在选择生物医用材料时，需要综合评估材料与植入环境的相互作用，确保其在特定应用场景下的相容性。

（二）生物相容性材料的分类

1.金属材料

金属材料因其优异的力学性能和加工性能，在骨科植入、齿科修复等硬组织替代领域得到了广泛应用。钛及钛合金、钴铬合金、不锈钢是目前应用较广泛的三类生物相容性金属材料。

钛及钛合金（如Ti−6Al−4V）具有高比强度、低弹性模量、优异的耐蚀性和生物相容性。钛表面能自发形成致密的钝化氧化膜，可有效隔绝金属离子向体液的释放。同时，钛表面羟基含量丰富，利于材料与骨组织间的化学键合。但纯钛强度偏低，Ti−6Al−4V合金虽强度高，但存在毒性元素释放风险。

钴铬合金具有高强度、高抗疲劳性、优异的耐磨性和抗腐蚀性。钴铬合金表面形成的

Cr_2O_3钝化膜可赋予材料良好的耐蚀性，Mo、Ni等合金属元素可提高其强度和韧性。但钴铬合金的弹性模量高，应力屏蔽效应明显。

不锈钢主要包括316 L、304等奥氏体型不锈钢。相比钛合金和钴铬合金，不锈钢强度、韧性更高，且价格低廉，但耐腐蚀性和生物相容性相对较差。316 L不锈钢因含有Mo，耐蚀性优于普通304不锈钢，在骨科植入领域应用较广。

2. 高分子材料

高分子材料种类繁多，可根据需求灵活调控其组成和结构，在软组织修复、药物缓释、血液透析等领域得到了广泛应用。其中，硅橡胶、聚甲基丙烯酸甲酯（PMMA）、聚四氟乙烯（PTFE）、聚醚醚酮（PEEK）等是应用较为成熟的生物相容性高分子材料。

硅橡胶具有优异的生物惰性，与血液、软组织相容性好。硅橡胶柔韧性高，易于加工成型，可用于制备人工心脏瓣膜、血管、软组织假体等。但硅橡胶力学强度较低，长期植入易发生蠕变和老化。

PMMA具有良好的透光性、化学稳定性和机械加工性，常用于制备角膜接触镜、人工晶体、骨水泥等。但其亲水性差，与软组织相容性较差。

PTFE因具有优异的化学稳定性和疏水特性，可抑制蛋白吸附和细胞黏附，常用于制备人工血管、软组织修复片等。但PTFE机械强度较低，植入体内易产生蠕变变形。

PEEK强度高，弹性模量接近皮质骨，在体内稳定性好，是较为理想的脊柱融合器械材料。但PEEK表面惰性，与骨组织结合较差，需进行表面生物活性改性。

3. 陶瓷材料

陶瓷材料在体内稳定性好，与骨组织亲和性高，可诱导成骨分化，常用于骨科和齿科修复领域。羟基磷灰石（HA）、磷酸三钙（TCP）、生物活性玻璃等是目前临床应用较为广泛的生物相容性陶瓷材料。

HA是天然骨矿物的主要成分，具有优异的骨传导性和成骨诱导活性。但HA力学性能较差，临床上多用作金属植入体的表面涂层，改善金属—骨界面的骨整合。

TCP具有可降解特性，在体液中降解产物可参与骨组织的矿化，加速骨缺损修复。与HA相比，TCP降解速度更快，可用于制备可注射骨修复材料。

生物活性玻璃在体液中可释放Si、Ca、P等矿化离子，诱导玻璃表面磷灰石沉积，与骨组织结合牢固。但其力学强度和韧性较低，多用作复合骨修复材料的活性成分。

4. 复合材料

单一材料往往难以满足临床应用对生物相容性和力学性能的双重要求。因此，通过复合改性，发挥不同材料的协同增效作用，制备高性能复合植入材料，成为生物相容性材料发展的重要方向。

碳纤维增强PEEK（CFR-PEEK）复合材料强度、模量均显著高于单一PEEK材料，在脊柱融合器中得到了成功应用。

HA/高分子复合材料可有效改善HA陶瓷的力学性能和韧性。以可降解聚合物（如聚乳酸、聚己内酯等）为基体，通过共混、原位沉淀等方法引入纳米HA，可制备高强韧、可降解的复合骨修复支架。

类骨胶原蛋白/陶瓷复合材料可模拟天然骨的多级结构，既具有胶原蛋白的柔韧性，又具有无机陶瓷的硬度。在骨组织工程支架、骨诱导膜等领域具有广阔应用前景。

（三）生物相容性材料的性能要求

（1）无毒性。材料及其降解产物不能引起细胞或组织的毒性反应。植入材料应经过严格的体外细胞毒性和体内植入试验，确保其安全性。

（2）耐腐蚀性。材料在体液环境中应具有优异的化学稳定性，耐蚀产物及释放离子不能引起炎症反应。

（3）抗血栓性。心血管植入材料表面应具有抗血小板黏附、抗凝血的特性，防止血栓形成和栓塞发生。

（4）表面亲水性。材料表面亲水性直接影响其与宿主组织的相互作用。适度亲水的表面有利于细胞黏附和组织修复。

（5）机械匹配性。植入材料的力学性能应与宿主组织相匹配，防止应力集中引起组织损伤或应力屏蔽效应。

（6）加工成型性。材料应易于加工成所需的形状和尺寸，满足个体化植入物的制备要求。

（四）生物相容性材料的设计策略

为了提高材料的生物相容性，可采取以下设计改性策略。

（1）表面改性。通过等离子体处理、化学刻蚀、紫外辐照等物理化学方法，在材料表面引入亲水基团，构建高表面能、亲水的材料表面，改善其与宿主组织的界面相容性。

（2）仿生涂层。通过溶胶—凝胶法、激光熔覆、微弧氧化等表面涂覆技术，在材料表面构筑类骨羟基磷灰石、仿生胶原蛋白等生物活性涂层，提高材料与骨组织的匹配性和结合强度。

（3）表面微图案化。通过光刻、3D打印、微纳压印等微纳加工技术，在材料表面构筑有序微图案结构，调控细胞黏附取向和组织生长方向，诱导组织再生。

（4）药物缓释。在材料表面涂覆或体相复合抗炎药物、生长因子等活性物质，实现药物在植入部位的可控释放，抑制炎症反应，促进组织再生修复。

（5）多组分复合。将不同性能的材料进行复合，如金属/高分子、高分子/陶瓷复合等，优势互补，实现力学性能和生物学性能的平衡，满足不同植入环境的需求。

生物相容性材料是生物医用材料的重要组成部分，其生物学性能的优劣直接关系到植入物的使用寿命和临床疗效。深入理解不同材料的组成结构、表面性质与其生物相容性的关系，建立全面、系统的生物相容性评价方法和评价标准，对于指导新型生物相容性材料的设计和应用具有重要意义。同时，随着材料学、生物医学、微纳加工等技术的快速发展，多组分、多尺度、多功能的仿生复合材料日益成为生物相容性材料的重要发展方向。可以预见，通过跨学科的交叉融合和协同创新，高性能、智能化的新型生物相容性材料必将在组织修复与再生、人工器官等领域得到广泛应用，为人类健康事业做出更大贡献。

二、生物降解材料

生物降解材料是指植入人体后，能够在体内环境中逐渐降解、吸收，并最终被代谢排出体外的一类生物医用材料。与传统的生物惰性材料相比，生物降解材料可避免植入物长期滞留体内引起的异物反应和二次手术风险，在骨科固定、血管支架、组织工程等领域具有广阔的应用前景。

（一）生物降解材料的降解机制

生物降解材料在体内的降解过程主要包括以下阶段。

（1）水解降解。植入材料表面与体液接触后，水分子渗入材料内部，使材料的主链或侧链发生水解反应，导致材料分子量下降，力学强度逐渐降低。水解降解速率主要取决于材料的化学组成、结晶度、亲疏水性等。

（2）酶解降解。体内环境中存在多种水解酶（如蛋白酶、脂肪酶等），可特异性识别并切断材料分子链上的酯键、酰胺键等化学键，加速材料降解。酶解降解速率主要取决于材料的化学组成和酶的种类、浓度等。

（3）细胞降解。活化的巨噬细胞可吞噬并降解进入体内的异物颗粒。当材料降解产物颗粒小于100 μm时，易被巨噬细胞吞噬，在溶酶体内发生酶促水解，最终被分解为二氧化碳和水等小分子。

（4）体液冲刷。材料表面持续遭受体液的动态冲刷，导致表面松散层不断脱落，加速材料的体积缩小和降解。

材料在体内的实际降解过程是多种降解机制共同作用的结果。通过调控材料的化学组成、结构、表面性质等，可精细调控其降解行为，使之与组织修复的时程相匹配。

（二）生物降解材料的分类

1. 可降解金属材料

可降解金属材料主要包括镁及其合金、铁及其合金、锌及其合金等。这些材料在体液环境中可发生电化学腐蚀，生成可溶性氢氧化物和磷酸盐，并逐渐被人体代谢吸收。

镁及其合金是目前研究最多的可降解植入材料。纯镁密度小，弹性模量与皮质骨接近，但降解速率较快。通过添加稀土元素（如钕、铈等）、碱土金属元素（如钙、锶等），可有效提高镁合金的抗腐蚀性能，降低其降解速率。

铁及其合金强度高，塑性好，但降解速率相对较慢。研究发现，添加锰、钯等合金元素，可加速铁基材料的体内降解。采用近快速凝固、3D打印等先进制备工艺，可获得细小的晶粒和均匀的元素分布，从而提高铁基可降解材料的综合性能。

锌及其合金的体内降解性能介于镁合金和铁合金之间，有望成为兼具高强度与高降解性能的新型可降解金属材料。添加镁、锂、钙等元素可加速锌合金的降解，而添加铜、银等元素可延缓其降解。

2.可降解高分子材料

可降解高分子材料主要包括聚酯类、聚酰胺类、聚碳酸酯类等天然或合成高分子。这些材料在体内可发生水解降解，降解产物通过代谢排出体外。聚乳酸（PLA）、聚羟基脂肪酸酯（PHA）、聚己内酯（PCL）、聚酪氨酸（PLT）是目前临床应用较为广泛的可降解高分子材料。

PLA可通过乳酸的开环聚合制得，具有优异的生物相容性和可降解性。通过调控PLA的立体化学构型、共聚组分、结晶度等，可控制其降解速率，获得降解周期数周至数年的PLA材料。

PHA是一类微生物合成的天然可降解聚酯，具有良好的生物相容性和热塑性。PHA在体内可被脂肪酶水解，降解速率适中，是组织工程支架和药物缓释载体的理想材料。

PCL是一种半结晶性聚酯，疏水性强，对药物具有良好的包封性能。PCL在体内降解周期长达数年，适合制备长效缓释制剂。但PCL韧性差，难以满足长期植入的力学要求。

PLT是一类以酪氨酸为原料合成的含芳香侧链的聚酯，与PCL结构类似，但亲水性和降解速率更高。聚酪氨酸易于进行化学修饰，可引入多种功能基团，在骨组织工程等领域具有良好应用前景。

3.可降解陶瓷材料

可降解陶瓷材料主要包括磷酸钙类、硅酸盐类等。这些材料在体液环境中可发生溶解—沉淀降解，降解产物可被机体吸收或排出。磷酸三钙（TCP）、硅酸钙是目前应用较为广泛的可降解陶瓷材料。

TCP在体内的降解机制主要为表面溶解，释放的钙、磷离子可被机体吸收利用。β-TCP的降解速率大于α-TCP，可通过调控两相比例控制材料的降解性能。但TCP强度较低，多作为可注射骨修复材料的主要成分。

硅酸钙具有良好的生物活性和成骨诱导能力。硅酸钙在体内可发生表面溶解和正硅酸盐水解，释放的钙、硅离子可刺激成骨细胞增殖分化。但纯硅酸钙材料强度和韧性较低，需采用纤维增强或高分子复合改性。

4.可降解复合材料

可降解复合材料通过两种或多种可降解组分的复合，实现力学性能与降解性能的平衡，扬长避短，满足植入环境的综合性能要求。

以可降解高分子为基体，通过共混、表面涂覆、原位沉淀等方法引入可降解陶瓷颗粒，可制备高强韧、多孔、仿生骨修复支架材料。PLA/β-TCP复合支架在骨缺损修复中展现出良好的组织诱导性和力学稳定性。

将可降解金属材料（如Mg、Zn等）与可降解聚合物复合，可有效改善金属材料的韧性和延展性，降低加工成型难度。Mg/PLA复合材料可通过静电纺丝制备多孔纤维支架，促进细胞黏附增殖，在软骨修复等领域具有潜在应用价值。

对于负载力学环境，可将可降解高分子与可降解金属复合，发挥金属材料的高强度优势，保证植入初期的力学支撑作用；高分子基体可调控金属材料的降解速率，并为细胞黏附生长提供微环境，最终实现组织再生修复与植入物降解代谢的同步进行。

（三）生物降解材料的性能调控

1. 化学组成调控

通过调节材料的化学组成和比例，可调控其亲疏水性、结晶度、降解速率等。将亲水性单体引入聚合物分子链，可加速材料降解；将疏水性侧基接枝于分子链，可延缓降解速度。引入均聚—共聚转化温度较低的组分，可获得结晶度较低、易于降解的材料。

2. 立体化学调控

聚合物分子链的立体规整性直接影响其结晶度和降解性能。对于PLA等手性高分子，立体化学规整的聚合物结晶度高，降解速度较慢；非规整的无定形聚合物分子链松散，更易于水解降解。

3. 表面修饰调控

在材料表面引入亲水基团、接枝水解性聚合物链，可加速材料表面降解，获得表面降解—体积降解协同的降解模式。对于疏水性材料，还可通过等离子体处理、化学刻蚀等方法构建亲水表面，改善其与细胞、组织的相容性。

4. 多组分复合调控

将不同降解特性的材料进行复合，可协同调控复合材料的降解性能。通过调节复合相的种类、尺寸、分散度等，可精细调控材料降解的速率和程度。将快降解组分（如 β-TCP）与慢降解组分（如PCL）复合，可获得分阶段降解的复合支架材料。

5. 微纳结构调控

采用静电纺丝、相分离、3D打印等技术，可制备具有预设孔隙率、孔径、比表面积的多孔微纳结构，加速材料降解。引入具有表面降解特性的纳米颗粒，可获得内部缓慢降解、表面快速降解的梯度降解模式。

（四）生物降解材料的应用进展

1. 骨科固定

可降解材料在骨折内固定领域具有广阔应用前景。镁合金螺钉可在骨隧道内缓慢降解，释放镁离子刺激成骨，有效促进骨—韧带愈合。PLA/β-TCP复合接骨板强度高，韧性好，在体内可同步降解，实现骨痂形成与内固定降解的匹配，避免应力遮挡效应。

2. 血管支架

可降解血管支架可有效避免传统金属支架的晚期血栓及再狭窄风险。PLA血管支架在体内可缓慢降解，降解产物可被机体代谢吸收，有效支撑病变血管6~12个月。镁合金支架强度高，可塑性好，在急性心肌梗死等应用中展现出良好的临床疗效。

3.药物缓释

可降解材料在药物缓释系统中可作为药物载体，控制药物释放，延长药效。聚酯类高分子材料相容性好，易于加工成型，可用于制备长效缓释制剂，如PLA/乙交酯共聚物微球可用于抗精神病药物的持续释放。引入靶向配体或磁性纳米颗粒，还可赋予药物载体主动靶向或磁靶向功能。

4.组织工程支架

可降解材料是组织工程支架的理想材料，可在体内同步降解，并诱导组织再生。以磷酸钙陶瓷为成骨诱导相，PLA为基体相，可制备仿生骨修复支架，实现骨痂形成与支架降解的动态匹配。采用静电纺丝可制备纳米纤维状软骨修复支架，模拟天然软骨基质结构，引导软骨细胞黏附增殖。

生物降解材料代表了生物医用材料的重要发展方向。设计与制备降解速率可控、降解产物可吸收、力学性能与降解性能匹配的高性能生物降解材料，对于推动再生医学、组织工程的发展具有重要意义。未来，生物降解材料的研究应着眼于多组分、多相、多尺度复合材料的构筑，深入理解材料组成与结构、降解行为与组织再生的内在关联，建立多层次、多元化的材料性能表征与评价体系。同时，应加强产学研医合作，突破材料可控制备、高通量评价、产业化应用的瓶颈，加快生物降解材料在骨科、心血管、神经修复等领域的转化应用步伐。相信经过科学界与产业界的共同努力，新型可降解、功能化、植入环境响应的智能降解材料必将在组织修复与再生医学领域展现出革命性的应用前景，造福人类健康。

三、药物释放系统

药物释放系统是将药物分子按预定的给药程序和给药速率递送到特定部位，并维持其有效治疗浓度的材料系统。药物释放材料作为药物分子的载体，通过可控降解、响应性溶胀/收缩等机制，实现药物分子的时空调控释放，在治疗效果、用药依从性等方面展现出巨大的应用潜力。

（一）聚合物药物释放系统

高分子材料因具有优异的生物相容性、化学可修饰性和可加工性，在药物缓控释领域得到了广泛应用。聚酯类、聚酰胺类、聚醚类等合成或天然聚合物，可通过物理包封、化学键合、自组装等方式，构建具有被动响应或主动响应特性的聚合物药物载体。

1.可降解聚合物纳米/微米载药系统

可降解聚合物纳米/微米粒作为药物载体，可通过表面或体相侵蚀机制实现药物的缓释。乳酸—羟基乙酸共聚物（PLGA）是最广泛使用的可降解药物载体材料。药物分子可通过乳化—溶剂挥发法、喷雾干燥法等工艺装载于PLGA纳米/微球中。药物释放速率可通过调节PLGA的分子量、丙交酯/乙交酯（LA/GA）比例、包封工艺等进行调控。PLGA纳米/微球可用于抗肿瘤药物、疫苗、蛋白质类药物等的长效给药，已有多个已上市产品，如注射用醋酸亮丙瑞林微球（Lupron Depot）等。

壳聚糖、明胶等天然多糖类聚合物也被广泛用于药物缓释载体的构建。壳聚糖因其独特的生物黏附性和酶敏感性，可用于口服给药系统。将壳聚糖接枝疏水性侧链，可获得两亲性结构，进而通过自组装形成胶束结构，将疏水性药物分子装载于胶束核中，改善其口服吸收。

2. 水凝胶药物释放系统

水凝胶因其高含水率和多孔网络结构，在药物缓释和组织工程等领域得到了广泛关注。亲水性药物分子可通过溶胀作用装载于水凝胶网络中，通过扩散机制或水凝胶骨架降解实现可控释放。聚乙二醇（PEG）水凝胶具有优异的生物相容性，可通过光引发或迈克尔（Michael）加成反应原位成胶，已用于术后防粘连、伤口敷料等产品。引入温敏性单体，如*N*-异丙基丙烯酰胺（NIPAAm），可赋予水凝胶温度响应性，实现药物的温控脉冲释放。对于蛋白质、核酸等生物大分子药物，可通过静电复合作用装载于水凝胶网络中，避免其变性失活。

3. 刺激响应型聚合物药物载体

将环境响应基团引入聚合物分子结构中，可构建具有物理/化学刺激响应特性的智能药物载体，实现药物在特定部位的触发释放。pH敏感性聚合物在酸性环境中质子化，引起载体溶胀或解离，加速药物释放。聚丙烯酸等pH敏感性水凝胶可用于结肠给药，在肠道弱酸性环境中溶胀，实现结肠定位释放。还原敏感性聚合物含有二硫键结构，在谷胱甘肽等还原性物质作用下断裂，引发载体解离和药物释放，可用于肿瘤细胞内给药。

（二）无机纳米载药系统

无机纳米材料具有尺寸可控、比表面积高、易于表面修饰等特点，在药物输送领域具有重要应用价值。二氧化硅、羟基磷灰石、金纳米材料等无机纳米粒子，可通过静电吸附、配位键合等方式实现药物分子的可控装载和释放。

1. 介孔二氧化硅药物载体

介孔二氧化硅纳米粒具有规整的孔道结构和高比表面积，可装载大量药物分子。通过调节合成工艺可控制孔径大小，实现药物分子的选择性装载。将门控分子（如环糊精、超分子）接枝于孔口，可实现药物分子的响应性释放。例如，在酸性肿瘤微环境中，超分子“分子门”打开，加速药物释放。表面修饰靶向配体如叶酸、抗体等，可赋予载体主动靶向功能，提高药物在病灶部位的富集。临床Ⅰ期试验显示，介孔二氧化硅纳米载体具有良好的生物安全性，有望用于抗肿瘤药物的靶向给药。

2. 羟基磷灰石药物载体

羟基磷灰石（HA）是天然骨矿物的主要无机成分，具有优异的生物相容性和骨传导性。将药物分子吸附或包埋于纳米HA晶格中，可获得pH响应性药物释放体系。在弱酸性环境中，HA晶格溶解，药物分子得以释放。对于亲水性药物分子，可通过共沉淀法直接包埋于HA晶格中；对于疏水性药物分子，可通过表面活性剂辅助吸附于HA表面。负载抗生素的

HA微球可用于骨科感染的局部治疗，在感染部位缓释抗生素，提高治疗效果。

3.金纳米载药系统

金纳米粒子/纳米笼/纳米棒等金纳米材料具有独特的光学特性和表面等离子体共振效应，在药物输送和肿瘤光热治疗领域备受关注。疏水性药物分子可通过疏水作用吸附于金纳米粒子表面，亲水性药物分子可通过静电相互作用吸附。利用金纳米笼的空心多孔结构，可实现药物分子的高载量装载。在近红外光照射下，金纳米材料产生局部高温，诱导药物分子的瞬时释放，实现药物释放与肿瘤热消融的协同增效作用。

（三）脂质体药物载体

脂质体是由两亲性磷脂分子自组装形成的球形囊泡结构，内部含有亲水核心。亲水性药物分子可包封于脂质体内水相中，疏水性药物分子可插入脂双层膜内。调节脂质体的粒径、表面电荷、膜流动性等，可控制药物的包封率和释放动力学。

传统脂质体在体内易被单核巨噬细胞系统识别清除，循环时间短。引入聚乙二醇（PEG）修饰可显著延长脂质体的体内循环时间，获得长循环脂质体。表面修饰靶向配体可赋予脂质体主动靶向功能，增强药物在肿瘤等病灶部位的富集。热敏感性脂质体可在特定温度下相变，引起膜通透性改变，加速药物释放。例如，载阿霉素的热敏感性脂质体（ThermoDox）在局部加热至40~45 °C时，药物释放显著加快，可实现热疗—化疗协同增敏作用。

（四）药物释放系统的性能调控

药物释放系统的性能调控主要通过以下策略实现。

1.材料组成调控

通过调节材料的化学组成、分子量、共聚比例等，可调控载体的理化性质和药物释放动力学。例如，PLGA共聚物中乳酸/羟基乙酸比例越高，材料的疏水性越强，药物释放越缓慢。

2.微观结构调控

通过调节载体的尺寸、形貌、孔隙率等微观结构参数，可调控药物的装载量和释放速率。例如，增大介孔硅纳米粒的孔径，可提高药物分子的装载量和释放速率。

3.表面修饰调控

通过表面接枝亲/疏水性分子、pH/温度响应性分子、靶向配体等，可调控载体与生物环境的相互作用，实现药物释放的时空可控。

4.复合给药系统

将不同药物分子复合装载于同一载体，或将不同响应机制的载体复合，可实现药物释放的序控/协同递送，发挥药物协同增效作用，提高治疗效果。例如，pH/温度双重响应的聚合物纳米胶囊可实现肿瘤部位的触发释放。

（五）药物释放系统的应用进展

1.缓控释制剂

可降解聚合物微球、脂质体等药物载体可用于多种缓控释注射剂的开发，如抗精神病药物、激素、细胞因子等，可显著提高患者治疗依从性。载血管内皮生长因子的PLGA微球可用于心肌梗死后血管再生。

2.靶向给药系统

纳米药物载体可通过表面修饰靶向配体，增强药物在肿瘤等病灶部位的富集，降低毒副作用。例如，修饰转铁蛋白的介孔二氧化硅纳米粒子可主动靶向肿瘤细胞，提高抗肿瘤疗效。修饰脑啡肽的聚合物纳米粒可跨越血脑屏障，用于脑肿瘤的靶向治疗。

3.融合蛋白递送

融合蛋白因其高效、特异的治疗作用，在多种疾病治疗中展现出广阔应用前景。然而，蛋白质类药物在体内易降解，递送效率低。利用聚合物纳米载体、脂质体等，可提高融合蛋白的体内稳定性和靶向性。例如，聚乙二醇化脂质体可延长重组凝血因子的体内半衰期，降低免疫原性。

4.基因递送

核酸类药物（质粒DNA、siRNA等）在分子治疗方面极具应用潜力，但存在体内稳定性差、细胞转染效率低等问题。阳离子聚合物纳米载体可通过静电相互作用浓缩核酸药物，保护其免受核酸酶降解，并促进细胞内吞和核转运。聚乙烯亚胺（PEI）、壳聚糖等天然或合成阳离子聚合物被广泛用于基因递送研究。脂质纳米粒（LNP）是目前临床应用最广的siRNA递送载体，如Patisiran（Onpattro™）已于2018年获批上市，用于遗传性转甲状腺素蛋白淀粉样变性的治疗。

药物释放系统是现代生物医用材料学与药物制剂学交叉融合的重要研究方向。生物相容性好、释放动力学可控、靶向性强的新型药物载体材料，有望突破传统给药方式的局限，实现疾病的精准诊疗。未来，药物释放系统的研究重点应着眼于智能响应机制的探索、多功能复合载体的构建、产业化制备工艺的优化，加快药物载体的临床转化进程。同时，药物释放系统的研发应加强药学、材料学、生物医学等多学科交叉融合，深入理解载体材料与生物系统的相互作用机制，建立完善的药代动力学评价和安全性评价体系。相信在各领域科研人员的共同努力下，新型药物释放系统必将在重大疾病的防治中发挥越来越重要的作用，造福人类健康。

第二节　生物降解高分子材料的制备与性能

生物降解高分子材料是指在生理环境中能够发生降解，最终被人体代谢吸收的一类高分子材料。本节将重点介绍几类典型生物降解高分子材料的合成方法、降解特性、加工成型及其在生物医用领域的应用进展。

一、聚乳酸

（一）聚乳酸的合成工艺

聚乳酸（PLA）是一类以乳酸为原料合成的可降解脂肪族聚酯。乳酸分子中含有一个不对称碳原子，存在D型和L型两种立体异构体。通过调控D-和L-乳酸的比例，可得到一系列立体化学结构和力学性能不同的聚乳酸材料。聚乳酸的合成方法主要包括缩聚法和开环聚合法。

1.缩聚法

缩聚法是将乳酸单体在真空条件下加热至180~200 ℃，脱水缩聚得到聚乳酸的方法。为了提高缩聚反应的平衡转化率，通常采用共沸蒸馏、萃取等方法连续移除反应过程中产生的水分子，将平衡向缩聚方向移动。然而，由于乳酸分子中羟基和羧基的反应活性较低，很难获得高分子量（＞10万）的聚乳酸产物。并且，在高温高真空条件下聚合容易引发PLA的热降解，产生大量低分子量寡聚物，难以控制材料的分子量分布。因此，缩聚法很少用于高分子量PLA的合成。

2.开环聚合法

开环聚合法（ROP）是指在金属催化剂存在下，乳酸环状二聚体（丙交酯）开环聚合制备聚乳酸的方法。与缩聚法相比，开环聚合具有反应温度低（＜180 ℃）、聚合速度快、分子量可控、易于引入共聚单元等优点，是目前工业化生产聚乳酸的主要方法。开环聚合反应通常在惰性气氛（N_2或Ar）保护下进行，旨在防止催化剂和单体的氧化失活。

开环聚合催化剂分为三类，即金属烷氧化物、金属羧酸盐和有机催化剂。其中，以锡（Sn）、铝（Al）为中心的金属烷氧化物催化效率最高，如辛酸亚锡$Sn(Oct)_2$。催化机理为配位插入机制，即Sn—烷氧键与丙交酯配位，诱导酯键断裂引发聚合。为了获得高分子量、窄分布的左旋聚乳酸（PLLA），需严格控制单体的纯度、催化剂浓度、反应温度等条件。例如，丙交酯中痕量水分子残留会引发PLA链转移和降解反应，导致分子量下降。为此，丙交酯单体使用前需经过多次重结晶、减压蒸馏等提纯处理。

（二）聚乳酸的降解行为

聚乳酸是一类半结晶性聚合物，具有良好的生物降解性。植入体内后，聚乳酸主要经历以下降解过程。

1.水解降解

聚乳酸分子链中的酯键在体液环境中发生随机水解，逐步降低材料的分子量，大分子链断裂形成低分子量寡聚物。水解反应从无定形区开始，逐渐向结晶区扩展，直至材料完全降解。

2. 酶解作用

体内多种酶类如蛋白酶、脂肪酶等可加速PLA的水解降解。研究发现，脂肪酶可特异性识别并切割PLA分子链上的酯键，形成水溶性寡聚物或单体。酶解反应对PLA降解起辅助作用，但并非决定性因素。

3. 崩解吸收

随着降解的进行，PLA材料逐渐失去原有形貌，崩解为粉末状或颗粒状残余物。崩解产物可被巨噬细胞吞噬并进入柠檬酸循环完全代谢，最终以二氧化碳和水的形式排出体外。

PLLA和右旋聚乳酸（PDLA）都具有良好的生物降解性，但降解速率存在显著差异。PDLA链节规整度低，结晶度低，对水分子渗透性强，在体内可在数周内完全降解吸收。而PLLA属于结晶性聚合物，结晶区阻碍了水分子的渗透和酯键水解，因此降解速率较PDLA慢，在体内完全吸收一般需要2~5年。对于外消旋聚乳酸（PDLLA）立构聚合物，其降解速率介于PLLA和PDLA之间，可通过调控两种构型单元的比例实现对降解周期的调控。

此外，聚乳酸的降解行为还受诸多因素的影响，如分子量、材料形貌、环境pH值、温度等。分子量越大，无定形区含量越高，越有利于PLA的水解降解。多孔支架材料比致密实心材料具有更大的比表面积，更易于水分子渗透，因此具有更快的降解速率。酸性环境有利于酯键水解，而碱性环境会诱导材料表面碱性水解，形成不溶性羧酸盐阻碍进一步降解。因此，中性pH环境最有利于PLA材料的降解。

（三）聚乳酸的改性

虽然聚乳酸兼具良好的生物降解性和加工性能，但其机械强度偏低、韧性差，热变形温度低，易发生生物降解过程中的应力集中和脆断，使其在医用领域的应用受到限制。为了提高聚乳酸材料的综合力学性能和耐热性，可采用共聚改性、填料增强、链段延长、取向拉伸等多种改性策略。

1. 共聚改性

将其他可降解单元引入聚乳酸分子链，形成多组分共聚物，可有效调控材料的力学性能和降解特性。例如，引入柔性己内酯（CL）单元可破坏PLA分子链的规整性，提高PLA的韧性。PLLA与聚己内酯（PCL）共聚，随着PCL含量的增加，共聚物的断裂伸长率从4%提高到200%以上。引入刚性单元如环丁烷二羧酸（CBDO）可显著提高PLA的强度、模量和耐热性。PLLA/PCBDO共聚物的拉伸强度可达100 MPa以上，远高于纯PLLA（60 MPa）。

2. 填料增强

以无机填料（如羟基磷灰石、磷酸三钙、二氧化硅等）为增强相，通过熔融共混、溶液共混等方法制备PLA基复合材料，可显著提高材料的模量和强度。纳米级填料因其高比表面积和界面效应，对PLA基体具有更强的增强效果。例如，加入5%的纳米二氧化硅，PLLA复合材料的拉伸强度可提高30%以上。引入刚性天然纤维如麻纤维、竹纤维等，可获得高强度、轻质、环保的PLA复合材料，拓宽其在工程领域的应用。

3. 链段延长

采用二官能度或多官能度的低分子量化合物与PLA反应，引入分子间的化学键合，可提高PLA的分子量和链段刚性，改善材料的力学性能。常用的链延长剂包括六亚甲基-1,6-二异氰酸酯（HDI）、对苯二甲酰氯（TPC）等。研究发现，加入0.5%的HDI，PLLA的分子量可从8万提高到50万，拉伸强度和断裂伸长率分别提高1倍和3倍。

4. 取向拉伸

通过拉伸、滚压等机械作用，可使PLA分子链取向排列，诱导PLA结晶，从而提高其强度、模量和耐热性。将PLLA熔体经过挤出拉伸后快速冷却，可获得取向结晶度高达40%的PLA纤维，拉伸强度可达400 MPa以上。双轴拉伸可诱导PLA形成双向取向结构，进一步提高材料的韧性和冲击强度。值得注意的是，取向拉伸虽然能显著改善PLA的力学性能，但会在一定程度上降低材料的延展性。

（四）聚乳酸的应用进展

聚乳酸优异的生物相容性、可降解性和热塑性加工性能，使其在生物医用领域得到了广泛应用。

1. 组织工程支架

以聚乳酸为原料，采用冷冻干燥、气体发泡、3D打印等技术，可制备出具有互联多孔结构的组织工程支架材料。这些支架不仅能为细胞黏附生长提供立体空间，而且可在体内缓慢降解，降解产物可被机体代谢吸收，最终实现病损组织的再生修复。将碱性成骨蛋白、骨形态发生蛋白等生物活性因子载入PLA支架，可诱导间充质干细胞向成骨细胞分化，在骨组织工程中展现出良好的应用前景。采用静电纺丝可制备纳米纤维状PLA支架，模拟细胞外基质的纤维蛋白结构，在神经、血管、皮肤等软组织再生方面也有广泛应用。

2. 可降解骨科固定材料

PLA具有优异的生物相容性和可控降解性，可用于制备骨折固定螺钉、接骨板、骨锉等骨科植入物。这些器件在骨缺损愈合的早期阶段能够提供良好的力学支撑作用，而后随着骨组织的再生逐步降解，最终被新生骨组织所替代，避免了金属内固定物的二次取出手术。PLLA/HA复合固定螺钉在体内可缓慢释放HA颗粒，局部补钙，有利于骨—螺钉界面的骨整合。将抗生素载入可降解接骨板涂层，可防止植入部位感染，已在临床上得到应用。

3. 药物缓控释载体

PLA及其共聚物因其优异的生物降解性和热塑性，在缓控释药物载体领域得到了广泛应用。疏水性药物分子可通过乳化法、流延法等工艺直接分散于PLA基体中，亲水性药物可先经脂质体、环糊精包合后再载入PLA载体。药物分子在PLA降解过程中受扩散和基体侵的蚀双重作用，实现可控的缓释。PLA微球、微囊等纳米载药系统可延长药物在体内的滞留时间，提高药物的生物利用度。将PLA载药微球注射于病灶部位，可显著提高药物在靶组织的富集，降低毒副作用。例如，以PLA为载体的注射用醋酸亮丙瑞林微球（Enantone），可实现亮丙瑞林的一个月缓释，在前列腺癌内分泌治疗中取得了良好疗效。

4. 防粘连膜

手术创伤愈合过程中，创面粘连是一个常见并发症，可引起疼痛、肠梗阻等严重后果。PLA膜材料可在创面间隔离、阻断纤维蛋白的粘连，并在伤口愈合后降解吸收，在防止软组织、神经粘连方面效果显著。将PLA与明胶、透明质酸等天然多糖复合，可制得仿生防粘连膜，进一步改善材料的柔韧性和组织相容性。溶液浇铸法制备的PDLLA/PEG/壳聚糖防粘连膜，机械强度高达55 MPa，断裂伸长率超过200%，已进入临床试验阶段。

聚乳酸及其复合材料因其独特的可降解性、可加工性和生物相容性，成为生物医用高分子材料领域的研究热点。但聚乳酸在植入应用中仍面临一些挑战：一是降解速率难以精确控制，与组织再生的时间周期难以精确匹配；二是降解产物局部酸化，可能引起炎症反应；三是力学性能有待进一步提高，难以满足长期植入应用的要求。为此，未来聚乳酸材料的研究重点应着眼于构效关系的深入理解、复合改性机理的系统阐释、宏量制备工艺的优化，实现材料降解性能与力学性能的精准调控。同时，还需建立更加完善的体内外评价体系，系统考察PLA材料降解产物的代谢动力学特征和生物学安全性，加速其在组织修复、药物缓释等领域的转化应用步伐。

此外，将聚乳酸与其他可降解材料复合，引入多尺度复合结构和多重响应机制，有望突破单一材料的性能局限，实现力学、降解、诱导多功能协同增效。例如，将PLA与明胶、透明质酸、胶原蛋白等天然多糖蛋白复合，模拟细胞外基质的多级结构，不仅可以改善材料的亲水性和细胞相容性，而且可赋予材料温敏性、酶敏感性等生物响应特性。又如，以PLA为基体，通过静电纺丝可制备纳米纤维复合支架，引入介孔二氧化硅、羟基磷灰石等纳米颗粒，可显著提高支架的比表面积和药物载量，实现药物的可控释放和局部富集。随着材料学、纳米化学、化学生物学等学科的交叉融合，多组分、多层次、多功能的聚乳酸复合材料有望在组织再生、药物递送、生物检测等领域取得更大的突破，为人类健康事业做出新的贡献。

二、聚乙醇酸

聚乙醇酸（PGA）是一类以乙醇酸为原料合成的脂肪族聚酯，具有优异的生物相容性和可降解性，在生物医用领域具有广阔的应用前景。PGA最早由美国杜邦公司于20世纪70年代开发，商品名为Dexon，主要用于可吸收手术缝合线的制备。

（一）PGA的合成工艺

PGA可通过乙醇酸的开环聚合制得。与PLA的合成类似，PGA的合成也分为聚合和后处理两个阶段。聚合阶段的关键在于乙醇内酯单体的制备和纯化。将乙醇酸在160~180 °C、常压下脱水环化，经减压蒸馏提纯，可得到无色透明、熔点为86~88 °C的乙醇内酯。

PGA的开环聚合在惰性气氛保护下进行，采用锌粉、锌盐等作为引发剂。将乙醇内酯单体加热熔融后，加入引发剂，在180~230 °C下反应2~6 h，即可获得高分子量的PGA产物。

反应温度是影响PGA分子量的关键因素。温度过低，单体转化率不高；温度过高，易发生PGA热降解，引发链转移和交联反应。

聚合产物需经过洗涤、干燥等后处理，进一步提高其纯度。将聚合物溶于三氟乙酸等有机溶剂，经过滤、沉淀、离心分离，可除去残留单体和低聚物。经真空干燥后，可得到白色粉末状或颗粒状PGA产品，分子量可达10万以上。

值得注意的是，由于PGA分子链中不含有支链结构，分子链柔顺性差，在熔融态下黏度高，通常需在280 °C以上才能熔融加工，加工窗口窄。为了改善PGA的加工性能，通常将其与PLA进行共聚，制得PLGA共聚物。引入PLA链段可显著降低共聚物的结晶度和熔点，拓宽其加工温度范围。

（二）PGA的结构与性能

PGA属于结晶型聚合物，规整的分子链易于形成有序排列。常温下PGA结晶度可达45%~55%，熔点在220~230 °C，玻璃化转变温度为35~40 °C。PGA具有优异的机械性能，拉伸强度可达70 MPa以上，弹性模量高达7 GPa，接近皮质骨的强度水平。然而，PGA的断裂伸长率较低，通常在20%~30%。高结晶度和分子链刚性是造成PGA韧性差的主要原因。

与生物相容性良好的PLA类似，PGA也具有优异的细胞相容性和组织相容性。体外细胞培养实验表明，成骨细胞、软骨细胞、平滑肌细胞等多种细胞在PGA基底上均能很好地黏附生长。植入体内30 d后，PGA支架周围未见明显炎性细胞浸润和异物反应，证实了其良好的组织相容性。

PGA的热稳定性较差，在170 °C以上即可发生明显热降解。升温速率越快，热降解越剧烈。因此，PGA的熔融加工窗口较窄，温度波动较大时易发生材料性能的下降。同时，PGA极易吸水，在空气中吸湿后会发生水解，力学性能迅速下降。因此，PGA及其制品应在干燥环境中保存。

（三）PGA的降解行为

PGA是最早被发现和应用的可降解聚酯材料之一。相比PLA，PGA具有更快的降解速率和更短的降解周期。体外降解实验表明，37 °C、pH=7.4的磷酸盐缓冲液中，PGA膜材在2周内即失去大部分力学强度，6~8周后样品完全断裂，分子量从10万降至1万以下。

PGA在体内的降解机制主要为体液引发的随机水解和酶促降解。植入体内后，水分子攻击PGA酯键上的羰基碳原子，引发酯键断裂，PGA大分子链逐步降解为低聚物和单体。羧酸酯酶等水解酶可显著加速PGA的降解，使其降解周期缩短至2~4个月。

PGA的降解产物为乙醇酸，最终代谢产物为二氧化碳和水，可被人体完全吸收。然而，由于PGA降解速度快，乙醇酸在局部组织中大量积聚，易引起植入部位的酸性环境，pH值可低至3以下。酸性环境不仅加速PGA自身的自催化降解，而且会对局部组织产生刺激，引起炎症反应。

除了化学组成外，PGA的结晶度、形貌结构、表面性质等因素也显著影响其降解行为。

提高PGA结晶度可延缓其降解速率；引入疏水性基团可降低其吸水速率；构筑大孔隙结构有利于降解产物的扩散，减轻局部酸化问题。因此，调控PGA的结构和形貌特征是控制其降解行为的重要手段。

（四）PGA的应用进展

PGA最初被开发用于可吸收手术缝合线的制备。PGA纤维强度高，断裂伸长率适中，且在体内可完全降解吸收，是理想的可吸收缝合线材料。PGA缝合线在体内2~4周后即失去拉伸强度，3个月内可被机体吸收。目前，PGA可吸收缝合线已在临床上得到广泛应用，如用于皮肤、骨骼肌、内脏等多种组织的缝合。

在药物缓释领域，PGA纳米纤维因其高比表面积和可控孔隙率而备受关注。将难溶性药物分子均匀分散于PGA纳米纤维中，可显著提高药物的溶出度；PGA水解产生的乙醇酸还可诱导药物的“爆释”，实现药物在病灶部位的高浓度累积，提高药效，降低毒副作用。例如，以PGA为载体的紫杉醇缓释剂型已进入临床试验阶段，有望用于肿瘤的局部化疗。

在组织工程领域，PGA纳米纤维支架可模拟细胞外基质的多级纤维结构，为细胞提供良好的三维生长微环境。将PGA支架与种子细胞、生长因子相结合，可构建骨、软骨、血管等组织工程产品。随着支架的降解吸收，新生组织逐步填充缺损区域，最终实现病损组织的再生修复。例如，以PGA和壳聚糖复合纤维为支架材料，结合脂肪干细胞和成软骨因子，可构建软骨组织工程支架，用于关节软骨缺损的修复。

虽然PGA具有优异的生物可降解性和组织相容性，但其在生物医用领域的应用仍面临着诸多挑战：一是PGA降解速度较快，机械强度衰减明显，难以满足硬组织修复的长期力学需求；二是PGA熔融加工温度高、加工窗口窄，产品质量稳定性较差；三是PGA降解引起的局部酸化效应，可能诱发炎症反应，影响组织修复效果。为了拓展PGA在生物医学领域的应用，一方面，需优化PGA的合成和加工工艺，提高材料的批次稳定性；另一方面，需采用化学改性、共聚改性等方法，调控PGA降解动力学行为，实现力学性能与降解周期的匹配。

此外，将PGA与其他可降解材料复合，充分利用不同材料的性能优势，有望突破单一材料的局限，获得多功能协同的复合植入材料。例如，将PGA纳米纤维与羟基磷灰石、β-磷酸三钙等生物陶瓷复合，不仅可以显著提高支架的力学性能，而且可赋予支架类骨羟基磷灰石结构，改善支架的成骨诱导活性。又如，将PGA与明胶、胶原蛋白等天然多肽复合，模拟细胞外基质的纤维蛋白网络结构，可显著提高支架的亲水性和细胞黏附性，加速内皮化和血管化进程。随着材料学、生物医学、制造科学等多学科的交叉融合，PGA及其复合材料有望在组织再生、药物缓释、伤口敷料等领域取得新的突破，为人类健康事业做出更大贡献。

三、聚己内酯

聚己内酯（PCL）是一种半结晶型脂肪族聚酯，具有良好的生物相容性和生物降解性。PCL的化学结构中重复单元由六个亚甲基组成，末端连接着酯基。PCL的结晶度可达50%左右，熔点在59~64 °C，玻璃化转变温度约为-60 °C。

PCL可通过ε-己内酯（ε-caprolactone）的开环聚合制备得到。常见的引发剂有醇类、羧酸类、胺类等含活泼氢的小分子化合物。催化剂主要有金属烷氧化物、金属卤化物、有机金属化合物等。聚合过程需在无水无氧条件下进行，以避免己内酯的水解和链转移反应。聚合温度一般在120~150 °C，反应时间为数小时至数天不等。

通过调节单体与引发剂的比例，可控制PCL的分子量。分子量较低时，PCL呈蜡状，分子量较高时则呈现出优异的力学性能。PCL的数均分子量可达几万至几十万，分子量分布较窄。PCL的力学性能与分子量密切相关，随着分子量的增加，拉伸强度、断裂伸长率等逐渐提高。

PCL具有优异的可加工性，可采用挤出、注射、压延、溶液浇铸等多种加工方法制备成型。PCL的熔体黏度较低，熔融温度范围宽，热稳定性好，易于熔融加工。同时，PCL易溶于多种有机溶剂，如氯仿、二氯甲烷、四氢呋喃等，可通过溶液法制备PCL基复合材料和支架。

得益于PCL优异的生物相容性，其降解产物对机体无毒无害，可被机体完全代谢吸收。PCL在体内的降解主要通过表面和体型两种方式进行。早期的降解以表面降解为主，水解作用从材料表面开始，逐渐向内部扩散，分子量下降缓慢。后期则以体型降解为主，材料内部大分子链发生大量断裂，分子量急剧下降，最终完全降解。PCL在体内的降解周期较长，一般需要2~4年才能完全降解吸收。

PCL降解速率慢的特点，使其在组织工程支架材料领域得到广泛应用。以PCL为基础构建的支架材料，可在较长时间内维持结构完整性，为细胞提供稳定的生长微环境。随着组织的再生修复，PCL支架逐渐降解，最终被新生组织完全替代。PCL还可与其他天然或合成高分子复配，制备多孔隙、高互联的复合支架，模拟天然细胞外基质的结构，引导细胞的增殖分化。

除组织工程支架外，PCL在药物缓释载体方面也有广阔的应用前景。将药物分子包埋于PCL基质中，可实现药物的可控缓释。药物在PCL降解的同时缓慢释放，避免了药物浓度的波动，有利于维持药物浓度在治疗窗口内。PCL也被用于制备纳米药物载体，如纳米微球、纳米纤维等，可将药物靶向输送至病变部位，提高药物利用率。

在骨组织工程中，PCL常与骨诱导因子、生物活性陶瓷材料复合，制备仿生骨修复材料。例如，将PCL与HA复合，可显著提高支架的力学强度和成骨诱导能力。PCL/HA复合支架具有多孔互联的网状结构，孔隙率超过80%，利于细胞的黏附生长和组织渗入。活性物质如骨形成蛋白（BMP）也可负载于PCL/HA复合支架上，刺激成骨细胞的增殖分化，加速骨缺损的修复。

PCL在软组织修复领域同样具有广阔的应用前景。研究表明，以PCL为基础的电纺纳米纤维支架可有效促进皮肤、血管、神经等软组织的再生。PCL纤维支架具有高比表面积和相互连通的孔隙结构，类似于天然细胞外基质，利于细胞的黏附迁移和组织化生长。此外，PCL还可作为创面敷料和医用缝合线等医疗器械的原料。

综上所述，PCL作为一种重要的生物降解高分子材料，具有优异的生物相容性、可降解性和可加工性，在组织工程、药物缓释、再生医学等领域有着广阔的应用前景。随着材料制备技术和加工工艺的不断进步，PCL基生物医用材料必将在未来的生物医学领域发挥越来越重要的作用。

第三节　生物陶瓷与金属生物材料的制备与性能

一、生物陶瓷材料

生物陶瓷材料是一类无机非金属材料，具有优异的生物相容性、生物活性和力学性能，广泛应用于骨组织修复与再生领域。常见的生物陶瓷材料包括羟基磷灰石（HA）、磷酸三钙（TCP）、生物玻璃等。

（一）羟基磷灰石

羟基磷灰石（HA）是一种主要存在于骨和牙中的天然矿物，化学式为$Ca_{10}(PO_4)_6(OH)_2$，Ca/P摩尔比为1.67。HA具有优异的生物相容性和骨传导性，可直接与骨组织紧密结合，诱导成骨细胞的增殖分化，促进新骨形成。

HA可通过多种方法制备，如化学沉淀法、水热合成法、溶胶—凝胶法等。化学沉淀法是最常用的制备方法之一，通过将钙盐溶液与磷酸盐溶液混合，在碱性条件下发生沉淀反应，形成HA悬浊液，经过洗涤、干燥和煅烧等步骤得到HA粉体。化学沉淀法工艺简单、成本低廉，但产物的化学计量比和晶体结构较难控制。水热合成法是在高温高压条件下进行的水热反应，利用高温高压环境加速晶体的成核与生长，可制备结晶度高、化学计量比可控的HA粉体。溶胶—凝胶法则是通过溶胶的水解缩聚反应制备HA前驱体凝胶，再经干燥和煅烧得到HA陶瓷。该方法可引入多种掺杂元素，调控HA的化学组成和生物学性能。

HA陶瓷具有良好的生物相容性和骨传导性，但其机械强度和韧性较差，难以满足承重部位植入体的力学要求。提高HA陶瓷力学性能的策略主要有以下几种。

（1）控制HA陶瓷的微观结构。通过优化烧结工艺，减小晶粒尺寸，提高陶瓷致密度，可显著改善HA陶瓷的力学性能。

（2）采用多相复合策略。将HA与高强度的第二相（如氧化锆、氧化铝等）复合，利用第二相弥散增韧和应力转移机制，提高复合材料的强度和韧性。

（3）构建多孔结构。引入适度的大孔结构，在保证力学强度的同时，促进骨组织长入，加速骨整合过程。多孔HA陶瓷可采用泡沫浸渍法、淋溶法、3D打印等多种方法制备。

HA陶瓷在临床上主要用于骨缺损填充、牙种植体表面涂层等。HA颗粒、多孔支架可用于填充骨缺损部位，诱导骨再生。HA涂层可显著提高种植体的骨结合能力，延长种植体使用寿命。此外，HA还可作为药物载体，实现活性物质的可控释放。

（二）磷酸三钙

磷酸三钙（TCP）是另一种重要的磷酸钙生物陶瓷，化学式为$Ca_3(PO_4)_2$，存在α和β两种同素异形体。α-TCP和β-TCP都具有良好的生物相容性和骨传导性，但α-TCP的溶解度高于β-TCP，降解速率更快。

TCP粉体主要采用固相反应法制备。将碳酸钙和磷酸二氢钙按化学计量比混合，在高温下煅烧，发生固相反应生成TCP。通过控制反应温度和时间，可调节α和β两相的比例。β-TCP在1125~1430℃范围内稳定存在，高于1430℃时转变为α-TCP。

与HA类似，TCP陶瓷的力学性能也是其临床应用的限制因素之一。采用粒径优化、多相复合、多孔设计等策略，可在一定程度上改善TCP陶瓷的力学性能。但TCP陶瓷的机械强度通常低于HA陶瓷，更适合用于非承重部位的骨缺损修复。

TCP陶瓷在体内可发生溶解和降解，释放钙磷离子，诱导成骨细胞的化学趋化和黏附，促进骨组织再生。同时，TCP降解产生的微环境有利于血管生成，加速骨缺损愈合。TCP降解速率可通过调节α/β比例、晶粒尺寸、孔隙率等因素进行调控，以匹配骨组织再生速率。

（三）生物玻璃

生物玻璃是一类无定形的硅酸盐材料，主要成分为SiO_2、Na_2O、CaO和P_2O_5。1969年，Hench首次发现含有45% SiO_2、24.5% Na_2O、24.5%CaO和6% P_2O_5（重量百分比）的玻璃具有良好的生物活性，可在体内诱导形成类骨羟基磷灰石层，与骨组织紧密结合。这种玻璃被命名为45S5生物玻璃，开创了生物玻璃材料的研究与应用。

生物玻璃可通过熔融法和溶胶—凝胶法制备。熔融法是将各组分的无机盐或氧化物按配比混合，在高温下熔融，然后快速淬火制得玻璃。熔融法操作简单，产率高，但难以引入高含量的生物活性组分。溶胶—凝胶法是通过金属醇盐的水解缩聚反应制备生物玻璃前驱体溶胶，再经干燥和热处理得到生物玻璃。溶胶—凝胶法可在低温下合成，引入更多的生物活性组分，调控玻璃的化学组成和结构，但工艺相对复杂，成本较高。

生物玻璃表面可快速释放钙、磷等离子，诱导表面形成羟基磷灰石层，与骨组织建立天然的化学键合。同时，生物玻璃降解产物可刺激成骨细胞、成血管细胞等的增殖分化，加速组织再生。钙、磷、硅释放还可激活多种基因和蛋白质的表达，如Run×2、骨桥蛋白、骨形成蛋白等，调控骨形成过程。

但传统的45S5生物玻璃存在力学性能差、制备工艺困难等问题。研究人员通过优化玻璃组成、纳米/多级结构构建、复合改性等策略，开发出力学性能更好、生物活性更高的新型生物玻璃材料。例如，提高玻璃中SiO_2含量，可显著改善玻璃的力学性能；引入B_2O_3、Al_2O_3等中间氧化物，可提高玻璃的化学稳定性和机械强度；与聚合物复合，可赋予玻璃优异的柔韧性。

除组织工程支架外，生物玻璃还可作为骨修复填料、牙科充填材料、药物载体等。生物玻璃颗粒可用于牙槽骨缺损充填，多孔支架可用于大段骨缺损修复。富含银、铜等抗菌元素的生物玻璃，还具有良好的抗菌能力，可用于感染性骨缺损治疗。生物玻璃也是理想的药物载体，可实现抗生素、生长因子等活性物质的可控释放。

二、金属生物材料

金属生物材料是应用于人体组织替代和修复的一类金属材料，具有优异的力学性能、加工性能和生物相容性。常见的金属生物材料包括不锈钢、钴铬合金、钛及钛合金等。这些材料广泛应用于骨科植入物、牙种植体、心血管支架等领域，在现代医学中发挥着不可替代的作用。

（一）不锈钢

不锈钢是最早应用于体内植入的金属生物材料之一。医用不锈钢主要为316L型奥氏体不锈钢，含有18%的铬、14%的镍、2.5%的钼和少量碳。铬元素可在钢表面形成致密的氧化膜，提高钢的耐蚀性；镍元素可稳定奥氏体相，提高钢的塑性和韧性；钼元素可提高钢的点蚀电阻阈值；碳含量控制在0.03%以下，可防止晶间腐蚀的发生。

316L不锈钢具有优异的力学性能，屈服强度可达170~750 MPa，弹性模量约为200 GPa，与骨组织的弹性模量（10~30 GPa）相比略高。316L不锈钢还具有良好的加工性能，可通过锻造、铸造、机加工等多种方法制备成型。经过表面抛光处理，可获得光滑致密的表面，降低细菌黏附风险。

316 L不锈钢在体内具有良好的生物相容性，可诱导纤维组织包裹，形成稳定的植入物—组织界面。然而，不锈钢表面的钝化膜存在着缓慢溶解的风险，释放的镍、铬离子可能引起金属过敏反应。长期植入后，不锈钢表面也可能发生点蚀、缝隙腐蚀等局部腐蚀，影响植入物的使用寿命。

为进一步提高不锈钢的耐蚀性和生物相容性，研究人员开发了多种表面改性技术。等离子渗氮处理可在不锈钢表面形成致密的氮化层，提高表面硬度和耐磨性；等离子体沉积TiN、DLC等陶瓷涂层，可显著提高耐蚀性和生物惰性；等离子电解氧化处理可制备多孔的氧化膜，利于骨组织整合。采用药物涂层载药策略，还可赋予不锈钢抗菌、促进骨整合等生物功能。

不锈钢主要应用于骨科植入物领域，如髋关节假体、脊柱内固定器、骨板、骨针等。不锈钢髋关节假体采用球—臼摩擦副设计，可实现良好的运动功能，使用寿命可达15~20年。脊柱内固定系统采用棒—螺钉结构，用于脊柱畸形矫正、骨折固定等。相比于钴铬合金和钛合金，不锈钢的成本相对较低，仍是骨科植入物的重要选择。

（二）钴铬合金

钴铬合金是另一类重要的金属生物材料，主要包括铸造型钴铬钼合金和锻造型钴铬钨镍合金两大类。铸造型合金含有63%~67%的钴、27%~30%的铬、5%~7%的钼和少量的碳、硅、锰等元素；锻造型合金含有53%~59%的钴、19%~21%的铬、14%~16%的钨和9%~11%的镍。钴铬合金中的铬、钼、钨元素可形成强化相，提高合金强度；钴基体可赋予合金良好的韧性；镍元素可提高合金的塑性和加工性能。

钴铬合金具有优异的力学性能，强度和硬度高于316 L不锈钢。铸造型合金的屈服强度可达450~600 MPa，弹性模量约为220 GPa；锻造型合金经冷加工处理后，屈服强度可达1200~1500 MPa，弹性模量约为230 GPa。钴铬合金的疲劳强度也明显优于不锈钢，在高应力循环加载下表现出良好的抗疲劳性能。

钴铬合金具有良好的耐蚀性，这主要得益于表面形成的致密氧化膜。钴铬合金在体液环境中的耐蚀性优于316 L不锈钢，点蚀电位和缝隙腐蚀电位更高。但钴铬合金表面氧化膜的修复能力相对较差，一旦氧化膜被破坏，就可能发生快速溶解，释放钴、铬离子，引起金属离子毒性和过敏反应。

钴铬合金主要采用铸造和锻造两种方法制备。铸造法是将合金熔炼后浇注到特定模具中，经凝固、打磨等工序制得成型体。铸造法操作简单，适合制备复杂形状的植入物，如牙冠、牙桥等。但铸造工艺易产生铸造缺陷，如气孔、夹杂物等，降低了植入物的力学性能。锻造法是将铸态合金锭经过反复锻打、轧制等塑性变形过程制备而成。锻造法可获得组织致密、力学性能优异的材料，但其成型能力有限，主要用于制备髋关节股骨柄等结构简单的植入物。

钴铬合金在临床上主要应用于关节置换和牙科修复领域。全髋关节置换术中，股骨柄多采用锻造型钴铬合金制备，具有高强度、高抗疲劳性的特点，髋臼杯则多采用钴铬合金与超高分子量聚乙烯摩擦。钴铬合金也是制备膝关节假体股骨、胫骨和髌骨关节面的理想材料。在牙科领域，铸造型钴铬合金主要用于制备金属烤瓷冠、金属基托、可摘局部义齿等修复体，具有优异的力学性能和边缘密合性。

（三）钛及钛合金

钛及钛合金是目前应用最广泛的金属生物材料之一，具有优异的生物相容性、力学性能和抗腐蚀性能。纯钛含有99.5%以上的钛元素，密度低（4.51 g/cm^3），弹性模量相对较低（100~110 GPa），与骨组织弹性模量更为接近，可有效降低应力屏蔽效应。钛合金通过添加Al、V、Nb、Zr等合金化元素，可显著提高材料强度和抗疲劳性。

临床应用最广泛的钛合金是Ti-6 Al-4 V合金，含有6%的铝和4%的钒。铝元素可稳定α相，提高合金强度；钒元素可稳定β相，改善合金的塑性和韧性。Ti-6 Al-4 V合金兼具高强度（屈服强度可达850~1100 MPa）和低弹性模量（约为110 GPa）的特点，是制备高强度、长寿命骨科植入物的理想材料。

钛及钛合金表面可自发形成一层致密的二氧化钛钝化膜，厚度为2~10 nm，具有优异的化学稳定性。钝化膜可隔绝基体与环境介质的直接接触，防止电化学腐蚀的发生。钛及钛合金在体液环境中的耐蚀性远优于不锈钢和钴铬合金，点蚀电位和缝隙抗腐蚀性更高，释放的金属离子量更低，引起不良生物反应的风险更小。

钛及钛合金还具有良好的生物相容性，可诱导骨组织在植入物表面直接生长，形成牢固的骨—植入物界面。经过表面处理，可进一步提高钛基植入物的骨整合能力。常用的表面处理技术包括等离子喷涂羟基磷灰石涂层、微弧氧化处理、酸蚀处理、砂粒喷砂处理等。引入适宜的表面微纳米结构，可模拟天然骨基质的形貌特征，提高成骨细胞的黏附、增殖和分化。

钛及钛合金广泛应用于骨科植入物和牙种植体领域。髋、膝关节置换中的股骨柄、胫骨托多采用Ti-6Al-4V合金制备，具有优异的力学兼容性和骨整合性能。脊柱融合器、颅骨修补材料也多选用钛及钛合金。牙种植体表面经过喷砂酸蚀和微弧氧化处理，可获得多孔互联的表面，显著提高早期骨整合强度，缩短愈合时间。近年来，3D打印技术的发展，使钛合金植入物的个性化制备成为可能，可精准匹配患者骨缺损部位的解剖形态，实现更佳的修复效果。

尽管钛及钛合金在生物医用领域具有广阔的应用前景，但其仍存在一定的不足之处。钛合金的弹性模量虽然低于不锈钢和钴铬合金，但仍明显高于天然骨组织，可能诱发应力屏蔽效应，导致骨量丢失和植入物松动。钛合金在恶劣环境中易发生磨损和磨粒病，产生的磨屑颗粒可引起炎症反应。此外，钛合金中的钒元素也存在一定的生物毒性风险。针对这些问题，研究人员开发了新型钛合金材料体系，如β型钛合金、钛—钽合金等。β型钛合金中β相含量较高，弹性模量可低至60 GPa左右；钛—钽合金以非毒性钽元素替代钒元素，生物安全性更高。

总的来说，金属生物材料以其优异的力学性能、加工性能和生物相容性，在骨科植入物和牙种植体领域发挥着关键作用。通过合金化、表面改性、3D打印等新技术的应用，可不断改善金属植入物的综合性能，更好地满足临床应用需求。未来，研究重点将集中在功能化、个性化、智能化金属植入物的开发，促进骨组织再生与修复，提高患者术后生活质量。

三、生物活性玻璃

生物活性玻璃是一类具有优异生物活性和骨传导性能的无机非晶态材料。自20世纪70年代首次报道以来，生物活性玻璃在骨组织工程和再生医学领域得到了广泛关注和应用。生物活性玻璃具有可塑性强、易加工、生物活性高等优点，可制备成多种形态的植入材料，如颗粒、支架、涂层等，用于骨缺损的修复和再生。

生物活性玻璃的典型组成为SiO_2—Na_2O—CaO—P_2O_5四元体系，其中SiO_2含量通常在45%~60%（质量分数）。与传统的惰性生物玻璃相比，生物活性玻璃中引入了CaO和P_2O_5组分，使其具有良好的生物活性和降解性能。当生物活性玻璃置于体液环境中时，其表面会发生一系列化学反应和结构演变过程，形成与骨组织类似的HA层，实现材料与骨组织的紧密结合。

（一）溶胶—凝胶法制备生物活性玻璃

溶胶—凝胶法是制备生物活性玻璃的常用方法之一。该方法以硅醇盐（如正硅酸乙酯）、钙盐和磷盐为前驱体，通过水解和缩聚反应形成溶胶，再经干燥、热处理等过程转变为凝胶和玻璃。与传统的熔融法相比，溶胶—凝胶法具有以下优势。

（1）低温合成。溶胶—凝胶法可在室温或较低温度下进行，避免了高温熔融过程中的组分挥发和结构破坏问题。

（2）组成可控。通过调节前驱体的种类和比例，可精确控制玻璃的化学组成，引入多种生物活性元素，如Sr、Zn、Mg等。

（3）结构可控。溶胶—凝胶过程中，可通过调控反应条件（如pH值、催化剂种类等），控制溶胶的聚集和凝胶的网络结构，进而影响玻璃的微观形貌和性能。

（4）形态多样。凝胶态玻璃前驱体可通过浇铸、浸涂、纤维拉拔等方式制备成多种形态的生物活性玻璃材料，如块体、薄膜、纤维等。

溶胶—凝胶法制备生物活性玻璃的典型工艺流程如下。

硅醇盐[如正硅酸乙酯（TEOS）]在酸性条件下发生水解反应，形成硅醇；硅醇经缩聚反应生成Si—O—Si网络结构，形成溶胶；向溶胶中加入钙盐和磷盐前驱体，调节pH值至7~10，诱导溶胶转化为湿凝胶；将湿凝胶干燥、热处理，得到多孔的生物活性玻璃。

溶胶—凝胶法制备的生物活性玻璃具有高比表面积和丰富的表面羟基，有利于材料在体液环境中的快速溶解和矿化，表现出优异的生物活性和骨传导性能。

（二）生物活性玻璃的表面反应机制

生物活性玻璃的表面反应可分为以下几个阶段。

（1）离子交换。生物活性玻璃表面的Na^+与体液中的H^+发生交换，形成表面富硅层和硅醇基团（Si—OH）。

（2）溶解析出。玻璃网络结构中的Ca^{2+}、PO_4^{3-}等离子溶解进入体液，使表面富硅层进一步发展。

（3）硅胶层形成。表面硅醇基团发生缩聚反应，形成多孔的SiO_2胶体层。

（4）磷灰石沉积。体液中的Ca^{2+}、PO_4^{3-}在SiO_2胶体层表面沉积，形成无定形磷灰石层。

（5）HA结晶。无定形磷灰石层逐渐结晶化，形成与骨矿物类似的羟基磷灰石结构。

（6）蛋白吸附与细胞黏附。HA层可吸附体液中的粘连蛋白、生长因子等，为成骨细胞提供理想的黏附和增殖微环境。

（7）新骨形成。成骨细胞在HA层表面增殖分化，分泌骨基质，形成新生骨组织，实现材料与骨组织的紧密结合。

生物活性玻璃表面HA层的形成速度和厚度与玻璃组成密切相关。提高玻璃中CaO和P_2O_5含量，可加速HA层的沉积和结晶过程，提高材料的骨传导性能。引入Sr、Zn等元素，可调控HA层的化学组成和结构，影响成骨细胞的增殖分化行为。

（三）生物活性玻璃的多孔支架制备

多孔支架是组织工程研究的核心载体之一，可为细胞提供三维生长微环境，引导组织再生与重建。以生物活性玻璃为原料制备多孔支架，可将材料优异的生物活性和骨传导性能与支架的空间结构特征相结合，在骨组织再生领域具有广阔的应用前景。

生物活性玻璃多孔支架的制备方法主要包括泡沫浸渍法、三维打印法和黏结剂法等。

泡沫浸渍法是将聚氨酯泡沫等高孔隙率模板浸渍于玻璃前驱体溶胶中，经干燥、热处理，烧除模板，得到与模板结构相似的玻璃多孔支架。泡沫浸渍法工艺简单，适合制备孔隙率高、孔径大的支架，但孔隙形貌和尺寸分布不易精确控制。

三维打印法是将生物活性玻璃粉体与黏结剂按照计算机辅助设计的三维模型有选择性地沉积，逐层打印堆积，经热处理获得具有预设形貌和孔隙结构的支架。三维打印法可精确控制支架的宏、微观结构，实现支架结构与功能一体化设计，但成本较高，工艺复杂。

黏结剂法是将生物活性玻璃粉体与聚合物黏结剂混合，制备成具有一定孔隙率和孔径的坯体，经热处理除去黏结剂，得到玻璃多孔支架。黏结剂法可引入多种聚合物黏结剂，调控支架的力学性能和降解行为，但支架孔隙率相对较低。

生物活性玻璃多孔支架的孔隙率、孔径、孔隙形貌和互联性等结构参数对支架的力学性能、细胞响应行为和骨再生效果有着重要影响。

高孔隙率和大孔径有利于细胞迁移、营养物质运输和组织向内生长，但会降低支架的力学强度。因此，需要在支架的生物学性能与力学性能之间寻求平衡，设计制备兼具高孔隙率和高强度的生物活性玻璃支架。

（四）生物活性玻璃的功能化改性

为了进一步拓展生物活性玻璃的应用领域和功能特性，研究人员对其进行了多方面的改性和优化，主要策略包括组分调控、掺杂改性、复合改性等。

1.组分调控

通过调节生物活性玻璃中SiO_2、CaO、P_2O_5等组分的相对含量，可调控玻璃的溶解降解行为、矿化诱导能力和离子释放特性等。例如，提高CaO和P_2O_5含量，可加速玻璃溶解和HA沉积过程；降低SiO_2含量，可提高玻璃的降解速率和离子释放量。

2.掺杂改性

向生物活性玻璃中引入多种功能性元素，可赋予玻璃特殊的生物学效应和理化特性。常见的掺杂元素如下。

（1）Sr。具有促进成骨、抑制成骨细胞凋亡的作用，可改善骨质疏松症等代谢性骨病。

（2）Zn。具有抑菌、促进伤口愈合和血管生成的作用，可改善骨感染等并发症。

（3）Cu。具有抑菌、促进血管生成的作用，可加速骨缺损愈合过程。

（4）Ag。具有广谱抑菌作用，可防止植入体相关感染的发生。

（5）Mn、Mg。具有促进成骨、调控骨代谢的作用，可改善骨密度和骨微结构。

3.复合改性

将生物活性玻璃与其他材料复合，可发挥协同增效作用，弥补单一材料的不足之处。常见的复合改性体系如下。

（1）玻璃/聚合物复合材料：引入可降解聚合物，提高复合材料的韧性和力学强度，调控材料的降解行为和药物释放动力学。

（2）玻璃/陶瓷复合材料：引入磷酸钙陶瓷等，提高复合材料的生物活性和力学性能，实现力学性能与生物学功能的平衡。

（3）玻璃/因子复合材料：引入BMP、血管内皮生长因子（VEGF）等生长因子，赋予复合材料骨诱导、血管诱导等生物活性，加速骨再生修复过程。

生物活性玻璃功能化改性为其临床应用提供了新的思路和方法，使其在骨组织工程、药物载体、抗菌医疗器械等领域展现出更加广阔的应用前景。

未来生物活性玻璃的研究重点将集中在组成优化、结构调控、复合改性和功能拓展等方面，进一步提高其生物安全性、生物活性和临床转化能力，推动新一代骨修复与再生医学的发展。

第四节　生物医用材料的临床应用与发展前景

一、骨组织工程

骨组织工程是组织工程研究的重点领域之一，旨在利用生物医用材料、种子细胞和生物活性因子，构建类骨组织结构，修复和再生受损骨组织。骨组织工程的基本策略包括：以生物材料为支架，模拟天然细胞外基质的结构和功能；以种子细胞为骨再生的主体，分泌骨基质，重建骨组织；以生物活性因子为信号，诱导和调控细胞的增殖分化行为。

（一）骨组织工程支架材料

骨组织工程支架是构建类骨组织的三维载体，为种子细胞提供黏附、迁移和增殖的空间，引导新骨组织的再生与重塑。理想的骨组织工程支架应具备以下特征。

（1）生物相容性。支架材料应无毒无害，不引起炎症反应和免疫排斥，能与宿主骨组织实现良好整合。

（2）多孔互联结构。支架应具有高度互联的多孔网络结构，孔隙率达50%以上，孔径在100~500 μm范围内，利于细胞迁移、营养物质运输和组织向内生长。

（3）可降解性。支架应具有可控的降解速率，与新骨再生速度相匹配，降解产物无毒无害，可被机体代谢吸收。

（4）力学性能。支架应具有与宿主骨组织相近的力学强度和模量，维持骨缺损部位的结构稳定性，承受一定的机械载荷。

（5）表面特性。支架应具有适宜的化学组成、形貌结构和亲水性，利于细胞黏附、铺展和增殖。

常用的骨组织工程支架材料包括合成高分子材料、天然高分子材料、生物陶瓷材料和复合材料等。

合成高分子材料如聚乳酸（PLA）、聚羟基丁酸（PHB）等，具有优异的可塑性和可降解性，易于加工成型，但亲水性和细胞相容性较差。

天然高分子材料如胶原蛋白、壳聚糖、透明质酸等，具有良好的生物相容性和降解特性，但力学强度较低，难以维持三维结构。

生物陶瓷材料如羟基磷灰石（HA）、磷酸三钙（TCP）等，具有优异的骨传导性和生物活性，与骨组织亲和力强，但脆性大，难以加工成型。

复合材料通过将不同种类材料复合，取长补短，发挥协同增效作用，如聚合物/陶瓷复合材料兼具高分子材料的韧性和陶瓷材料的生物活性，成为骨组织工程支架的研究热点。

（二）种子细胞的来源与应用

种子细胞是构建骨组织工程的核心元素，具有自我更新和多向分化的能力，可在适宜的微环境中定向分化为成骨细胞，分泌骨基质，形成新生骨组织。常用的种子细胞包括骨髓间充质干细胞（BMSC）、脂肪来源间充质干细胞（ADSC）、骨膜来源间充质干细胞（PDSC）等。

BMSC是骨髓基质中的一类多能干细胞，具有高度增殖能力和成骨分化潜能，其被认为是骨组织工程的理想种子细胞。BMSC可通过骨髓穿刺获取，体外培养扩增后，接种于骨修复支架上，构建组织工程骨。大量动物实验和临床研究表明，BMSC复合支架移植可显著促进骨缺损愈合和骨组织再生。但BMSC提取创伤较大，可获得的细胞数量有限，体外扩增周期长，限制了其大规模临床应用。

ADSC来源于脂肪组织，具有类似BMSC的细胞形态和分化潜能，成骨活性与BMSC相当。ADSC可通过脂肪抽吸获得，组织来源丰富，提取创伤小，具有良好的临床应用前景。研究表明，ADSC复合支架移植可显著加速骨缺损修复过程，部分替代自体骨移植。

PDSC来源于骨膜组织，是一类具有成骨潜能的间充质干细胞，在体内参与骨折愈合和骨重建过程。PDSC提取方便、增殖活跃，可构建骨膜状复合移植物，用于骨缺损修复。动物实验表明，PDSC复合支架可促进骨缺损愈合，诱导新骨再生。

种子细胞在支架上的播种方式和密度对骨再生效果有重要影响。常用的细胞播种方法包括静态播种法、动态播种法和注射播种法等。

静态播种法是将细胞悬液直接滴加于支架上，利用细胞的自身黏附能力，实现细胞在支架上的贴壁生长，操作简单，但播种效率较低，细胞分布不均匀。

动态播种法是在生物反应器中进行细胞播种，利用灌流、旋转等动力学环境，促进细胞与支架的充分接触，提高细胞播种效率和均匀性。

注射播种法是将细胞悬液直接注射到支架内部，快速填充支架孔隙，提高局部细胞密度，加速细胞外基质的沉积和骨组织再生。

细胞播种密度是影响骨组织工程构建的另一关键因素。过低的播种密度难以形成有效的细胞—支架复合体，限制了细胞外基质的沉积和组织再生；过高的播种密度易导致支架内部细胞坏死，营养物质和代谢废物难以交换。

（三）生物活性因子的递送策略

生物活性因子是参与骨组织再生调控的关键信号分子，如骨形态发生蛋白（BMP）、血管内皮生长因子（VEGF）、转化生长因子－β（TGF－β）等，可诱导间充质干细胞的成骨分化，促进骨基质沉积和矿化，加速骨组织再生与重塑。但生物活性因子在体内容易降解失活，作用时间短，给药剂量大，存在一定的副作用风险。

为了提高生物活性因子的利用率和治疗效果，研究人员提出了多种因子递送策略，主要包括以下几种。

（1）物理吸附法。利用静电作用力、疏水作用力等，将因子分子直接吸附于支架表面，实现短时间、高浓度的因子释放，但易发生初始突释现象。

（2）共价偶联法。通过化学键合作用，将因子分子共价连接于支架表面或基质，实现长时间、缓慢的因子释放，但偶联过程易影响因子活性。

（3）包封包埋法。将因子分子包封于高分子微球、脂质体等载体内，再分散于支架基质中，实现可控的因子释放动力学，保护因子活性，但制备工艺复杂。

（4）基因转染法。利用病毒载体或非病毒载体，将编码因子的基因导入种子细胞，诱导细胞持续分泌因子，实现因子的原位释放，但转染效率和安全性有待提高。

生物活性因子的时空分布模式对骨再生效果有重要影响。骨形成过程是一个复杂的动态平衡，需要多种因子在特定时间、特定部位协同作用。单一因子的持续释放易导致骨形成和骨吸收失衡，产生异位骨化等并发症。因此，模拟生理状态下因子的时空梯度分布，实现多因子的协同递送，是骨组织工程领域的研究重点。

双层或多层支架可实现因子的分区递送，外层支架负载VEGF等促血管生成因子，内层支架负载BMP等促成骨因子，诱导血管内生化和成骨分化的顺序进行，加速骨组织再生。

复合载体系统可通过调控材料降解特性和因子—载体相互作用，实现因子的时序性或触发性释放。例如，BMP/明胶微球复合VEGF/聚乳酸支架，可实现VEGF的快速释放诱导早期血管化，BMP的缓释释放诱导后期成骨分化，协同促进骨再生。

骨组织工程支架、种子细胞和生物活性因子三者协同作用，相互影响，共同构建类骨组织，是骨组织再生的核心要素。

支架材料的组分、结构和表面特性影响着种子细胞的黏附、增殖和分化，以及因子的载带和释放。

种子细胞来源、密度和播种方式影响着细胞在支架上的分布和成骨分化效率。

生物活性因子的种类、剂量和递送方式影响着细胞的增殖分化和组织再生速率。

深入理解三者之间的相互作用机制，优化组合方案，构建类骨组织微环境，是推动骨组织工程临床转化应用的关键。

当前，骨组织工程支架由早期的单一材料向多组分复合材料发展，由简单实心结构向精细多孔结构发展，由被动载体向主动诱导支架发展，为种子细胞和因子提供了更加优化的微环境。

种子细胞由单一来源向多源组合发展，由简单静置播种向动态灌流培养发展，由随机接种向精准调控分布发展，显著提高了细胞成骨效率和支架结构稳定性。

生物活性因子由单因子递送向多因子协同递送发展，由随机包埋向可控释放发展，由被动释放向智能响应释放发展，实现了因子释放与组织再生进程的时空匹配。

骨组织工程产品已在骨缺损修复、骨整合界面构建、骨折延迟愈合等临床领域开展了广泛的转化应用，取得了良好的临床疗效。

同种异体骨修复支架InFuse® 由BMP–2蛋白与胶原蛋白海绵支架组成，可有效修复脊柱融合和开放性胫骨骨折等大段骨缺损，成为首个获美国食品药品管理局（FDA）批准的骨组织工程产品。

异种骨修复支架Osteograft® 由猪皮明胶海绵支架通过物理交联技术制备而成，具有良好的生物相容性和成骨诱导活性，可用于口腔种植体周围骨缺损的修复。

自体骨髓间充质干细胞（BMSC）复合β–磷酸三钙（β–TCP）支架的临床研究表明，BMSC/β–TCP复合支架移植可显著促进四肢长骨缺损、股骨头坏死等的骨再生修复，疗效与自体骨移植相当。

骨膜来源间充质干细胞（PDSC）复合胶原膜支架的临床研究表明，PMSC/胶原膜移植可有效修复牙槽骨缺损，诱导新骨再生，改善口腔种植体初期稳定性。

静态三维培养技术构建的组织工程骨在动物实验中表现出良好的成骨效果和血管化效果，有望替代自体骨移植，应用于大段骨缺损修复。

生物反应器动态培养技术可模拟体内力学环境，促进种子细胞增殖和分化，改善支架内部细胞分布和矿化沉积，提高组织工程骨的结构完整性和机械强度。

3D打印技术与骨组织工程的结合，实现了个体化骨修复支架的精准化制造，可根据患者CT图像数据，快速成型与骨缺损形态和大小高度匹配的多孔支架，实现骨组织缺损的精准修复。

智能响应性骨修复支架可对环境刺激（如pH、温度、磁场等）产生响应，实现药物或因子的按需释放，提高药物利用率和组织再生效果，在感染性骨缺损修复方面具有潜在应用前景。

（四）骨组织工程研究方向

总的来说，骨组织工程通过支架、细胞和因子三者的优化组合，为骨缺损的修复与再生提供了新的策略和方法。但其临床转化应用仍面临诸多挑战，如材料降解与组织再生的同步性、因子释放与生理需求的时空匹配性、种子细胞的质量控制与安全性等。未来，骨组织工程研究的重点方向包括以下几种。

（1）智能化骨修复材料的设计与构建。利用仿生学原理，设计具有多级结构、梯度组分、响应性释放等特性的智能化骨修复支架，模拟天然骨组织的结构与功能，实现材料—细胞—组织的动态协同，加速骨组织再生进程。

（2）个性化骨修复技术的优化与推广。结合医学影像学和3D打印技术，实现患者特异性骨缺损的精准化重建，制备与缺损区解剖形态和力学环境相匹配的个性化骨修复支架，提高骨缺损修复的精准性和有效性。

（3）多细胞组合的骨再生策略研究。探索不同种源、不同类型细胞的协同作用机制，优化多细胞组合方案（如成骨细胞与血管内皮细胞、软骨细胞等），构建多细胞共培养体系，促进血管化骨组织的再生。

（4）多因子递送体系的构建与优化。深入研究骨再生过程中多因子的时空表达规律，设计可实现因子分段释放、序贯释放或触发释放的多因子递送载体，模拟生理状态下的因子梯度分布，促进骨组织的成熟与重塑。

（5）骨组织工程产品的标准化与质量控制。建立骨组织工程产品的制备、评价、储存等标准规程，优化细胞培养基质的组成、种子细胞的扩增与鉴定、无菌性检测等关键工艺，提高骨组织工程产品的质量稳定性和安全性。

（6）骨组织工程临床转化研究。开展骨组织工程产品的临床前研究和临床试验，评估其有效性和安全性，优化手术技术和配套设备，完善不良反应监测和管理制度，为骨组织工程产品的审批上市奠定基础。

随着骨组织工程研究的不断深入和技术的日益成熟，其必将在骨缺损、骨不连、骨质疏松等骨科疾病的防治领域发挥越来越重要的作用，为患者提供更加安全、有效、个性化的骨再生治疗方案，提高患者的生存质量和社会经济效益。同时，骨组织工程研究也将为其他组织器官（如软骨、肌腱、神经等）的再生修复提供理论指导和技术支持，推动组织工程学科的整体发展。

二、心血管植入物

心血管疾病是威胁人类健康的主要疾病之一，严重影响患者的生存质量和生命预后。心血管植入物是治疗心血管疾病的重要手段，可用于替代或修复受损的心血管组织，恢复心血管功能。常见的心血管植入物包括人工心脏瓣膜、人工血管、冠状动脉支架等。这些植入物的性能和寿命很大程度上取决于材料的选择和设计。

（一）人工心脏瓣膜

人工心脏瓣膜是用于替代病变或损伤的天然心脏瓣膜的医疗器械，主要包括机械瓣和生物瓣两大类。机械瓣以金属或陶瓷材料为主体，具有强度高、耐久性好的特点，但存在形成血栓的风险，需要终身服用抗凝药物。生物瓣以猪瓣膜或牛心包经脱细胞处理制备而成，具有良好的生物相容性和血流动力学性能，但耐久性较差，容易发生钙化和结构退化。

1. 机械瓣材料

机械瓣主要由瓣座、瓣叶和缝线环三部分组成。瓣座和瓣叶需选择强度高、耐磨损、抗血栓的材料，如钛合金、钴铬合金、热解碳等。瓣座表面常采用氮化钛（TiN）等类金刚石薄膜涂层改性，提高耐磨性和抗血栓性。瓣叶与瓣座间的枢轴结构设计是影响机械瓣使用寿命的关键因素，通过优化枢轴间隙和表面粗糙度，可减少磨损，降低血栓形成风险。缝线环多采用有孔聚四氟乙烯或聚酯纤维编织而成，具有良好的柔韧性和组织相容性。

2. 生物瓣材料

生物瓣的制备过程包括组织获取、脱细胞处理、化学固定和抗钙化处理等步骤。脱细胞处理旨在去除供体组织中的细胞成分和抗原物质，减少免疫排斥反应。常用的脱细胞方法有物理法（如反复冻融、超声处理等）、化学法（如去垢剂、酶解等）和组合法。脱细胞效果的评价指标包括残留DNA含量、组织结构完整性和力学性能等。

化学固定主要采用戊二醛交联处理，提高生物瓣的稳定性和抗降解性，但戊二醛易引起组织钙化。为了降低钙化风险，常采用醇类、表面活性剂、螯合剂等进行抗钙化处理，延缓生物瓣的结构退化。同时，采用新型天然固定剂（如植物多酚、糖基化壳聚糖等）替代戊二醛，可获得抗钙化和促细胞迁入的双重效果。

（二）人工血管

人工血管是用于替代或修复病变血管的管状医疗器械，广泛应用于动脉瘤、动脉闭塞性疾病等的外科治疗。人工血管的主要材料包括合成高分子材料和天然组织工程材料两大类。合成材料如聚酯（PET）、聚四氟乙烯（PTFE）等，具有优异的力学性能和抗血栓性，是大口径人工血管的首选。天然材料如自体血管、异种脱细胞血管基质等，具有良好的生物相容性和再生潜力，主要用于细小口径血管的修复。

1. 合成人工血管

PET和PTFE是临床应用最广泛的合成人工血管材料。PET人工血管强度高、顺应性好，适用于胸主动脉、腹主动脉等的大口径血管置换。表面采用植绒处理，可诱导内皮细胞迁入，改善血管通畅率。PTFE人工血管具有优异的抗血栓性和耐腐蚀性，广泛应用于颈动脉、股浅动脉等中小口径血管置换。通过拉伸、膨化等工艺，可制备出多孔结构的膨体聚四氟乙烯（ePTFE）人工血管，促进组织细胞长入，提高长期通畅率。

合成人工血管的改性策略主要包括表面接枝抗凝分子（如肝素、磷酸胆碱等）、负载抗增殖药物（如雷帕霉素、紫杉醇等）、构建仿生溶胶涂层等，以改善血液相容性、抑制内膜增生和促进内皮化。对于感染风险高的人工血管植入术，可采用负载抗生素的药物涂层改性，预防术后感染的发生。

2. 组织工程血管

组织工程血管是利用组织工程原理，将种子细胞与天然基质材料复合，构建类血管组织，用于细小口径血管的修复与再生。种子细胞主要源于自体血管内皮细胞、血管平滑肌细胞和脂肪干细胞等，通过分离培养、接种构建组织工程血管。

天然基质材料可来源于异种动物（如猪、牛等）血管组织，经脱细胞处理制备而成，保留了天然血管基质的多级结构和生物活性成分，具有良好的细胞外基质微环境。也可利用可降解高分子材料（如聚羟基脂肪酸酯、胶原蛋白等）制备纤维支架，模拟血管的层状结构和力学性能。

体外构建的组织工程血管在动物移植实验中表现出良好的血液相容性和血管再生能力，有望替代自体血管移植，应用于冠状动脉旁路移植等临床领域。但其大规模应用仍面临诸多挑战，如种子细胞来源有限、体外培养周期长、移植后血管成熟度低等。采用生物反应器模拟体内血流环境，可促进种子细胞的增殖分化和血管重塑，提高组织工程血管的机械强度和抗血栓性能。

（三）冠状动脉支架

冠状动脉支架是用于治疗冠心病的微创介入器械，通过球囊扩张或自膨胀的方式将支架植入狭窄或闭塞的冠状动脉内，重建血管腔隙，恢复心肌灌注。按照材料种类可分为金属裸支架（BMS）和药物洗脱支架（DES）两大类。

1. 金属裸支架

早期的BMS主要采用不锈钢丝编织而成，存在回缩率高、柔顺性差等问题。后期发展的CoCr合金支架强度高、X射线可视性强，成为主流的BMS材料。表面电解抛光工艺可获得光滑致密的钝化膜，减少血栓形成风险。为了进一步提高支架的柔顺性和顺应性，研究人员开发了兼具形状记忆效应和超弹性的NiTi合金支架。NiTi合金支架可在37 °C体温下自动膨胀贴壁，减轻血管应激，降低再狭窄发生率。

BMS表面涂层改性是改善血液相容性、促进内皮化的重要策略。常用的抗血栓涂层材料包括磷脂类涂层、肝素类涂层、仿生蛋白涂层等。这些涂层通过模拟天然血管内皮的抗血栓机制，抑制血小板黏附聚集，防止早期血栓形成。同时，通过负载内皮化促进因子（如VEGF、NO供体等），可加速内皮细胞迁入，修复支架植入损伤，改善远期通畅率。

2. 药物洗脱支架

DES是在BMS基础上涂覆可控释放抗增殖药物的高分子涂层，抑制平滑肌细胞的过度增殖，防止新生内膜增生和再狭窄的发生。临床应用的DES药物主要包括紫杉醇、雷帕霉素及其衍生物，这些药物与高分子载体形成稳定的药物—高分子复合涂层，可控制药物缓释30~90天，有效抑制支架内再狭窄。

DES的药物涂层需要兼顾药物装载量、释放动力学和血液相容性等特性。可降解高分子如聚乳酸（PLA）、聚己内酯（PCL）等，具有可调的降解速率和机械性能，可实现药物分步释放，延长药物作用时间。不可降解的高分子如聚氨酯、磷酸胆碱等，具有优异的血液相容性和柔韧性，可获得均匀致密的涂层，降低药物突释风险。

DES虽然显著降低了支架内再狭窄率，但也带来了支架内血栓形成风险。延长双联抗血小板治疗时间可降低支架内血栓风险，但出血并发症风险增加。为了平衡抗增殖效应与血栓形成风险，研究人员开发了新一代可降解涂层DES，可通过药物涂层的完全降解，最终裸露无聚合物涂层的金属支架，降低血栓形成风险。同时，通过优化支架结构设计，采用超薄梁丝、开孔率高的支架平台，可获得更好的顺应性和内皮化效果。

总的来说，生物医用材料的设计和改性是发展高性能心血管植入物的关键。机械瓣需要开发高强度、高耐磨、抗血栓的新型材料，优化枢轴结构设计，延长使用寿命。生物瓣需要建立标准化的脱细胞工艺，开发新型天然交联剂，提高组织工程化程度。人工血管需要针对不同口径血管特点，优化材料选择和表面改性方案，同时推进组织工程血管的转化应用。冠脉支架需要开发可降解高分子涂层，精细化支架结构设计，防止支架内血栓形成。相信随着材料学、纳米技术、3D打印等领域的进步，新一代心血管植入物必将具有更优异的生物学性能和临床疗效，造福更多的心血管疾病患者。

三、药物控释系统

药物控释系统（drug delivery system，DDS）是将药物分子与载体材料相结合，实现药物在体内特定部位、按预定速率和时间释放的给药系统。与传统给药方式相比，DDS具有显著的优势：延长药物在体内滞留时间，维持稳定的治疗浓度；降低给药频次，提高患者依从性；实现药物的靶向递送，提高药效，降低毒副作用。DDS的性能主要取决于两个因素：一是药物分子本身的理化性质和药理活性；二是载体材料的组成、结构和功能。

（一）DDS载体材料的特点

载体材料是DDS的关键组成部分，其性质直接影响药物的装载、释放和代谢过程。理想的DDS载体材料应具备以下特点。

（1）生物相容性。材料应无毒无害，不引起炎症反应和免疫排斥，可被机体安全代谢或排出。

（2）可降解性。材料在体内可自发降解为小分子产物，避免蓄积毒性和二次手术移除风险。

（3）可加工性。材料应易于加工为特定形状和尺寸，满足不同给药途径和药物释放需求。

（4）载药能力。材料应具有足够的孔隙率和比表面积，提供高负载量和均匀分散的药物储库。

（5）释药性能。材料应能精确调控药物释放速率和时间，实现零级或预设模式的可控释放。

（二）常用DDS载体材料

常用的DDS载体材料可分为高分子材料、无机材料和脂质材料三大类。其中，高分子DDS载体材料种类多样，可设计性强，在药物缓控释领域应用最为广泛。

1. 高分子DDS载体材料

高分子DDS载体材料按照降解性可分为可降解和不可降解两类。可降解高分子在生理环境中可水解或酶解为小分子产物，实现药物的脉冲式或阶梯式释放。常见的可降解高分子包括聚乳酸（PLA）、聚羟基丁酸（PHB）、壳聚糖、明胶等。不可降解高分子在体内不发生降解，药物主要通过扩散机制缓慢释放，维持较长的治疗时间。常见的不可降解高分子，包括聚二甲基硅氧烷（PDMS）、聚丙烯酸酯类水凝胶等。

高分子DDS载体的制备方法主要有溶液成型法、乳化凝固法、喷雾干燥法等。溶液成型法是将药物分散于高分子溶液中，通过静电纺丝、凝胶浇注、溶剂挥发等方式，制备载药微球、膜材、支架等形式。乳化凝固法是将高分子溶液乳化分散于含表面活性剂的水相中，再通过溶剂抽提或界面聚合，形成载药微球。喷雾干燥法是将药物/高分子溶液雾化为细小液滴，再经溶剂快速蒸发制备载药微球。

高分子DDS载体的药物释放机制主要包括扩散控制、溶蚀控制和化学控制三种。扩散控制是指药物分子通过载体材料内部扩散至表面，再经过溶解进入体液环境。材料的孔隙率、孔径和比表面积是影响扩散速率的关键因素。溶蚀控制是指高分子载体吸水溶胀或体积溶解，使药物快速释放。材料的溶胀度、降解速率和溶解度是影响溶蚀过程的关键因素。化学控制是指药物分子与高分子载体形成化学键合，在体内酶或化学试剂的作用下断裂，实现定点释放。

2.无机DDS载体材料

无机DDS载体材料具有良好的物化稳定性和生物惰性，可实现药物的长效缓释。常见的无机DDS载体材料，包括二氧化硅、氧化铝、磷酸钙等。介孔二氧化硅因其规则的孔道结构、高比表面积和可调的孔径，成为理想的药物储库和释放模板。通过表面修饰亲/疏水基团，可进一步调控药物的吸附释放行为。

无机DDS载体的制备方法主要有溶胶—凝胶法、水热合成法等。溶胶—凝胶法是将硅烷偶联剂在碱性条件下水解缩聚，再经干燥、焙烧制得介孔氧化硅微球。药物分子可通过物理吸附或化学键合负载于介孔内壁。水热合成法是使无机盐前驱体在高温高压条件下结晶成核，再经离心洗涤、干燥制得药物/无机颗粒复合物。

无机DDS载体的药物释放以扩散机制为主，释放速率主要取决于载体的孔结构参数。通过调节硅源种类、模板剂类型等，可制备出不同孔径、孔容和比表面积的介孔氧化硅，实现药物释放动力学的调控。此外，介孔表面修饰pH敏感性分子（如叔胺基团）、温度敏感性分子[如聚*N*-异丙基丙烯酰胺（PNIPAM）]等，可实现药物的智能响应释放。

3.脂质DDS载体材料

脂质DDS载体材料利用两亲分子自组装形成囊泡结构，将亲水性药物包封于内核，疏水性药物嵌入囊泡膜，能实现药物的可控释放。常见的脂质DDS载体材料包括脂质体、固体脂质纳米粒（SLN）、纳米脂质载体（NLC）等。脂质体由磷脂分子形成双分子层结构，可同时装载亲/疏水性药物，是最早应用于临床的纳米给药系统。SLN和NLC是由固态脂质分散于水相形成的纳米乳剂，药物分子可溶解或分散于脂质基质中。

脂质DDS载体的制备方法主要有薄膜分散法、溶剂置换法、高压均质法等。薄膜分散法是将脂质溶于有机溶剂中，旋转蒸发形成脂质薄膜，再经水化分散制得脂质体。溶剂置换法是将药物/脂质溶于注射用油相中，再缓慢注入表面活性剂水溶液中，经溶剂扩散置换形成SLN。高压均质法是将熔融态脂质与药物共融，再经高速剪切均质分散于冷却水相中，制得NLC。

脂质DDS载体的药物释放机制主要为扩散控制，释放速率主要取决于脂质的相态结构。SLN具有结晶度高、结构致密等特点，药物分子扩散受阻，表现为缓释特性。NLC由液态油相和固态脂质复合而成，基质结构疏松，表现为速释—缓释双重特性。此外，脂质体表面修饰抗体分子，可实现药物的主动靶向释放；包封pH敏感性离子对（如麻醉剂）可赋予脂质体内酸触发释放的特性。

DDS载体材料的表面修饰是提高药物递送效率、降低毒副作用的重要策略。常用的表面修饰方法包括PEG化、肽/蛋白偶联、嵌段共聚等。PEG修饰可形成空间位阻层，减少载体的网状内皮系统摄取，延长体内循环时间。肽/蛋白偶联可赋予载体特异性识别能力，实现药物的主动靶向递送。嵌段共聚物修饰可构建多功能载体，集成长循环、靶向递送和响应释放等多重特性。

总的来说，DDS载体材料的设计和构建是实现药物可控释放、提高治疗效果的关键。高分子、无机和脂质材料各具特色，可根据药物性质和治疗需求进行选择和优化。高分子材料种类多样、可设计性强，在口服缓控释制剂和局部给药系统方面应用广泛。无机材料具有良好的生物惰性和物化稳定性，在骨修复和诊疗一体化方面具有独特优势。脂质材料利用自组装技术构建纳米给药系统，在肿瘤和基因治疗领域发展迅速。此外，通过表面修饰和复合改性，可进一步提高DDS载体的靶向性、长循环性和响应释放性能，开发出智能化、个性化的新型给药系统。

（三）DDS的发展趋势

纵观DDS领域的研究进展，其未来的发展趋势主要体现在以下几个方面。

（1）纳米给药系统。纳米DDS可延长药物在体内滞留时间，增强穿透性和聚集性，改善药物的生物利用度和治疗指数。纳米材料的表面修饰、尺寸和形貌调控、多级结构构建等，进一步提高纳米DDS的靶向性和智能性，实现精准给药和可视化监控。

（2）多功能复合DDS。将诊断和治疗功能集于一体的多功能DDS，可实现疾病的早期诊断和精准治疗。纳米探针、响应释放载体、诊疗一体化制剂等新型DDS将不断涌现，为重大疾病的防治开辟新的途径。

（3）生物响应性DDS。利用酶敏感、pH敏感、温度敏感等内/外源性刺激响应材料构建智能DDS，可精确控制药物在特定时间、特定部位释放，提高药物利用率，降低毒副作用。

（4）基因和蛋白药物递送。核酸类和蛋白多肽类药物在体内易降解、渗透性差，开发新型递送载体是其临床应用的关键。非病毒载体、穿膜肽、仿生矿化载体等为基因和蛋白药物递送提供了新的思路和方法。

（5）个性化DDS。针对患者的年龄、性别、遗传背景等个体差异，开发个性化DDS制剂，实现药物剂量和给药方案的优化，提高疗效，降低不良反应发生率。3D打印技术、高通量筛选技术等将加速个性化DDS的发展和应用。

DDS作为现代药学和材料学交叉融合的新兴领域，不断吸收生物学、纳米科技、智能制造等学科的新理论和新方法，必将从单一的“载药工具”发展为集诊断、治疗、监测等多功能于一体的“智能药械”，为疾病防治带来革命性变革。相信在不远的将来，DDS必将在精准治疗重大疾病的过程中发挥不可替代的作用，造福人类。

第五章　光电材料

第一节　光电转换原理与光电材料分类

一、光伏效应

光伏效应是指在光照条件下，某些材料可以直接将光能转化为电能的物理现象。这一效应的发现为人类利用太阳能提供了一条全新的途径，成为解决能源危机和环境污染问题的重要手段之一。自1839年法国物理学家贝克勒尔（Becquerel）首次在实验中观察到光伏效应以来，经过180多年的发展，光伏技术已经取得了长足的进步，光伏材料和器件的光电转换效率不断提高，应用领域日益拓展。

（一）光伏效应的基本原理

光伏效应是基于光生伏特效应和光生载流子效应两个基本过程。当具有合适禁带宽度的半导体材料吸收光子能量时，价带中的电子会被激发跃迁至导带，在价带中留下空穴，形成电子—空穴对。在半导体内建电场或外加电场的作用下，光生电子和空穴被分离并向相反方向移动，在外电路中形成光电流，从而实现光能到电能的直接转换。

半导体材料的禁带宽度是决定其光伏性能的关键参数。禁带宽度过大，则光子难以激发电子跃迁，光吸收效率低；禁带宽度过小，则光生载流子容易复合，开路电压低。硅的禁带宽度约为1.1eV，与太阳光谱的主要波段相匹配，是目前应用最广泛的光伏材料。

除禁带宽度外，载流子浓度、迁移率、寿命等也是影响光伏材料性能的重要因素。高的载流子浓度有利于提高短路电流密度，高的迁移率有利于降低载流子复合概率，长的载流子寿命有利于扩大耗尽区宽度，提高载流子收集效率。通过掺杂、表面钝化等方法，可以调控半导体材料的电学性质，优化其光伏性能。

（二）光伏电池的结构与工作原理

光伏电池是实现光伏效应的基本器件，由光伏材料制备而成。最简单的光伏电池结构为pn结，由p型和n型半导体材料构成。p型半导体中空穴为多数载流子，n型半导体中电子为多数载流子。在pn结界面处，p区空穴和n区电子相互扩散复合，形成耗尽层，在耗尽层内建立内建电场。

当光照在pn结上时，p区和n区分别吸收光子，激发形成电子—空穴对。在内建电场的作用下，p区光生电子向n区漂移，n区光生空穴向p区漂移，形成光生电流。同时，p区多子空穴和n区多子电子在浓度梯度的作用下扩散，形成扩散电流，其方向与光生电流相反。光照下，光伏电池的输出电流为光生电流和扩散电流的矢量和。

1.提高光伏电池的输出功率的策略

为了提高光伏电池的输出功率，需要增大光生电流，减小扩散电流。常用的优化策略包括以下几种。

（1）减小p区和n区的掺杂浓度，拓宽耗尽区，增强内建电场，提高载流子收集效率。

（2）在pn结表面制备减反射膜，提高入射光的吸收比例。

（3）在电池背面制备高反射率的金属电极，增加长波光子的吸收路径。

（4）优化电极材料和制备工艺，降低欧姆接触电阻，减小功率损耗。

光伏电池的输出特性可用I—V曲线表征。理想光伏电池的I—V曲线可表示为：

$$I = I_L - I_0[\exp(qV/nkT) - 1]$$

式中：I为输出电流，I_L为光生电流，I_0为反向饱和电流，q为电子电荷，V为输出电压，n为理想因子，k为玻尔兹曼常数，T为绝对温度。

在开路状态下（I=0），光伏电池的输出电压达到最大值，称为开路电压；在短路状态下（V=0），光伏电池的输出电流达到最大值，称为短路电流ISC。光伏电池的输出功率$P=IV$，在I—V曲线上存在一个最大功率点（P_m），对应的电流和电压分别称为最大功率点电流I_m和最大功率点电压V_m。

光伏电池的光电转换效率η定义为最大输出功率与入射光功率P_{in}的比值为：

$$\eta = P_m / P_{in} = I_m V_m / P_{in}$$

2.影响光电转换效率的因素

光电转换效率是评价光伏电池性能的最重要指标，反映了光伏电池将光能转化为电能的能力。影响光电转换效率的因素主要有以下几点。

（1）光伏材料的禁带宽度与太阳光谱的匹配程度。

（2）光伏材料的吸收系数与厚度的匹配程度。

（3）载流子复合概率，包括体复合、表面复合和界面复合等。

（4）欧姆接触和串联电阻带来的功率损耗。

（5）温度升高导致的开路电压下降和反向饱和电流增大等。

（三）硅基光伏电池

硅是目前应用最广泛的光伏材料，占全球光伏市场份额的90%以上。硅基光伏电池按照晶体结构可分为单晶硅电池、多晶硅电池和非晶硅电池三种类型。

单晶硅电池采用高纯度单晶硅片制备而成，具有晶格完整、缺陷密度低、少子寿命长等优点，光电转换效率可达25%以上。但单晶硅生长周期长、能耗高、成本高，限制了其大规模应用。

多晶硅电池采用铸锭法制备的多晶硅片，晶粒尺寸在毫米至厘米量级。多晶硅的生长速度快、能耗低、成本低，但晶界缺陷多，载流子复合严重，光电转换效率低于单晶硅电池。

非晶硅电池采用PECVD法在衬底上沉积非晶硅薄膜，具有光吸收系数高、可制备大面积、可柔性化的特点。但非晶硅的原子排列无序，悬挂键缺陷密度高，少子寿命极短，光电转换效率通常在10%以下。

为了进一步提高硅基光伏电池的性能，研究人员开发了多种新型电池结构和制备技术，主要包括以下几种。

（1）背接触电池（IBC）。将pn结和金属电极制备在电池背面，正面无电极遮挡，提高入射光吸收效率，且背面结构有利于优化载流子传输路径，降低复合损耗。

（2）异质结电池（HIT）。在单晶硅片两侧沉积本征非晶硅薄膜，形成p-i-n结构。非晶硅层可有效钝化硅片表面，抑制载流子复合，且具有更宽的光谱响应范围，可提高电池的短路电流。

（3）发射极和背面钝化电池（PERC）和钝化发射极背部局域扩散电池（PERL）。在电池背面引入钝化层和局域金属接触，减小背面复合速率，提高长波光子的吸收概率。PERC电池采用Al_2O_3钝化层，PERL电池采用硼扩散与热氧化形成的p+层作为背场。

（4）隧穿氧化钝化太阳能电池（TOPCON）。在电池正面制备超薄的SiO_2钝化层和多晶硅接触层，结合背面钝化和局域接触技术，可获得超过25%的光电转换效率。

除了硅基材料外，第三代光伏材料如钙钛矿、有机光伏材料、量子点等也受到广泛关注。这些新型光伏材料具有禁带宽度可调、光吸收系数高、制备工艺简单等优点，有望突破硅基光伏电池的效率瓶颈，大幅降低光伏发电成本。

（四）光伏系统的组成与应用

光伏电池是光伏系统的核心部件，但单个光伏电池的输出功率很小，需要串并联成组件和阵列，配合功率调节电路、蓄电装置和逆变装置等，构成完整的光伏发电系统。

光伏组件是将多个电池片封装于玻璃和EVA胶膜之间形成的封装单元。其具有一定的机械强度和环境适应性。光伏组件可根据负载需求串联或并联，形成不同功率、电压等级的光伏阵列。

功率调节电路主要包括最大功率点跟踪（MPPT）控制器和升降压变换器。MPPT控制器可根据光照强度和温度变化，自动调节光伏阵列的工作点，使其始终工作在最大功率输出状态。升降压变换器可将光伏阵列的输出电压转换为负载所需的电压等级。

蓄电装置可在光照不足时提供电能，维持负载的持续供电。铅酸电池、锂离子电池是常用的光伏蓄电装置。

逆变装置可将直流电转换为交流电，满足交流负载的用电需求，并可实现并网发电。

光伏发电系统按照应用场景可分为独立供电系统、并网发电系统和分布式发电系统等。

独立供电系统主要应用于电网难以覆盖的偏远地区，如海岛、山区、森林等，由光伏阵列、蓄电池和控制器等组成，自给自足，保障基本用电需求。

并网发电系统并入电网运行，白天将富余电量输送至电网，夜间从电网购电，可有效平滑光伏发电的间歇性和波动性。

分布式发电系统将光伏阵列布置在建筑物屋顶或墙面，就地发电、就地消纳，减少电能在输配电环节的损耗。

光伏发电不仅可以提供清洁、安全、可再生的电力资源，促进能源结构调整和节能减排，而且可以推动光伏产业链的发展，创造就业岗位，具有显著的经济和社会效益。未来，随着光伏材料和器件性能的不断提升，制造成本的持续下降，光伏发电有望成为主力电源之一，在全球能源转型中发挥越发重要的作用。

二、光电导效应

光电导效应是指在光照条件下，某些材料的电导率会发生明显变化的物理现象。当材料吸收光子能量时，价带中的部分电子会被激发跃迁至导带，导带中自由电子浓度增加，材料的电导率升高。光电导效应广泛应用于光电探测、光开关、光存储等领域，是光电功能材料研究的重要方向之一。

（一）光电导效应的基本原理

光电导效应的产生机制可以用能带理论解释。在半导体材料中，价带和导带之间存在一个禁带，禁带宽度决定了材料吸收光子的最低能量。当入射光子能量大于禁带宽度时，价带中的电子吸收光子能量后跃迁至导带，在价带中留下空穴，形成光生电子—空穴对。光生载流子在电场力作用下定向移动，形成光电流，使材料的电导率增大。

影响光电导效应的因素主要有以下几个方面。

（1）材料的禁带宽度。禁带宽度决定了材料对不同波长光子的响应范围。禁带宽度越窄，材料对长波光子的响应越灵敏；禁带宽度越宽，材料对短波光子的响应越灵敏。硫化镉（CdS）、硒化镉（CdSe）等Ⅱ～Ⅵ族化合物半导体禁带宽度在1.4～2.4 eV，对可见—近红外光敏感，是常用的光电导材料。

（2）光生载流子寿命。光生电子和空穴在复合之前保持自由状态的时间称为光生载流子寿命，决定了光电流的持续时间。载流子寿命越长，光电流衰减越慢，光响应速度越慢。CdS等多晶薄膜材料中晶界、缺陷密度高，载流子复合严重，寿命较短，光响应速度快但灵敏度低。单晶材料缺陷少，载流子寿命长，光响应慢但灵敏度高。

（3）光照强度和波长。入射光强度越大，光生载流子浓度越高，光电流越大。入射光波长与材料禁带宽度匹配程度越高，光吸收效率越高，光电流越大。过高的光照强度会引起载流子复合加剧，光电流趋于饱和。

（4）材料的掺杂类型和浓度。合适的掺杂可以调控材料的导电类型和载流子浓度，改善光电性能。CdS等光电导材料通常采用Cu、Cl等受主杂质掺杂，形成p型层，提高空穴浓度，减小暗电阻，提高光暗电流比。过高的掺杂浓度会引入复合中心，降低载流子寿命和迁移率。

（5）材料的微观结构。多晶材料晶粒尺寸、晶界密度、择优取向等微观结构特征对光电性能有重要影响。晶粒尺寸越大，晶界越小，载流子散射和复合越弱，光电流越大。沿某些优势晶面生长的择优取向薄膜，具有更高的载流子迁移率和光响应度。CdS薄膜常采用化学水浴法、真空蒸发法、溅射法等方法制备，通过调控工艺参数，获得大晶粒、择优取向的致密薄膜。

（二）光电导材料的分类与性能

光电导材料按照导电机制可分为本征光电导材料和外因光电导材料两大类。本征光电导材料主要包括某些半导体和绝缘体，其光电导增加来源于本征激发载流子。外因光电导材料主要包括光敏染料、有机共轭聚合物等，其光电导增加来源于光致电荷转移复合物或自由载流子。

1. 无机光电导材料

无机光电导材料主要包括硫属、硒属、碲属等化合物半导体，如CdS、CdSe、PbS、PbSe、Sb_2S_3、Bi_2S_3等，以及非晶硅、氧化锌等。

CdS是最早发现和应用的光电导材料之一，禁带宽度约2.4 eV，对400~500 nm波段可见光敏感。CdS薄膜的光响应度可达10^3~10^4 A/W，响应时间为微秒量级，主要应用于光电探测器、太阳能电池窗口层等。Cu掺杂可提高CdS光电性能，制备Cu：CdS光导开关，光电流开关比可达10^5以上。

PbS和PbSe属于铅盐半导体，禁带宽度小（0.37~0.27 eV），对近红外光敏感，室温下光响应度可达10^4以上，响应时间为微秒至毫秒量级。铅盐光电导材料易受环境因素影响，需要真空封装，主要应用于红外探测、夜视成像等领域。

非晶硅因其优异的光吸收性能和可大面积、低成本制备的特点，在光电导领域得到广泛应用。非晶硅薄膜的光电导率可提高1~2个数量级，光响应时间为微秒量级，光谱响应范围覆盖紫外—近红外区，主要应用于光电探测器、薄膜太阳能电池等。

2. 有机光电导材料

有机光电导材料主要包括有机小分子化合物和有机聚合物两类。有机小分子化合物如酞菁、卟啉、席夫碱等，具有共轭大π键结构，载流子迁移率高，可通过分子设计调控光电性能。有机聚合物如聚苯撑乙烯、聚噻吩、聚吡咯等，具有良好的成膜性和力学性能，可实现柔性光电器件。

酞菁化合物是一类典型的有机光电导材料，中心金属离子可调，光谱吸收范围宽，载流子迁移率高达1 cm^2/V·s。酞菁薄膜对600~800 nm红光敏感，光电导率提高2~3个数量级，响应时间为纳秒量级，可用于高速光开关、光存储等。

聚合物光电导材料通常采用主客体掺杂体系，将富电子给体聚合物和缺电子受体分子共混，形成电荷转移复合物。在光照下，给体向受体转移电子形成自由载流子，提高聚合物的电导率。聚（3-己基噻吩）（P3HT）是常用的给体聚合物，C60、PCBM等富勒烯衍生物是常用的受体分子，两者共混形成体异质结，可用于聚合物太阳能电池活性层。

3. 复合光电导材料

复合光电导材料是由两种或多种材料复合形成的异质结构，利用界面处的能带匹配和载流子转移效应，实现光电性能的协同增强。常见的复合光电导材料体系包括半导体/半导体复合材料、半导体/金属复合材料、半导体/聚合物复合材料等。

半导体量子点是一类具有尺寸效应的纳米复合光电导材料。当半导体颗粒尺寸减小到纳米量级时，电子能级发生量子化，禁带宽度增大，光学性质发生显著变化。氧化钛纳米管阵列/CdSe量子点复合材料可拓宽光谱响应范围，提高光生载流子分离效率，光响应度可达10^4 A/W以上。

近年来，二维过渡金属硫属化合物（TMD）与石墨烯复合成为光电导领域的研究热点。TMD材料如MoS_2、WS_2等具有原子级厚度、高载流子迁移率和强光吸收等特性，与石墨烯复合可形成范德瓦尔斯异质结，促进光生电荷转移和分离，大幅提高光响应度和响应速度。MoS_2/石墨烯光电导探测器的光响应度可达10^7 A/W，频率带宽可达1 GHz以上。

（三）光电导材料的制备方法

光电导材料的性能与其微观结构密切相关，而微观结构又依赖于材料的制备方法和工艺参数。常用的光电导材料制备方法主要有以下几种。

1.化学水浴沉积法

化学水浴沉积法是在含有金属盐、硫源、络合剂等前驱体的溶液中，通过基底浸渍析出的方式制备硫化物、硒化物薄膜。该方法工艺简单、设备要求低、适合大面积制备，易于掺杂改性，但薄膜结晶质量和均匀性较差。CdS、PbS、Sb_2S_3等薄膜常采用化学水浴法制备。

2.真空蒸发法

真空蒸发法是在高真空室中，通过加热蒸发源材料，在基底上沉积薄膜的方法。该方法可获得高纯度、高结晶质量的薄膜，厚度可控，但沉积速率低，不易掺杂。CdSe、PbSe、Te等Ⅱ~Ⅵ族半导体薄膜常采用真空蒸发法制备。

3.磁控溅射法

磁控溅射法是在真空室中，通过等离子体轰击溅射靶材，在基底上沉积薄膜的方法。该方法可实现大面积、高速沉积，薄膜致密性好，易于掺杂，但设备昂贵。ZnO、ITO等金属氧化物薄膜常采用磁控溅射法制备。

4.溶液旋涂法

溶液旋涂法是将含有前驱体的溶液滴加在旋转基底上，通过旋涂成膜的方法。该方法操作简单、成本低廉，可制备大面积、柔性薄膜，但薄膜结晶质量和均匀性较差。聚合物、钙钛矿等有机—无机杂化光电导材料常采用溶液旋涂法制备。

5.化学气相沉积法

化学气相沉积法是在反应室中，通入含有前驱体的气体，在基底上发生化学反应沉积薄膜的方法。该方法可原位生长高质量薄膜，组分可控，但设备复杂，成本较高。非晶硅、过渡金属硫属化合物等薄膜常采用化学气相沉积法制备。

总之，光电导效应是一种重要的光电转换机制，在光电探测、光开关、光存储等领域有广泛应用。无机半导体化合物、有机共轭分子/聚合物、纳米复合结构等是常见的光电导材料体系，其光电性能取决于禁带宽度、载流子寿命、微观结构等因素。化学水浴法、真空蒸发法、溶液法等是制备光电导薄膜的常用方法，可通过优化工艺获得高结晶质量、高光电响应的功能薄膜。深入理解光电导材料的构效关系，发展新型光电导材料与器件，对信息、能源、环境等领域的技术进步具有重要意义。

三、发光与探测材料

发光与探测材料是光电功能材料的重要分支，涉及光电转换过程中的光发射和光检测两个基本环节。发光材料在电场、光场等外场的激励下可产生光辐射，将电能、光能等转化为光能。探测材料在光照条件下可产生光电流或光电压输出，将光信号转换为电信号。发光与探测材料的研究对显示照明、光通信、光探测等领域具有重要意义。

（一）无机发光材料

无机发光材料主要包括荧光粉、半导体发光材料（LED）等。荧光粉是一类通过稀土或过渡族元素掺杂激活的无机材料，在紫外光、电子束、X射线等的激发下产生可见光发射。荧光粉材料中，基质材料决定了发光中心离子的基态和激发态能级位置，从而影响发射光谱；激活离子的种类和浓度决定了发射光的颜色和效率。常见的荧光粉基质有硫化物（如ZnS、CaS）、氧化物（如Y_2O_3、Gd_2O_3）、氟化物（如CaF_2、SrF_2）等；常见的激活离子有Eu^{2+}、Eu^{3+}、Ce^{3+}、Tb^{3+}、Mn^{2+}等。荧光粉可用于白光LED、阴极射线管、X射线成像屏等。

半导体发光材料是利用pn结注入电致发光的Ⅲ～Ⅴ族或Ⅱ～Ⅵ族化合物半导体，如GaAs、GaN、ZnO、CdS等。当pn结在正向偏压下，电子和空穴在界面处复合发光，发光波长取决于材料的禁带宽度。半导体发光材料具有效率高、亮度高、响应快、寿命长等优点，广泛应用于LED照明、显示、指示等领域。针对不同波段发光需求，可通过调控材料组分实现宽谱发射。如AlGaInP材料可覆盖红橙黄绿光谱区，InGaN材料可实现蓝绿光乃至近紫外发射，AlGaN材料可延伸至深紫外区。引入量子阱、量子点等低维结构，可进一步提升发光效率和色纯度。

（二）有机发光材料

有机发光材料是一类以有机分子或聚合物为发光体的新型光电功能材料。有机分子中，共轭链上的π电子在电场作用下发生跃迁，释放能量产生荧光或磷光。有机发光材料具有色彩丰富、柔性好、成本低等特点，在平板显示、固态照明等领域崭露头角。有机发光材料可分为有机小分子发光材料和聚合物发光材料两大类。

有机小分子发光材料主要包括芳香胺类、芳基氮杂环类等电子给体材料和金属配合物、氧杂环类等电子受体材料。给体材料中的TPD、NPB等可用作空穴传输层；受体材料中的Alq3、PBD等可用作电子传输和发光层。有机小分子材料易于提纯合成，可通过真空蒸镀，制备纯度高、均匀性好的薄膜。但其玻璃化转变温度较低，器件稳定性有待提高。

聚合物发光材料主要包括聚芴类、聚噻吩类、聚对亚苯乙烯类等共轭聚合物。聚合物发光材料具有良好的成膜性和机械柔韧性，可采用溶液旋涂、喷墨打印等湿法工艺制备大面积、柔性薄膜。聚芴衍生物是最早商业化的聚合物发光材料，发射波长可调，效率高、寿命长，在高分子发光二极管（PLED）和柔性有机发光二极管（FOLED）中得到广泛应用。主链型聚合物存在载流子迁移率低、相分离程度高等问题，侧链型聚合物引入烷基取代基，可改善溶解性和成膜性。聚合物发光材料通常需要掺杂电子受体，构建给体—受体体系，促进激子形成和辐射复合。

（三）光电探测材料

光电探测材料是一类在光照下产生光电转换效应（光电导、光生伏特、光致发光等），可将光信号转换为电信号的功能材料。光电探测材料按照光电转换机制可分为光电导型、光伏型、光致发光型等；按照材料组成可分为无机光电探测材料和有机光电探测材料。

无机光电导型探测材料主要包括CdS、PbS等窄禁带半导体和非晶硅等非晶态半导体薄膜。这类材料在光照下电导率显著升高，可用作光敏电阻、光控开关等。Si、InGaAs、HgCdTe等是常用的光伏型探测材料，制备成p-n或p-i-n结构，在光照下产生光生伏特效应，输出与入射光强度成正比的光电流。光伏型探测器具有灵敏度高、响应快、谱响应宽等特点，广泛应用于光通信、红外遥感、军事侦察等领域。

有机光电探测材料主要有卟啉、酞菁、C60、并五苯等小分子材料和聚噻吩、聚吲哚等聚合物材料。有机小分子材料具有吸收系数高、载流子迁移率高的特点，可通过真空蒸镀制备高性能器件。聚合物材料则具有价格低、质量轻、加工性好的优势，主要采用溶液法制备。近年来，以PEDOT：PSS为代表的有机电极材料、以PCBM为代表的富勒烯衍生物受体材料的开发，推动了全有机光电探测器的发展。有机光电探测器在可见—近红外波段表现出优异的性能，在生物传感、X射线成像等新兴领域展现出巨大潜力。

（四）发光与探测材料的复合与集成

复合发光材料是将两种或多种发光材料复合，利用能量传递、电荷转移等相互作用，实现发光性能的协同增强。无机发光材料与有机发光材料复合可兼具高效率和宽色域的特点，常见的复合体系有：①荧光粉/有机小分子复合发光层，如YAG：Ce/NPB复合白光材料；②量子点/聚合物复合发光层，如CdSe/ZnS/聚芴复合材料；③钙钛矿/有机小分子复合发光层，如$CH_3NH_3PbBr_3$/Alq3复合材料等。复合探测材料通过不同光电转换机制材料的复合，实现光谱响应范围的拓宽和探测灵敏度的提升。如有机/无机复合探测器可利用无机材料的高迁移率和有机材料的强吸收实现高速、高灵敏度探测。

光发射与光探测功能的集成是光电子学的发展趋势。微型化、集成化、多功能化的光电子器件不仅可提高系统的信息处理能力，而且可简化工艺、节约成本。发光二极管、激光二极管等发射器件与光电探测器的单片集成，可实现光发射、耦合、探测、放大等多功能，在光纤通信、光互连等领域得到应用。硅基集成电路与Ⅲ～Ⅴ族化合物光电子器件的异质集成，有望突破硅基光电子器件的性能瓶颈，是硅光电子学的重要发展方向。

（五）发光与探测材料的应用

发光与探测材料的应用领域十分广泛，涵盖信息、能源、医疗、环境等众多领域。发光材料在照明与显示领域的应用最为广泛。白光LED利用蓝光芯片激发荧光粉、量子点等材料实现白光发射，具有效率高、寿命长、环保等优点，正在逐步取代传统照明光源。有机发光二极管（OLED）显示技术以自发光、视角宽、色彩丰富、对比度高等优势，在手机、电视、穿戴设备等消费电子产品中得到快速推广。发光材料在光通信、生物成像等领域也有重要应用，如稀土掺杂光纤放大器核心部件，上转换发光材料用于背景噪声小的生物标记等。

光电探测材料是光电成像、光通信、环境监测等领域的核心材料。光电成像领域，硅基CMOS图像传感器、红外焦平面探测器阵列是数码相机、红外热成像仪的核心部件。X射线平板探测器利用无机或有机光电导材料实现数字化X射线成像，在医疗诊断、无损检测等领域得到广泛应用。光纤通信领域，InGaAs PIN光电二极管、雪崩光电二极管（APD）是光纤通信系统的关键器件，实现高速、远距离信号传输。在环境监测与分析领域，气体传感器利用SnO_2、ZnO等金属氧化物半导体的光学特性变化检测气体成分，在工业生产、环境保护、公共安全等领域发挥重要作用。

发光与探测材料技术的进步推动了光电子产业的跨越式发展。当前，新型发光与探测材料的研究与应用呈现出以下趋势：①纳米化。纳米发光材料，如量子点、钙钛矿纳米晶等，具有发光效率高、色纯度高、光谱可调等优点，有望突破传统发光材料的性能极限。②柔性化。柔性基板与新型发光材料、电极材料的结合，推动了柔性显示、可穿戴光电子器件的兴起。③多功能化。发光材料与光伏材料、储能材料等的复合促进了自供电发光器件、发光储能一体化器件的发展。④生物友好化。研发具有生物相容性、可降解性的发光材料，拓展光电子器件在生物医学领域的应用。

展望未来，发光与探测材料仍存在巨大的研究空间和应用潜力。纵向上，不断开发新型发光材料，突破现有器件的性能瓶颈；横向上，促进发光、探测、显示、照明等技术的融合创新。发光与探测材料必将在新一代信息技术、绿色照明、智慧医疗等领域发挥更大的作用，推动人类社会的进步。

第二节　半导体材料的制备与性能

一、硅半导体材料

硅是目前应用最广泛的半导体材料，在集成电路、光伏电池、传感器等领域占据主导地位。硅元素在地壳中含量丰富、提纯工艺成熟、电学性质优异，且在氧化环境中易形成稳定的钝化层，是制备高性能半导体器件的理想材料。

硅是间接带隙半导体，禁带宽度随温度变化。在室温下（300 K），硅的禁带宽度约为1.12 eV，对应光子波长1.11 μm，属于红外吸收材料。硅的本征载流子浓度较低，约为1.5×10^{10}个/cm^3，电阻率高达$2.3 \times 10^5\ \Omega \cdot cm$。掺杂是调控硅电学性质的主要手段，通过向硅中引入施主杂质（如磷、砷等）或受主杂质（如硼、铝等），可使其呈现n型或p型导电特性。适度的杂质掺杂可显著提高载流子浓度和电导率，但过量掺杂会引入杂质能级，增大载流子散射，降低迁移率。

（一）单晶硅的制备

单晶硅是指晶格取向一致、无晶界的硅材料，是制备高性能半导体器件的基本材料。工业生产单晶硅主要采用直拉法（CZ法）和悬浮区域熔化法（FZ法）。

直拉法是将多晶硅原料熔化后，以籽晶为种子，通过精确控制提拉速度、旋转速度、温度梯度等参数，使熔体按照籽晶取向逐层凝固，形成大尺寸单晶硅锭。直拉硅中常含有一定浓度的氧杂质，源自石英坩埚的溶解，氧杂质可作为内吸杂质，提高硅的机械强度和抗滑移能力。但过量的氧杂质易形成沉淀，引入缺陷和应力，降低少子寿命。因此，直拉硅生长过程需严格控制坩埚温度、拉速、气氛等条件，确保获得高纯度、低缺陷的单晶硅。

悬浮区域熔化法利用高频感应加热，使硅棒局部熔化，熔区在高纯气氛中悬浮，不与坩埚等外物接触，杂质含量极低。待熔区结晶并推移至下一区域，如此反复，最终获得高纯度单晶硅。悬浮区域硅可达到与直拉硅相当的少子寿命，还可通过掺杂获得超高电阻率，广泛应用于功率器件、微波器件等领域。但悬浮区域硅难以生成大直径硅锭，成本较高，目前主要用于特殊领域。

（二）多晶硅的制备

多晶硅主要采用铸锭法和区熔法制备。

铸锭法是将工业级多晶硅在石墨坩埚中熔化后，控制冷却速率，使其定向凝固，获得晶粒尺寸较大的多晶硅锭。多晶硅锭经切割、研磨等加工，制备成不同尺寸、电阻率的多晶硅片。铸锭多晶硅因成本低廉，被广泛应用于光伏电池等领域。但铸锭过程易引入杂质污染，降低少子寿命，限制了器件性能。

区熔法利用高频感应加热在多晶硅锭端部形成熔区，随加热线圈缓慢移动，使熔区依次通过并重结晶，最终获得晶粒排列有序的定向凝固多晶硅。相比铸锭法，区熔法具有凝固速度慢、温度梯度大、杂质偏析程度高的特点，可获得晶粒尺寸更大、缺陷更少的多晶硅，主要用于太阳能电池等领域。

（三）非晶硅的制备

非晶硅是指硅原子呈无序排列的非晶态材料，因其禁带宽度大、光吸收系数高、可大面积沉积等特点，在薄膜晶体管、薄膜太阳能电池等领域得到广泛应用。

等离子体增强化学气相沉积（PECVD）是制备非晶硅薄膜的主要方法。将SiH_4、H_2等反应气体通入真空腔室，在射频电场激励下，电离形成等离子体，发生分解反应在衬底表面沉积非晶硅薄膜。PECVD法可在较低温度（200~400 °C）下进行，适用于在玻璃、塑料等廉价衬底上制备大面积非晶硅薄膜。非晶硅中含有大量悬挂键缺陷，成为载流子复合中心，降低了载流子迁移率和少子寿命。氢钝化是改善非晶硅性能的有效方法，通过在沉积过程中掺入H_2，可使悬挂键与H原子结合，降低缺陷态密度，提高光电性能。

热蒸发和溅射也可用于制备非晶硅薄膜。热蒸发法是在高真空条件下，将硅源加热至汽化，再在衬底表面淀积形成薄膜。溅射法是利用高能粒子轰击硅靶材，使其表面原子溅射到衬底上形成薄膜。与PECVD法相比，热蒸发和溅射法生长温度更高，薄膜致密性更好，但缺陷密度也更高，载流子输运性能较差。

（四）硅基异质结构

硅是间接带隙半导体，其光发射效率和响应度较低，限制了其在光电子领域的应用。引入其他材料与硅，形成异质结，可显著拓展硅基器件的性能和功能。

锗是与硅同族的Ⅳ族半导体，禁带宽度约为0.66 eV，对近红外光敏感。硅锗异质结可实现高性能的红外探测器和太阳能电池。外延生长是制备高质量Si/Ge异质结的关键，需严格控制生长温度、应力释放等条件，抑制界面位错的产生。在Si衬底上外延Ge时，先生长Si1−xGex缓冲层，随着Ge组分的增加，晶格常数逐渐过渡，释放应力；再生长纯Ge活性层，获得无位错的Si/Ge异质结。引入量子阱、量子点等低维结构，可进一步调控Si/Ge异质结的带隙结构和光电特性。

Ⅲ ~ Ⅴ族化合物半导体具有直接带隙、高迁移率的特点，与Si形成异质结构可生成高效率、高速率的光电子器件。但Si和Ⅲ ~ Ⅴ族半导体在晶格常数、热膨胀系数等方面存在较大差异，难以直接外延生长。异质外延技术的进步推动了Ⅲ ~ Ⅴ/Si异质结构的发展，主要包括：①引入Si1−xGex梯度缓冲层，纳米孔洞阵列等缓冲结构，释放差异应力；②采用择优外延、侧向外延等新型外延工艺，抑制反位相畴等缺陷的产生；③插入超晶格、量子阱等应变调控层，优化界面态密度和能带结构。GaAs/Si、InGaAs/Si、GaN/Si等异质结构的研究取得重要进展，在硅基光电子集成、高效太阳能电池等领域展现出广阔的应用前景。

（五）硅基光电子器件

硅因其优异的电学性质和成熟的制备工艺，在光电子领域得到广泛应用。光伏电池是利用硅的光伏效应将光能转化为电能的器件。结晶硅光伏电池按照硅材料类型可分为单晶硅电池和多晶硅电池。单晶硅电池转换效率高，但成本较高，其主要应用于航天、通信等领域。多晶硅电池成本低廉，是地面光伏发电系统的主流选择。提高硅电池的转换效率是研究重点，主要途径包括：

①表面减反射和钝化处理，提高入射光吸收和载流子收集效率；②背表面场钝化技术，减小背表面复合；③选择性发射极技术，降低发射极饱和电流；④N型硅电池技术，避免轻

掺杂和少子寿命衰减等问题。异质结太阳能电池如非晶硅/晶体硅、非晶硅/微晶硅叠层电池等，具有宽谱响应、高开路电压、低成本等优势，也得到了广泛研究。

光电探测器可将入射光信号转换为电信号，在成像、通信、传感等领域发挥重要作用。硅基光电探测器主要包括PIN光电二极管、雪崩光电二极管（APD）、金属—半导体—金属（MSM）光电探测器等。PIN光电二极管引入本征层，拓宽耗尽区宽度，减小结电容，可获得高量子效率和高频特性，主要用于光纤通信。APD利用雪崩倍增效应实现电流放大，具有高灵敏度和快速响应的特点，可用于微弱光探测。MSM结构避免了掺杂工艺，制备简单，器件集成度高，在光互连等光子集成电路中得到应用。硅基红外探测研究主要集中在Si/Ge量子阱红外探测器、Si基超晶格探测器等新型结构，以期实现低成本、非制冷的中远红外探测。

（六）硅基光子集成

光子集成技术将光源、光波导、光调制器、光探测器等多种光子器件集成于同一芯片上，实现光信号的产生、传输、处理和探测等全部功能，在高性能计算、高速通信、传感等领域具有广阔的应用前景。硅因其优异的光学性质和成熟的大规模集成工艺，成为光子集成的首选平台。但硅是间接带隙材料，难以实现高效率光发射和电光调制。异质集成是突破硅基光子集成瓶颈的重要途径，即在硅基底上集成Ⅲ～Ⅴ族化合物、铌酸锂、石墨烯等新型光电材料，获得优异的发射和调制特性，同时保持硅工艺的低成本优势。

硅基Ge材料的引入，使硅基光源、光探测器、电光调制器的制备成为可能。Si/Ge量子阱结构可通过能带工程获得高效率的电致发光。Si/Ge APD利用Ge的强吸收实现高灵敏度的近红外探测。SiGe/Si调制掺杂波导利用等离子色散效应实现高速电光调制。Si/Ⅲ～Ⅴ异质集成光子器件的研究也取得重要进展。利用晶格匹配的Si/Ⅲ～Ⅴ衬底，可在Si基底上制备高性能的量子阱激光器、量子点激光器等。采用晶格失配耦合技术，可在Si基底上直接生长AlGaInAs/InP激光器和调制器。硅基铌酸锂薄膜的制备突破了传统体材料难加工的瓶颈，电光系数高达100 pm/V，成为硅基高性能电光调制器的候选材料。

随着硅基光电子异质集成技术的不断发展，硅光子集成有望实现光源、调制、传输、探测等各个功能模块的单片集成，极大地提高了系统的集成度、稳定性、能效比，降低制造成本。高性能硅光子收发芯片、硅光互连芯片、硅光传感芯片等的问世，将引领下一代信息技术的变革，推动云计算、大数据、人工智能等新兴产业的发展。

总的来说，硅半导体材料以其资源丰富、工艺成熟、性能优异等特点，在电子和光电子领域占据核心地位。但硅材料在光电转换效率、响应速度等方面存在先天局限性。通过掺杂、异质结构、表面钝化等方法，可在一定程度上改善硅的光电性能，拓展其应用领域。新型半导体材料与硅基底的异质集成，是未来硅基光电子器件的重要发展方向。随着表征手段、制备工艺、集成技术的不断进步，硅基半导体材料必将在信息、能源、医疗等领域发挥更加重要的作用，推动人类社会的可持续发展。

硅半导体材料虽已有数十年的发展历史，但仍存在巨大的研究空间和应用潜力，以下几个方面值得关注。

（1）大直径硅单晶生长。硅片尺寸的增大可显著提高器件制造效率，降低成本。目前300 mm硅片已实现规模化生产，450 mm硅片的研发也在积极推进。大直径硅单晶生长面临诸多挑战，如坩埚材料、热场控制、缺陷密度等，需要在提拉工艺、装备设计等方面取得突破。

（2）高纯硅提纯。随着器件集成度的不断提高，对硅材料的纯度提出了更高要求。低成本、高效率、绿色环保的硅提纯新工艺亟待开发，如新型化学气相沉积法、等离子体提纯法等。同时，高灵敏度的硅中杂质检测表征技术也需同步发展。

（3）硅基发光器件。硅基发光二极管、激光器的实现是硅光子集成的关键。通过引入Ge量子点、硅纳米颗粒、稀土掺杂等新型发光中心，构建张力应变、多量子阱、光子晶体等新型结构，有望突破硅材料发光效率的瓶颈。

（4）硅基单光子源。单光子源是量子信息处理的核心器件，可产生确定数目、高度相干的光子。硅基光子集成平台有望实现小型化、集成化、电驱动的半导体单光子源，推动量子通信、量子计算的发展。Si/Ge自组装量子点、Si纳米颗粒掺杂、Si空位色心等是潜在的硅基单光子发射体系。

（5）第三代半导体与硅的集成。宽禁带半导体如GaN、Ga_2O_3、金刚石等在高温、高压、高频领域具有独特优势。第三代半导体与硅互补器件的异质集成，可发挥两者的协同优势，扩大器件的工作温度、功率密度、频率范围，开创性能更优、功能更全的新一代半导体器件。

（6）柔性硅电子。随着柔性电子的兴起，将硅材料与柔性衬底相结合，制备柔性硅基器件，成为新的研究热点。SOI、多晶硅、非晶硅等材料可在塑料、橡胶等柔性衬底上低温制备，突破了传统硅电子的平面、刚性限制，有望在可穿戴设备、人机交互、生物医疗等领域实现新的应用。

展望未来，硅半导体材料在不同领域、不同方向上仍大有可为。纵向上，不断优化硅材料的本征性能，突破器件的性能极限；横向上，拓展硅材料的应用场景，创造新的功能器件。学科交叉与技术融合是硅材料创新发展的重要路径，微电子、光电子、生物医学、能源环境等多学科的协同创新，将不断拓展硅半导体材料的发展边界，创造新的知识增长点和产业增长极。可以相信，硅半导体材料在21世纪依然大有作为，必将续写“硅时代”的辉煌。

二、化合物半导体材料

化合物半导体是由两种或两种以上元素组成的半导体材料，相比于单元素半导体，其具有禁带宽度可调、直接带隙结构、高迁移率等优异特性，在光电子领域具有不可替代的地位。化合物半导体按照组成元素可分为二元、三元、四元等，按照能带结构可分为直接带隙半导体和间接带隙半导体。Ⅲ～Ⅴ族化合物半导体是应用最广泛的一类，如GaAs、InP、GaN等，在微波器件、光通信、固态照明等领域占据主导地位。本节将重点介绍Ⅲ～Ⅴ族化合物半导体材料的制备方法、微观结构与光电性能。

（一）外延生长

外延生长是在单晶衬底上生长与衬底晶格取向一致的单晶薄膜的方法，可获得高质量、高纯度的化合物半导体材料。外延生长按照气相和液相反应的不同，可分为气相外延和液相外延两大类。

气相外延是指以气态的Ⅲ族和Ⅴ族元素化合物为原料，在衬底表面发生化学反应沉积单晶薄膜的方法。金属有机化学气相沉积（MOCVD）是最主要的气相外延技术，以金属有机物如三甲基镓（TMGa）、三甲基铟（TMIn）等为Ⅲ族源，以氨气、磷化氢等为Ⅴ族源，在高温下发生热解反应，生成Ⅲ～Ⅴ族化合物沉积在衬底上。MOCVD生长温度在600～800 °C，生长速率可达1～10 μm/h，适用于生长多组分、多量子阱、超晶格等复杂结构。但MOCVD的生长过程复杂，涉及多种化学反应和表面动力学过程，对工艺参数的控制要求高。

分子束外延（MBE）是利用多个热蒸发源产生的分子束在衬底表面反应生长外延层的方法。与MOCVD相比，MBE生长在超高真空（$< 10^{-10}$ Torr[1]）条件下进行，生长温度更低（500~700 °C），可获得更高的材料纯度和界面陡峭度。MBE生长过程可实时监测，精确控制薄膜的组分和掺杂。但MBE生长速率较低（0.1~1 μm/h），不利于生产厚外延层，且设备成本高昂。

气相外延的关键是优化生长条件，抑制缺陷的产生。三维生长模式易形成岛状结构，引入位错、孪晶等缺陷，薄膜表面粗糙。二维生长模式有利于获得平整的表面形貌和均匀的组分分布。通过调节Ⅴ/Ⅲ比、生长温度、衬底取向等参数，可诱导二维台阶流生长。对于晶格失配较大的异质外延体系，采用缓冲层技术、应变补偿技术、选择性外延技术等，可有效降低位错密度。

液相外延是指将Ⅲ族和Ⅴ族元素的混合物在石英舟中加热熔化，再将衬底浸没于过饱和溶液中，降温时在衬底上析出Ⅲ～Ⅴ族化合物单晶薄膜。液相外延生长温度低，接近热力学平衡态，材料纯度高，易于掺杂，但生长速率低，薄膜厚度和组分均匀性较差。液相外延多用于生长厚的缓冲层和隔离层。

（二）异质结构

异质结是由两种不同禁带宽度、能带结构、晶格常数的半导体材料构成的界面结构。Ⅲ～Ⅴ族化合物半导体种类多样，禁带宽度从0.18eV（InSb）到6.2eV（AlN）连续可调，晶格常数覆盖5.2～6.5Å，可通过调控组分实现能带工程，构建各类异质结构。

双异质结是由一个小禁带宽度的材料（如GaAs）夹在两个大禁带宽度的材料（如AlGaAs）之间形成的三明治结构。双异质结可实现载流子的二维限制，形成量子阱，载流子

---

[1] 1 Torr=133 Pa。

迁移率显著提高。双异质结广泛应用于高电子迁移率晶体管（HEMT）、半导体激光器、太阳能电池等器件中。针对不同的器件应用，可优化异质结界面的能带排列和载流子限制方式。Ⅰ型带阶有利于两类载流子的限制，主要用于发光器件；Ⅱ型错位利于单一载流子的限制和输运，主要用于晶体管和光电探测器件。

应变层异质结是在衬底上外延生长晶格失配的材料，利用薄膜厚度小于临界厚度时产生的弹性应变，获得无位错的伪晶层。应变层异质结可突破晶格匹配的限制，实现组分和禁带宽度的自由调控。张应变使导带底和价带顶能级简并解除，轻重空穴带分离，改变了材料的带隙性质和载流子有效质量。利用应变层异质结构，可实现GaAs基1.3 μm、InP基1.55 μm波段的量子阱激光器，提高InGaAs/GaAs太阳能电池的光吸收系数和载流子迁移率等。

超晶格是由两种不同组分、厚度在纳米量级的半导体材料交替生长而成的周期性结构。超晶格中额外引入了人工周期势，形成子带结构，子带中电子和空穴的运动及其相互作用可实现新奇的量子效应。超晶格材料具有各向异性的光电特性，在量子级联激光器、半导体超晶格探测器等领域得到应用。

（三）低维结构

量子阱、量子线、量子点等低维结构可将电子运动限制在一个或几个方向上，使电子能级量子化，表现出与基体材料截然不同的物理性质。化合物半导体中引入低维结构，可显著提高材料的光电转换效率、非线性系数、载流子迁移率等，是半导体器件性能优化的重要手段。

量子阱结构通过在基体材料中嵌入纳米级厚度的势垒层，限制电子在势垒层法线方向的运动，电子能级量子化为离散的子能级。多量子阱结构可显著增强电子和空穴的波函数重叠，提高光跃迁概率和材料增益。将应变层量子阱引入半导体激光器有源区，可降低阈值电流密度，提高微分量子效率和功率输出。GaAs/AlGaAs、InGaAs/GaAs、InGaN/GaN等多量子阱激光器的研究已取得重要进展，在光纤通信、光存储、激光显示等领域得到广泛应用。

量子线和量子点结构可进一步将电子限制在二维和三维纳米尺度，以获得更加尖锐的态密度分布，极大地增强电子关联效应和量子限制效应。自组装生长是制备高质量量子线和量子点的主要方法，利用异质外延过程中材料表面能的差异，诱导应变层自发形成纳米线或岛状结构。斯特兰斯基—克拉斯坦诺夫（Stranski-Krastanov，S-K）生长模式下，InAs在GaAs衬底上自组装形成高密度量子点，InGaAs/GaAs量子点激光器的阈值电流密度可降至数十A/cm^2量级。GaN基自组装量子点可实现单光子发射，在量子密码、量子计算等领域具有重要的应用前景。

表面态是化合物半导体中普遍存在的一种缺陷态，由于表面原子配位数不足形成的悬挂键缺陷。表面态位于禁带中间，成为载流子复合中心，严重影响器件性能。化学钝化和异质钝化是减少表面态的有效方法。化学钝化是用硫醇等含巯基的有机物修饰半导体表面，通过形成化学键钝化悬挂键。异质钝化是在半导体表面外延生长大禁带宽度的钝化层，阻挡载流子扩散到表面复合。AlGaAs/GaAs、AlInP/GaAs等异质结构可有效钝化GaAs基半导体器件的表面，提高载流子寿命和发光效率。原子层沉积的Al_2O_3超薄绝缘层可钝化InGaAs、InAs等材料表面，在金属氧化物半导体场效晶体管（MOSFET）器件中得到应用。

（四）半导体量子器件

利用化合物半导体异质结构和低维结构中的量子效应，可构筑新型的半导体量子器件，如高电子迁移率晶体管、共振隧穿二极管、量子级联激光器等，突破了传统器件的性能极限。

高电子迁移率晶体管（HEMT）利用异质结界面两侧材料禁带宽度和费米能级的差异，在界面处形成二维电子气，载流子迁移率显著提高。AlGaAs/GaAs、AlGaN/GaN、InAlAs/InGaAs等HEMT器件中，二维电子气迁移率可高达数千至数万$cm^2/(V·s)$，远超过导体材料。HEMT器件具有高频、低噪声、高功率的特点，在微波、毫米波领域得到广泛应用。

共振隧穿二极管（RTD）利用双势垒结构中量子化能级的共振隧穿效应，在伏安特性曲线上出现负微分电阻区，可用于构建高频振荡器、开关、逻辑电路等。基于RTD的集成电路具有高速、低功耗、功能密度高的优势，有望突破摩尔定律的瓶颈，是后摩尔时代的重要器件选择。

量子级联激光器（QCL）利用多量子阱超晶格中的子带跃迁实现受激辐射，通过调控量子阱厚度和势垒高度，可实现从中红外到太赫兹波段的宽谱发射。QCL的发射波长与材料禁带宽度无关，其主要取决于量子阱结构参数，突破了带间跃迁激光器的波长限制。QCL在气体检测、光谱分析、医学诊断等领域展现出巨大的应用潜力。

化合物半导体还是自旋电子学、单光子源、量子计算等前沿领域的重要材料平台。自旋MOSFET利用材料中电子自旋的传输和操控，可大幅降低器件的能耗。化合物半导体量子点可实现光学驱动、电学驱动的单光子发射，在量子通信、量子密码等领域得到应用。化合物半导体量子点、量子线中电子和空穴的玻色—爱因斯坦凝聚，可用于构建半导体量子模拟器，模拟强关联体系的物理现象。

总的来说，化合物半导体独特的能带结构和物质多样性，为构筑高性能光电子器件和探索前沿科学问题提供了广阔的平台。但化合物半导体材料和器件的发展也面临着诸多挑战，如大面积外延生长、低缺陷密度、欧姆接触、器件可靠性等。深入理解化合物半导体材料的微观物理机制，发展新的外延生长和器件加工工艺，对于推动化合物半导体技术的进步至关重要。相信随着材料制备、表征手段的不断发展，以及不同学科领域的交叉融合，化合物半导体必将在信息、能源、医疗等领域得到更加广泛和深入的应用，推动人类科技不断进步。

三、低维半导体材料

低维半导体材料是指在纳米尺度范围内，电子运动受限于一个或几个维度的半导体材料，主要包括量子阱、量子线、量子点等。与体块半导体材料相比，低维半导体材料具有独特的电子能级结构和光电性质，如量子局限效应、量子隧穿效应、库仑阻塞效应等，在光电子器件、量子信息、生物医学等领域展现出广阔的应用前景。

（一）量子阱材料

量子阱是指在一个维度上限制电子运动的半导体异质结构。通过在大禁带宽度的势垒层中插入纳米级厚度的小禁带宽度量子阱层，电子在势垒层法线方向的运动受限，形成量子化的子能级，电子态密度由连续分布变为阶梯式分布，载流子有效质量降低，迁移率提高。

1. 多量子阱结构

多量子阱结构由多个量子阱层和势垒层交替生长而成，量子阱之间的耦合作用使电子波函数发生重叠，形成迷你带结构。多量子阱结构可显著增强电子和空穴波函数的交叠积分，提高辐射复合效率。在半导体激光器中，多量子阱有源区可降低阈值电流密度，提高微分量子效率和输出功率。GaAs/AlGaAs、InGaAs/InP、InGaN/GaN等Ⅲ～Ⅴ族多量子阱激光器的研究已取得重要进展，广泛应用于光纤通信、数据存储、激光显示等领域。

2. 应变量子阱

应变量子阱是在异质外延过程中引入晶格失配应变，调控量子阱材料的能带结构和载流子的有效质量。InGaAs/GaAs应变量子阱中，InGaAs阱层在GaAs衬底上承受双轴压应变，空穴有效质量降低30%以上，室温下迁移率可达数千 $cm^2/(V\cdot s)$。应变量子阱结构广泛应用于半导体激光器、光电探测器、高速晶体管等领域。

3. 表面量子阱

表面量子阱是在半导体表面附近形成的自然量子阱结构。以InAs为例，InAs表面因受As原子终止，费米能级钉扎在导带之上，形成一个向下弯曲的能带结构，电子受限于表面附近的三角形势阱中，形成二维电子气。InAs表面量子阱的电子态密度可高达 10^{13} cm^{-2} 量级，电子迁移率在室温下可达数万 $cm^2/(V\cdot s)$，是高灵敏度红外探测器、化学生物传感器的理想材料体系。

（二）量子线材料

量子线是指在两个维度上限制电子运动的半导体纳米线结构。量子线中电子态密度呈现尖锐的峰值分布，电子能级剧烈量子化，出现隧穿、库仑阻塞等奇异量子效应。

1.VLS生长

气—液—固（VLS）生长是最常用的半导体量子线制备方法。以硅量子线生长为例，将金催化剂颗粒喷涂在硅衬底上，通入含硅烷的反应气体，高温条件下，气相硅原子溶解进入液相金颗粒，形成硅—金合金。当合金过饱和时，硅原子从合金颗粒中析出并在衬底表面外延生长，形成硅纳米线。VLS法可在衬底表面批量制备高密度、高长径比的量子线阵列，线径可控制在数十纳米以下。

2. 选区外延生长

选区外延生长是利用电子束光刻、聚焦离子束刻蚀等微纳加工技术，在衬底表面刻蚀出一维沟道图案，再采用选择性外延工艺，在沟道内外延生长量子线。以GaAs量子线为例，采用电子束光刻和反应离子刻蚀在GaAs衬底上形成一维沟道，再用MOCVD在沟道内选择性生长GaAs，横向限制GaAs的生长，形成埋入式量子线结构。选区外延生长可精确控制量子线的尺寸、形貌和排布，实现高度有序的量子线阵列。

3.应用与挑战

量子线材料在纳米光电子器件领域具有广阔的应用前景，如量子线激光器、量子线单光子源、量子线场效应晶体管等。以量子线激光器为例，InAs/InP量子线激光器的阈值电流密度可低至10 A/cm^{2}量级，远优于量子阱激光器。GaAs/AlGaAs量子线激光器的发射波长可延伸至1.3 μm，突破了体材料禁带宽度的限制。然而，量子线材料的可控生长和均匀性控制仍面临挑战，量子线界面缺陷、表面态等因素，严重影响器件性能。发展新型催化剂、优化生长工艺、构筑核壳异质结构等，是提高量子线材料质量和性能的重要途径。

（三）量子点材料

量子点是指在三个维度上限制电子运动的半导体纳米晶体。量子点中电子能级完全量子化，呈现出δ函数型的态密度分布，电子—空穴对具有较大的束缚能，电子关联增强，出现了强量子限制效应。

1.胶体量子点

胶体量子点是指采用溶液化学法制备的半导体纳米晶体分散液。常见的胶体量子点包括CdSe、CdS、PbS等Ⅱ～Ⅵ族和Ⅳ～Ⅵ族化合物。以CdSe量子点为例，以CdO和十八烯为前驱体，在有机溶剂中高温热解，形成CdSe纳米晶核，随后通过奥斯瓦尔德（Ostwald）熟化过程生长为量子点。胶体量子点具有发光效率高、色纯度好、激发谱宽等优点，发光波长可通过量子点尺寸进行调控，广泛应用于发光二极管、生物标记、太阳能电池等领域。但胶体量子点易发生团聚，化学稳定性和光稳定性有待提高。表面钝化、表面修饰、异质结构包覆等是改善胶体量子点性能的重要手段。

2.自组装量子点

自组装量子点是指采用外延生长方法，利用衬底与外延材料之间的晶格失配应变驱动形成的纳米岛状结构。生长初期，外延材料在衬底上呈现层状生长模式；随着其达到临界厚度，外延材料自发形成三维岛状结构，弛豫失配应变。InAs/GaAs、InP/GaInP、Ge/Si等材料体系是典型的自组装量子点生长系统。自组装量子点无须微纳加工，就可获得高密度、高均匀性的量子点阵列。但自组装过程受动力学因素影响，量子点尺寸和位置分布往往随机，可控性较差。采用应变调控层、应变补偿层、选区生长等策略，可在一定程度上控制自组装量子点的形核位置和生长动力学。

3.单光子源

单光子源是量子通信、量子密码的核心器件，可产生确定数目、高度相干的单个光子。半导体量子点因其尺寸小、光学性质稳定，是理想的单光子发射体。InAs/GaAs量子点在低温下展现出优异的单光子发射特性，单光子纯度可高达99%以上。电流注入、光学腔增强等技术可有效提高量子点单光子源的采集效率和重复频率。然而，量子点中单光子发射对环境温度、电荷涨落较为敏感，提高单光子源的工作温度和稳定性仍是一大挑战。

4.量子计算

量子点中的单个电子或空穴具有二能级结构，可作为量子比特，用于构建半导体量子计算机。自旋量子比特利用电子或空穴自旋的两个取向编码量子信息，具有相干时间长、可扩展性强的优点。GaAs量子点中，单个电子自旋相干时间可达微秒量级，通过电子自旋共振（ESR）、电子偶极自旋共振（EDSR）等技术可实现自旋状态的相干操控。超导量子比特利用约瑟夫森结中库珀对能级的两个取向编码量子信息，具有运算速度快、耦合强度高的优点。InAs纳米线与铝超导电极形成约瑟夫森结，构筑半导体—超导混合量子比特，可结合两类量子比特的优势。然而，量子点材料中杂质、声子等环境噪声容易引起量子比特的相干性衰退，提高量子比特相干时间和可扩展性是亟须突破的难题。

总的来说，低维半导体材料独特的电子能级结构和量子效应，为发展新一代光电子器件、量子信息技术提供了广阔的平台。低维半导体材料的可控制备、均匀性控制、缺陷钝化等仍然是面临的共性挑战。原子层沉积、表面针化、应变工程等新技术的发展，有望进一步提高低维半导体材料的质量和性能。深入理解低维半导体材料中的电子关联、自旋极化、声子散射等微观物理机制，对于优化材料和器件设计、开发新功能器件至关重要。可以相信，低维半导体材料在不同领域、不同方向上仍大有可为，并且其必将推动人类科技的进步。

第三节 有机发光二极管材料的制备与性能

一、小分子机发光二极管材料

有机发光二极管（OLED）是一种利用有机半导体材料的电致发光现象制成的新型平板显示器件，具有自发光、视角宽、色彩丰富、对比度高、响应速度快、工作温度宽、能耗低、可柔性化等优点，被视为新一代显示技术的核心材料。小分子OLED材料以共轭小分子化合物为发光体，因其纯度高、量子效率高、色纯度好等特点，在OLED领域得到广泛应用。

（一）空穴传输材料

空穴传输材料是OLED器件中的关键功能层，主要起到传输空穴、阻挡电子的作用，可有效平衡载流子注入，提高复合效率。优异的空穴传输材料应具备以下特征：

（1）高的空穴迁移率。空穴迁移率决定了空穴的传输效率和器件的响应速度。芳香胺类化合物如NPB、TPD等具有较大的共轭体系和较强的分子间相互作用，空穴迁移率可达10^{-3} cm^2/（V·s）量级，是常用的空穴传输材料。

（2）合适的HOMO能级。空穴传输材料的最高占据分子轨道（HOMO）能级应与阳极功函数相匹配，以降低空穴注入势垒，提高空穴注入效率。常见的阳极材料ITO功函数为4.7～4.9 eV，与之匹配的空穴传输材料HOMO能级在5.0～5.5 eV。

（3）高的玻璃化转变温度。空穴传输材料需在器件工作温度范围内保持无定形态，具有良好的形态稳定性。引入螺环、咔唑等刚性基团，可提高材料的玻璃化转变温度和形态稳定性。TCTA、MTDATA等螺环芳香胺化合物的玻璃化转变。温度可高达150 °C以上。

（4）良好的薄膜成型性。空穴传输材料需具有良好的热稳定性和成膜性，易于真空蒸镀制备均匀、致密的无定形薄膜。引入长链烷基等柔性基团，可改善材料的溶解性和成膜性。

（二）电子传输材料

电子传输材料主要起到传输电子、阻挡空穴的作用，可抑制载流子在发光层的累积，提高复合效率和器件稳定性。优异的电子传输材料应具备以下特征：

（1）高的电子迁移率。电子传输材料的电子迁移率决定了电子的传输效率和器件的驱动电压。金属螯合物如Alq3、Gaq3等具有高电子亲和力和高电子迁移率，是常用的电子传输材料。

（2）合适的最低未占分子轨道（LUMO）能级。电子传输材料的LUMO能级应与阴极功函数相匹配，以降低电子注入势垒，提高电子注入效率。常见的阴极材料Al、Mg功函数在3.7～4.3 eV，与之匹配的电子传输材料LUMO能级在2.5～3.0 eV。

（3）高的热稳定性。电子传输材料在器件工作过程中产生的焦耳热会引起材料结晶或分解，导致器件性能衰减。引入热稳定的杂环如喹啉、苯并噻唑等，可提高材料的热稳定性和延长器件寿命。PBD、TAZ等杂环类电子传输材料的热分解温度可高达400 °C以上。

（4）良好的载流子阻挡性能。电子传输材料需具有高的空穴注入势垒和空穴迁移势垒，以阻挡空穴向阴极逃逸，提高复合效率。BCP、BAlq等材料具有深的HOMO能级，是常用的空穴阻挡材料。

（三）发光材料

发光材料是OLED器件的核心，其性能直接决定器件的发光效率、色纯度、稳定性等。优异的发光材料应具备以下特征：

（1）高的荧光量子效率。荧光量子效率是指材料吸收光子后辐射跃迁产生光子的效率，是衡量发光材料性能的重要指标。荧光量子效率越高，器件的内量子效率和外量子效率越高。引入刚性平面结构、减小分子内运动等策略可提高材料的荧光量子效率。并五苯、DSA-Ph等平面型分子的荧光量子效率可超过90%。

（2）优异的色纯度。发光材料的色纯度取决于其发射光谱的半峰宽和峰位。发射光谱越窄，色纯度越高；发射峰位越接近单色光坐标，色纯度越高。引入强的分子内电荷转移效应、减小分子间相互作用等策略可提高发光材料的色纯度。咔唑—吡啶类、二苯甲酰甲烷类化合物的半峰宽可低至50 nm以下，CIE色坐标接近理想单色光。

（3）良好的载流子传输性能。发光材料需具有合适的HOMO和LUMO能级，与相邻功能层形成良好的能级匹配，利于载流子注入和传输。同时，发光材料还需具有高的载流子迁移率，尤其是双极性传输特性，可促进电子和空穴在发光层复合。ADN、DSA-Ph等材料兼具空穴和电子传输特性，是优异的双极性发光材料。

（4）高的电致发光效率。电致发光效率是指材料在电场激发下产生光子的效率，取决于激子的产生、辐射跃迁、光耦合出射等多个因素。磷光材料可利用三重态激子发光，理论内量子效率可达100%，电致发光效率远高于荧光材料。引入铱、铂等过渡金属离子形成配合物，可大幅提高材料的电致发光效率。$Ir(PPy)_3$、铂八乙基卟啉（PtOEP）等磷光材料的外量子效率可超过20%。

（四）掺杂发光体系

采用客体—主体掺杂是提高OLED器件性能的重要途径。将发光客体掺杂到传输主体中，可有效解决发光材料载流子传输性差、聚集猝灭严重等问题。常见的掺杂体系包括以下几种：

（1）荧光客体/荧光主体。以8-羟基喹啉和铝（Alq3）为主体，掺杂并五苯、DSA-Ph等高效率荧光染料为客体，可大幅提高发光层的载流子传输性能和发光效率，改善器件的效率滚降特性。

（2）磷光客体/荧光主体。以4,4'-*N*,*N*'-二咔唑基联苯（CBP）为主体，掺杂$Ir(PPy)_3$、PtOEP等磷光染料为客体，可利用主客体之间高效的能量传递，实现高效磷光发射，突破传统荧光器件的效率限制。

（3）热激活延迟荧光（TADF）客体/荧光主体。以mCP为主体，掺杂DACT-Ⅱ、4CzIPN等TADF材料为客体，利用TADF材料较小的单重态—三重态能级差，实现三重态激子向单重态的反系间窜跃，从而获得高效率的延迟荧光发射。

（4）双客体掺杂体系。以TCTA：B3PYMPM为蓝光主体，同时掺杂$Ir(PPy)_3$和PO-01两种磷光客体，可实现高效率白光发射，突破单客体掺杂在能量传递、聚集诱导等方面的局限。

（五）界面修饰材料

OLED器件中存在多个有机/有机、有机/无机异质界面，界面处的能级失配、载流子陷阱等因素会导致器件性能降低。采用界面修饰材料可有效改善界面的能级匹配和载流子注入特性，提高器件效率和稳定性。常见的界面修饰材料包括以下几种：

（1）空穴注入层材料。在阳极ITO与空穴传输层之间插入PEDOT：PSS、MoO_x等高功函数材料，形成欧姆接触，可降低空穴注入势垒，提高空穴注入效率。

（2）电子注入层材料。在阴极Al与电子传输层之间插入LiF、CsF等低功函数材料，形成欧姆接触，可降低电子注入势垒，提高电子注入效率。

（3）极性界面材料。在发光层与电子传输层之间插入TCTA、TmPyPB等双极性材料，可平衡界面处的载流子浓度，抑制激子在界面处猝灭，提高发光效率。

（4）界面阻挡层材料。在发光层与空穴传输层之间插入BAlq、BCP等空穴阻挡材料，可防止空穴越过发光层复合，提高载流子复合效率和色纯度。

小分子OLED材料的设计与合成是实现高效率、长寿命OLED器件的关键。发展高迁移率、高荧光量子效率、高色纯度的新型小分子材料，优化材料的能级结构、分子堆积、载流子传输平衡，对于推动OLED技术的进步具有重要意义。同时，加强小分子材料的器件物理机制研究，深入理解材料结构与光电性能的构效关系，建立材料分子设计、性能预测、器件优化的闭环策略，是当前小分子OLED领域的重要发展方向。可以预见，小分子OLED材料在平板显示、固态照明等领域仍大有可为，必将推动OLED产业的快速发展。

二、聚合物有机发光二极管材料

聚合物有机发光二极管（PLED）以共轭聚合物为发光层材料，具有溶液加工、大面积制备、柔性化等独特优势，在显示照明领域备受关注。共轭聚合物中离域的π电子体系赋予了其独特的光电特性，通过分子设计可方便调控聚合物的带隙、能级结构、载流子传输等性质，实现高效率、长寿命的PLED器件。

（一）聚芴及其衍生物

聚芴（PFO）是最早实现电致发光的共轭聚合物之一，其刚性平面的芴环结构有利于载流子传输，在溶液中展现出较高的荧光量子效率。PFO发射蓝光，半峰宽约为50 nm，色坐标接近理想蓝色，是构筑全色PLED的关键材料。但PFO的空穴迁移率远低于电子迁移率，载流子传输不平衡，且在电致发光过程中易产生绿色荧光缺陷，导致器件效率和色纯度下降。

针对上述问题，研究人员对PFO骨架进行了系统的分子设计和性能优化。引入咔唑、三苯胺等给电子基团，可提高PFO的空穴注入和传输能力，改善载流子平衡，提高器件效率。如F8-PFB聚合物中引入了苯并咪唑基团，空穴迁移率提高至10^{-4} $cm^2/(V \cdot s)$量级，器件效率从0.8 cd/A提高到5.7 cd/A。引入螺环、桥环等位阻基团，可抑制PFO分子间的π—π堆积，减少激基缔合物和激基复合物的形成，提高发光效率和稳定性。例如，S-PFO聚合物中引入螺环结构，空间位阻减弱了分子间相互作用，荧光量子效率从PFO的50%提高到90%以上。

除了蓝光PFO，研究人员还开发了绿光、红光、白光等多色PFO衍生物。例如，在PFO主链上引入少量的绿光单元，如苯并噻二唑（BT）、噻吩并（3,4-b）噻吩（TT）等，可获得高效率的绿光PLED，并可通过调节主客体之间的能量传递实现蓝绿光的连续调色。在PFO侧链上接枝红光染料如$Ir(piq)_3$、$Ir(btp)_2$等，可实现高效率红光PLED，外量子效率可达14%以上。通过将蓝光PFO与红光、绿光发光基团进行共聚，可制备高色纯度的白光PLED，色温可调范围宽，适用于大面积照明领域。

（二）聚亚苯基乙烯及其衍生物

聚亚苯基乙烯（PPV）是另一类重要的共轭聚合物发光材料，其刚性平面的苯环结构和 π—π 共轭使其具有较高的荧光量子效率和霍尔（hole）迁移率，在PLED领域得到了广泛应用。PPV发射黄绿光，半峰宽约为70 nm，CIE色坐标接近标准绿色，是构筑PLED全色显示的关键材料。但PPV在可见光区吸收较弱，难以实现光泵浦激光，且在长期驱动下易发生光化学降解，导致器件寿命下降。

针对PPV的不足，研究人员进行了广泛的结构修饰和性能优化。在PPV主链上引入卤素、烷氧基等吸电子取代基，可降低聚合物的LUMO能级，提高电子注入和传输能力，改善载流子平衡。如MEH—PPV聚合物中引入了甲氧基，LUMO能级从PPV的 −2.7 eV降低到 −3.0 eV，电子迁移率提高近一个数量级，电致发光效率从PPV的1.1 cd/A提高到3.3 cd/A。在PPV主链上引入稠环基团如萘、芘、蒽等，可拓宽聚合物的共轭长度，提高载流子迁移率和发光效率。例如，BCHA-PPV聚合物中引入蒽环，空穴迁移率提高至 10^{-3} $cm^2/(V·s)$，外量子效率达到4.2%。

通过对PPV骨架的修饰可实现多色发光。在PPV主链上引入给电子基团如二苯胺、咔唑等，可将发射光谱红移至橙红光区，如PDFC—PPV聚合物发射橙红光，半峰宽约为80 nm，CIE色坐标为（0.57，0.43）。在PPV主链上引入吸电子基团如苯并噻二唑、喹喔啉等，可将发射光谱蓝移至蓝绿光区，如PBPQ—PPV聚合物发射蓝绿光，半峰宽约为60 nm，CIE色坐标为（0.18，0.33）。通过调控PPV衍生物中给受电子基团的比例，可实现发光颜色在蓝绿光和橙红光之间连续调谐，获得纯度高、饱和度好的多色PLED器件。

（三）聚噻吩及其衍生物

聚噻吩（PT）是一类线型共轭聚合物，具有优异的热稳定性和抗湿性，在PLED领域得到了广泛关注。PT骨架中噻吩环的引入拓宽了聚合物的共轭长度，提高了载流子迁移率，同时噻吩环上的烷基取代可改善聚合物的成膜性和溶解性。PT发射橙光，色纯度较差，但通过引入给受电子基团，可实现发光颜色的连续调控。

在PT衍生物中，基于F8T2结构的聚合物发光材料备受关注。F8T2中噻吩和二氟苯交替连接，形成A—D—A型分子结构，具有较窄的带隙和较高的电荷传输性能。PF8T2发射橙红光，半峰宽约为65 nm，CIE色坐标为（0.60，0.40），外量子效率最高可达6.2%。在F8T2中引入给电子基团如三苯胺（TPA）、二苯胺基咔唑（CzDPA）等，可构筑D—A—D—A型分子结构，进一步降低带隙，提高空穴注入和传输能力。如TPA—F8T2聚合物的空穴迁移率可达 5×10^{-4} $cm^2/(V·s)$，比F8T2提高近一个数量级，器件效率也从6.2%提升至8.5%。

PT衍生物还可通过主链结构设计实现高效率蓝光、绿光发射。在骨架中引入位阻基团可抑制分子间堆积，提高发光效率，如PDHF聚合物中引入了二氢荧蒽基团，发射蓝光，外量子效率可达5.4%。在PT中引入三嗪环可构筑D—A型聚合物，降低带隙，提高发光效率，如 PT_zQ_x 聚合物发射绿光，外量子效率高达14.7%。此外，还可通过聚合物主链/侧链工程、无规共聚、嵌段共聚等分子设计策略，优化PT衍生物的光电性质和器件性能。

（四）聚（芴—苯并噻二唑）及其衍生物

近年来，D—A型共轭聚合物因其优异的光电性能和器件性能而备受关注，其中聚（芴—苯并噻二唑）（F8BT）聚合物及其衍生物发展迅速。F8BT由给电子单元芴和缺电子单元苯并噻二唑交替连接而成，具有较窄的带隙和较高的载流子迁移率。F8BT发射黄绿光，半峰宽约为55 nm，CIE色坐标为（0.42，0.57），外量子效率可达5%以上。

F8BT衍生物主要通过以下策略进行分子设计和性能优化。

（1）给体单元的修饰。在F8BT中引入噻吩、咔唑等给电子基团，可提高聚合物的HOMO能级，改善空穴注入，如F8T2BT聚合物的空穴迁移率比F8BT提高近一个数量级，外量子效率可达6.8%。

（2）受体单元的修饰。在F8BT受体单元上引入吸电子基团如三氟甲基、氰基等，可降低聚合物的LUMO能级，改善电子注入，如F8DTBT聚合物的LUMO能级比F8BT降低0.2 eV，电子迁移率提高近一倍。

（3）主链/侧链工程。通过调控F8BT主链上给/受体单元的比例，可连续调控聚合物的带隙和发光颜色。如F8T2BT、F8T4BT等聚合物发射红橙光，F8DTBT、PFDTBT等聚合物发射绿光。侧链工程主要通过引入液晶基团、离子液体基团等，提高聚合物的载流子迁移率和发光效率。

（4）嵌段共聚。将F8BT与其他高效率聚合物嵌段共聚，可有效改善聚集诱导淬灭，提高发光效率和器件稳定性。如与PVK嵌段共聚可将外量子效率提高至12.1%，与PVP嵌段共聚可使器件半衰期延长至3000 h以上。

（五）热激活延迟荧光（TADF）聚合物

TADF聚合物是一类新型高效率发光材料，通过分子内电荷转移实现单重态和三重态激子之间的快速转换，突破了传统荧光聚合物25%的理论效率的限制。TADF聚合物分子中给受体单元的扭曲结构降低了最高占据分子轨道（HOMO）和最低未占分子轨道（LUMO）的重叠，使单重态和三重态能级接近，三重态激子可以通过反系间窜跃（RISC）过程转化为单重态，实现100%的激子利用率。

TADF聚合物的分子设计主要遵循以下原则：①合理搭配给受电子基团，调控分子的HOMO、LUMO能级和电荷转移程度；②引入位阻基团，优化分子构象，降低HOMO—LUMO轨道重叠；③拓宽分子共轭体系，提高激子利用率和载流子传输能力。目前发展的高效率TADF聚合物主要包括以下几类：

（1）咔唑类TADF聚合物。以咔唑为给体，与苯并噻二唑等缺电子基团连接形成D—A型结构，具有优异的载流子传输和三重态－单重态转化性能，发射绿光至黄光，外量子效率最高可达14.7%。

（2）吩嗪类TADF聚合物。以吩嗪为给体，与三氮唑、苯并三氮唑等缺电子基团连接形成A—D—A型结构，具有优异的发光效率和器件稳定性，发射天蓝光至黄光，外量子效率可超过20%。

（3）芳胺类TADF聚合物。以三苯胺、二苯胺基咔唑等为给体，实现高效率蓝光发射，外量子效率可达10%以上，但空穴传输能力有待提高。

（4）螺环类TADF聚合物。以螺二芴、螺环戊二烯等为给体，引入螺环位阻结构，抑制分子间聚集，提高发光效率和器件稳定性，发射绿光至橙光，外量子效率可达15%以上。

总之，聚合物OLED材料凭借其优异的光电性能和加工性能，在大面积柔性显示、固态照明等领域展现出广阔的应用前景。通过精巧的分子设计，调控聚合物的能级结构、载流子传输、激发态性质等，可获得高效率、高稳定性的PLED器件。未来，聚合物OLED材料的重点研究方向包括：发展高效率蓝光聚合物、提高聚合物的载流子迁移率和形态稳定性、优化给受体电子的匹配与平衡、构筑新型聚合物发光体系［如三线态—三线态退激辐射（TTTA）体系］等，力争实现PLED器件性能的新突破。相信通过科学家们的不懈努力，聚合物OLED材料必将在新一代信息显示和照明领域大放异彩，推动OLED产业的快速发展。

（六）聚合物电荷传输材料

除了发光层材料外，电荷传输材料也是影响PLED器件性能的关键因素。高效率的电荷传输材料可促进载流子的注入与传输，提高激子复合效率，降低器件驱动电压。常见的聚合物电荷传输材料包括空穴传输材料和电子传输材料两大类。

（1）聚合物空穴传输材料。聚（3,4-乙撑二氧噻吩）（PEDOT）及其衍生物是一类重要的p型掺杂型空穴传输材料。PEDOT在掺杂态下具有高电导率和高空穴迁移率，可显著降低器件驱动电压。但PEDOT薄膜表面较粗糙，载流子陷阱较多。通过引入表面活性剂PSS形成水溶性PEDOT：PSS复合物，可大幅改善薄膜形貌，提高空穴注入效率。PEDOT：PSS在PLED领域得到了广泛应用，但因其吸湿性和酸性，易腐蚀ITO阳极，导致器件稳定性下降。因此，开发新型非掺杂型空穴传输材料成为研究热点。聚（二苯胺基咔唑）（PCzDPA）、聚（9,9-二辛基芴-2,7-二基-*N*,*N*-二对甲苯基苯胺）（PFB）等给电子型共轭聚合物展现出优异的空穴传输性能，有望取代PEDOT：PSS，实现全聚合物多层器件。

（2）聚合物电子传输材料。聚合物电子传输材料的研究相对滞后，主要原因是n型掺杂困难，电子迁移率普遍较低。目前，研究较多的聚合物电子传输材料包括全氟代聚对亚苯（PFP）、聚（2,5-吡啶-1,4-苯）（PPyPB）、聚（苯并噻二唑—二苯醚）（PBD）等。这些聚合物具有较低的LUMO能级和较高的电子亲和力，有利于电子的注入与传输。为了进一步提高电子传输能力，可在聚合物中引入给电子基团，构筑A—D—A型分子结构，提高分子内电荷转移能力。同时，引入极性侧链基团可增强聚合物的偶极矩，促进分子取向排列，提高电子迁移率。然而，聚合物电子传输材料在空气中的稳定性较差，易被氧气、水分降解，因此器件制备通常需要在氮气手套箱中进行。提高聚合物电子传输材料的空气稳定性是一个亟待解决的问题。

（七）聚合物界面修饰材料

除了优化电荷传输材料外，界面修饰也是改善PLED器件性能的重要手段。在阴极/电子传输层界面引入低功函数的金属盐或聚合物可显著降低电子注入势垒。如在Al阴极表面蒸镀一层LiF，再旋涂一层聚（9,9-二辛基芴-2,7-二基）薄膜，可使器件效率提高20%以上。在阳极/空穴传输层界面引入自组装单分子层或离子液体等，可改善阳极功函数与空穴传输材料HOMO能级的匹配，提高空穴注入效率。如在ITO表面修饰一层聚（二烯丙基二甲基铵）（PDADMA）离子液体，可使器件效率提高30%以上。此外，在发光层与电荷传输层界面引入隔离层，可抑制激子在界面处猝灭，提高复合效率。如在发光层/空穴阻挡层界面插入一层聚（甲基丙烯酸-co-丙烯酸-co-*N*-羟乙基丙烯酰胺）绝缘层，可使器件效率提高50%以上。

总之，通过合理设计聚合物OLED材料的化学结构，优化聚合物薄膜的形貌与界面性质，辅以器件光学设计与热管理，可显著提高PLED器件的效率、寿命和稳定性，推动PLED技术走向实用化。未来，聚合物OLED材料的研究重点将集中在以下几个方面：

（1）发展高载流子迁移率的聚合物材料体系，尤其是高迁移率的聚合物电子传输材料和双极性传输材料，实现PLED器件的低驱动、高效率运行。

（2）优化TADF聚合物的分子结构，提高RISC效率和激子利用率，突破聚合物OLED的效率瓶颈。探索新型聚合物发光机制，如三线态—三线态退激辐射、杂化局域电荷转移态（HLCT）等，开发新一代高效聚合物OLED材料。

（3）加强聚合物OLED材料的器件物理研究，深入理解材料与器件界面、界面能级调控、载流子陷阱与复合、激子动力学与淬灭等过程，指导材料分子结构设计和器件优化。

（4）建立聚合物OLED材料的可印刷加工工艺，突破材料成膜均匀性、多层膜堆叠精度等瓶颈，实现PLED器件的大面积、柔性化制造。

（5）提高聚合物OLED材料与金属电极、封装材料的兼容性，开发柔性衬底、空气稳定电极和封装材料，提高PLED器件的使用寿命和环境稳定性。

可以预见，随着聚合物OLED材料的持续创新与发展，印刷式PLED必将成为下一代平板显示的核心技术之一，在柔性显示、透明显示、可穿戴设备等领域展现出诱人的应用前景。聚合物OLED技术有望引领OLED产业发展新方向，为人类社会带来更加绚丽多彩、轻薄自由的光电世界。

三、OLED器件制造工艺

OLED器件的制造工艺直接影响着器件的性能、寿命和成本。高效率、长寿命、低成本是OLED器件实现产业化的关键。随着OLED材料和器件结构的不断优化，OLED制造工艺也在不断创新和完善。本小节将重点介绍几种主要的OLED器件制造工艺，分析其原理、特点和应用场景。

（一）真空热蒸镀工艺

真空热蒸镀是最早应用于OLED器件制备的工艺，主要用于制备小分子OLED器件。该工艺以高真空度［1.33×10^{-4}Pa（10^{-6} Torr）以上］为特征，利用物理气相沉积（PVD）原理，通过加热蒸发源材料，使材料升华为蒸气分子，在基板表面冷凝形成薄膜。蒸镀过程可通过掩模板图案化，获得所需的像素阵列。发光层、电荷传输层、空穴注入层、电子注入层等功能层均可采用真空热蒸镀工艺制备。

真空热蒸镀工艺的优点包括：①薄膜纯度高、结晶性好，杂质含量低；②膜厚均匀性高，可实现精确控制；③分子取向性好，载流子迁移率高；④适用于多层膜制备，可实现复杂的多层器件结构。

但真空热蒸镀工艺也存在一些局限性：①材料利用率低，蒸镀过程中大部分材料沉积在真空室壁上；②掩模板精度有限，像素尺寸难以进一步缩小；③大面积制备时均匀性差，不适合大尺寸OLED面板的生产；④设备投资大、维护成本高，不利于降低器件成本。

为了克服上述局限性，研究人员开发了一系列改进的真空沉积技术。如线源蒸发技术，采用线性排布的多个点源，提高材料利用率和膜厚均匀性；有机气相沉积（OVPD）技术，利用惰性载气输运蒸汽分子，在基板表面发生均相成核，大幅改善膜层均匀性；有机分子束外延（OMBE）技术，在超高真空、高纯度条件下进行准外延生长，获得高结晶度、高取向性的有机薄膜。这些新型真空沉积技术在一定程度上弥补了传统热蒸镀工艺的不足，但成本问题仍是制约其大规模应用的瓶颈。

（二）溶液旋涂工艺

溶液旋涂是制备聚合物OLED器件的最主要工艺。该工艺以溶液加工为特征，将聚合物材料溶解于适宜的溶剂中，形成均相溶液，再通过旋涂的方式在基板表面形成薄膜。旋涂工艺简单、快速、成本低，适合大面积、柔性基板的加工，广泛应用在印刷式OLED领域。

旋涂工艺的关键在于聚合物溶液的制备和旋涂参数的优化。聚合物溶液的浓度、黏度、表面张力等性质直接影响薄膜的厚度和均匀性。提高聚合物溶解度的策略包括引入柔性侧链、主链结构调控、小分子增塑等。常用的高沸点极性溶剂有氯苯、邻二氯苯、环己酮等，添加剂如1，8-二碘辛烷可改善溶液铺展性。旋涂转速、加速度、时间等参数的优化对于薄膜厚度和形貌至关重要。高转速有利于获得均匀、致密的薄膜，但膜厚减小；低转速虽然膜厚较大，但易产生针孔、裂纹等问题。两步法旋涂可兼顾膜厚与均匀性，即低转速旋涂形成厚膜，再经高转速旋涂去除多余溶剂。

除了聚合物发光层外，空穴传输层、电子传输层也可采用旋涂法制备。但溶剂的正交性是多层膜旋涂的难点，下层膜易被上层溶剂溶解，引起层间混合。为了解决这一问题，可采用交联型空穴传输材料如PTAA、QUPD等，经热处理或光固化交联成不溶性网络，作为隔离层；或者采用正交溶剂体系，利用溶剂密度差，采用先旋涂非极性溶剂再旋涂极性溶剂的方法，制备多层聚合物薄膜。

旋涂法虽然适合聚合物OLED的制备，但对于多像素器件的微图案化仍然困难。光刻微图案化虽可获得高分辨率图案，但剥离、显影等湿法加工易损坏有机层。喷墨打印、转印等直写式打印技术应运而生，通过将功能墨水精确沉积于指定位置，实现图案化制备有源矩阵OLED器件。但打印法对墨水流变性、表面能的精确调控提出了更高要求。

（三）干法刻蚀与沉积工艺

除了热蒸镀和旋涂外，等离子体增强化学气相沉积（PECVD）、原子层沉积（ALD）等干法工艺在OLED器件制造中也得到应用。PECVD可在基板表面沉积致密均匀的SiN_x、SiO_x等无机绝缘层和钝化层，ALD可精确控制Al_2O_3、ZrO_2等高介电常数材料的沉积，在薄膜晶体管背板制造中发挥重要作用。

等离子体刻蚀是图案化OLED器件的关键工艺。湿法刻蚀因各向同性蚀刻易产生蚀刻台阶，难以获得垂直侧壁。反应离子刻蚀（RIE）利用等离子体中的活性粒子，在垂直方向轰击蚀刻，可获得各向异性蚀刻特性。但有机层在等离子体中易发生侧链断裂、交联固化等副反应，降低载流子传输性能。因此，刻蚀气氛、功率、时间等参数的优化至关重要。通过在RIE过程中掺入氧气、氮气等，利用化学反应辅助，可降低刻蚀功率，减少等离子损伤。另外，在有机层上覆盖金属硬掩膜、采用柔性掩膜板等，也可在一定程度上减轻等离子损伤，改善器件性能。

（四）封装工艺

OLED器件对水氧非常敏感，暴露在空气中会发生迅速老化，因此必须采用严格的封装措施，隔绝外界水氧，延长器件寿命。OLED封装的核心是阻水阻氧材料与工艺，主要包括干法封装和湿法封装两种类型。

干法封装是在器件上直接沉积致密、透明的阻水阻氧薄膜，常用的材料有氧化硅、氧化铝、氮化硅等。化学气相沉积、等离子体增强原子层沉积等可制备纳米级超薄封装层，但沉积温度较高，易引入应力导致器件损伤。在封装层中掺杂金属纳米颗粒，构筑金属—介质纳米复合膜，或采用纳米多层膜结构，可在保证阻水阻氧性的同时降低膜应力，改善机械柔韧性。

湿法封装是将器件封装在两片基板之间的空腔内，利用黏合剂将基板黏合在一起，内部充入惰性气体或真空。玻璃是最常用的封装基板，为了减轻器件重量，也可采用不锈钢、铝合金等金属材料。黏合剂主要为环氧树脂，内掺杂干燥剂如氧化钙、氧化钡等，吸附腔体内的残余水分。为了进一步提高阻水阻氧性能，在器件与封装体之间引入化学钝化层，采用原子层沉积等方法制备1～100 nm的氧化铝、氧化锆等阻水阻氧涂层。湿法封装虽然制程相对简单，但内部空腔增加了器件厚度，内部气体对器件的散热不利，干燥剂的吸附容量也有限。

理想的OLED封装方案应做到超薄、轻量化、阻水阻氧性能高、制程简单、成本低。柔性OLED器件对封装技术提出了更高要求，需要封装材料与基板同时具备优异的力学性能。

超薄柔性玻璃、聚合物—无机纳米复合膜、石墨烯等新型柔性封装材料的出现，为实现柔性OLED器件的可靠封装带来了新的契机。图形化封装技术通过在器件周边形成环状封装结构，取代了传统的面封装，简化了封装工艺，降低了成本。原子层沉积封装与黏合剂层叠加技术相结合，柔性OLED器件的水汽渗透率可低至10^{-6} g/（m^2·d）以下，寿命可延长至10000 h以上。

四、OLED器件结构设计

除了制造工艺的创新外，OLED器件结构的优化设计也是提升器件性能的重要手段。传统的OLED器件多采用三明治结构，即阳极/空穴注入层/空穴传输层/发光层/电子传输层/电子注入层/阴极。

（一）OLED器件结构种类

针对不同的发光材料体系，器件结构也在不断优化，主要包括以下几个方面。

（1）多层结构。通过在发光层与电极之间插入多个功能层，如空穴阻挡层、激子阻挡层、电子阻挡层等，可有效平衡载流子注入与传输，限制激子和极化子在发光层复合，抑制激子—极化子淬灭，提高器件效率和稳定性。

（2）掺杂结构。客体—主体掺杂是提高OLED器件性能的重要策略。空穴传输层掺杂强给电子材料可提高空穴迁移率，电子传输层掺杂强受电子材料可提高电子迁移率。发光层掺杂磷光客体、热活性延迟荧光客体可显著提高激子利用率和器件效率。

（3）微腔结构。通过在发光层附近引入高反射率金属电极和半透明金属电极，形成法布里—珀罗微腔，可增强发光的色纯度和方向性。精确控制有机层厚度使谐振波长与发射峰匹配，可显著提高光耦合效率和外量子效率。

（4）叠层结构。通过叠加多个发光单元，可实现OLED器件的多色发射和亮度提升。蓝光、绿光、红光发光单元的串联，可获得高效稳定的白光器件。叠层结构虽然制备工艺复杂，但可拓宽OLED器件在照明领域的应用。

（5）顶发射/底发射结构。传统OLED多采用底发射结构，以透明ITO为阳极，发光从基板一侧射出。顶发射结构则采用金属阳极、透明或半透明阴极，发光从阴极一侧射出。顶发射结构可使用不透明硅基背板，提高器件集成度，但对透明阴极的制备提出了更高要求。

（6）电荷产生层结构。在发光层两侧插入载流子产生层，利用界面处电荷转移复合效应产生载流子，可简化OLED器件结构，降低器件驱动电压。如采用MoO_x/NPB界面可有效产生空穴，采用Alq3/Cs_2CO_3界面可有效产生电子。

OLED器件新结构的出现为OLED性能的提升开辟了新路径。但新结构对材料的性质、薄膜的加工提出了更高要求，也带来了新的器件物理问题。深入研究新结构中的能量转移、载流子产生、激子复合、光学干涉等过程，优化材料、界面、光学设计，对于推动OLED技术的发展具有重要意义。

综上所述，OLED器件制造涉及材料合成、薄膜加工、图案化、封装等多个环节，每个环节的创新都有可能带来OLED器件性能的重大突破。真空热蒸镀、旋涂工艺是OLED器件制备的两大主流技术，针对不同材料体系和应用场景，各有优势和局限性。干法刻蚀、原子层沉积等微加工技术是实现OLED高分辨率显示的关键。器件结构设计是推动OLED性能不断提升的核心驱动力，多层结构、掺杂结构、微腔结构、叠层结构等新型器件结构不断涌现，为OLED技术注入新的活力。

（二）OLED制造技术的发展方向

未来，OLED制造技术的发展方向主要体现在以下几个方面。

（1）向大尺寸、轻薄化、柔性化方向发展。随着OLED在电视、照明、可穿戴设备等领域的应用日益广泛，对OLED面板的尺寸、重量、形态提出了更高要求。玻璃基板向超薄柔性塑料、金属箔基板过渡，连续卷绕加工方兴未艾，曲面、异形OLED器件不断涌现，这都对OLED制造工艺提出了新的挑战。发展高产率连续蒸镀技术，提高卷绕控制精度，优化柔性封装方案，是实现OLED大规模柔性化生产的关键。

（2）向低成本、绿色化、智能化方向发展。材料成本、良率、生产效率是制约OLED产业化的瓶颈因素。发展高效廉价的溶液法制备工艺，提高材料利用率，优化器件加工环境，建立智能化生产监控体系，对于降低OLED制造成本至关重要。同时，从原材料、生产到废弃回收的全流程绿色化改造，建立OLED器件的循环再利用机制，实现OLED产业的可持续发展，也是大势所趋。

（3）与新型材料、新型器件结构相融合。OLED技术的进一步发展离不开材料的创新和器件结构的突破。金属卤化物钙钛矿、TADF材料、超分子聚合物等新型发光材料的出现，为OLED带来了新的性能提升空间；量子点发光二极管、钙钛矿发光二极管、微腔发光二极管等新型器件概念的提出，也为OLED技术注入了新的活力。OLED制造技术需要与这些新材料、新结构相适应，不断创新工艺路线和加工方法，释放新型OLED器件的潜力。

（4）与其他新兴技术交叉融合。OLED作为一种新型信息显示和照明技术，正在与多个领域实现交叉创新。将OLED与柔性电子、传感技术相结合，衍生出柔性显示、可延展传感等新应用；将OLED与3D打印技术相结合，实现OLED器件的快速原型制造和个性化定制；将OLED与光通信技术相结合，发展可见光通信等新型显示通信一体化方案。OLED制造技术需要立足自身，放眼未来，主动拥抱其他学科领域，在交叉融合中实现创新发展。

总的来说，OLED器件的高性能化、低成本化、规模化制造是一个宏大的系统工程，涉及材料、器件、工艺、装备等诸多方面，需要科研人员、工程技术人员、产业界同仁的共同努力。我国在OLED产业发展方面已经取得了长足进步，形成了从上游材料、中游面板到下游整机的完整产业链，涌现出一批具有国际竞争力的龙头企业。但在核心材料、关键装备、先进工艺等方面与国际先进水平还存在一定差距，需要进一步加大基础研究投入，加强产学研用协同创新，突破“卡脖子”问题。可以预见，随着我国OLED产业的不断壮大，自主创新能力的不断提升，我国有望成为全球OLED产业发展的重要引擎，引领OLED技术的未来发展方向。

展望未来，OLED必将在信息显示、固态照明、智慧家居等领域得到更加广泛和深入的应用，成为人机交互、智能生活的重要界面。OLED制造技术也将在创新驱动下不断突破瓶颈，向高世代、宽色域、长寿命、低功耗、高柔性的方向不断迈进。我们有理由相信，OLED技术最终将点亮人类生活的每一个角落，用一片绚丽多彩的光芒，照耀通往未来的道路。

第四节　光电传感器的材料与技术

一、光敏传感器

光敏传感器是一种利用光电效应将光信号转换为电信号的传感器件，广泛应用于图像传感、光通信、环境监测、生物医学等领域。光敏传感器按照光电转换原理可分为光电导型、光伏型、光电容型等，按照材料体系可分为硅基、化合物半导体、有机半导体等。本节将系统介绍几种主要的光敏传感器件的材料体系、器件结构和性能特点，分析其在不同应用场景下的优势和局限性。

（一）硅基光敏传感器

硅是光敏传感器领域应用最广泛的材料体系，其凭借优异的光电性能、成熟的制备工艺和与集成电路的兼容性，在图像传感、光通信等领域占据主导地位。硅基光敏传感器主要包括光电二极管（PD）、雪崩光电二极管（APD）、PIN光电二极管等。

1.pn结光电二极管

pn结是最简单的PD结构，由p型硅和n型硅形成的同质结构成。当光照在pn结上时，在耗尽区产生光生电子—空穴对，在结区电场作用下分离形成光电流。pn结PD量子效率可达80%以上，响应速度可达ns量级，在紫外—近红外波段具有较高的探测率。但pn结PD的暗电流较高，频率响应度和线性度较差，需要外加偏置电压。

为了提高pn结PD的性能，研究人员开发了多种改进结构。引入PIN结构可拓宽耗尽区宽度，提高量子效率和响应度，降低结电容。采用Back-illuminated结构可提高入射光吸收效率，降低表面反射损耗。Guard ring结构可降低边缘电场，抑制暗电流。这些结构的优化使得硅基PD的性能不断提升，满足了不同应用领域的需求。

2.雪崩光电二极管

APD是在pn结PD的基础上引入了雪崩倍增结构，利用强电场下载流子的碰撞电离效应，实现光生载流子的倍增，获得高的信号增益。APD通过控制雪崩区的电场强度，可在维持低暗电流的同时获得高达100以上的雪崩增益。Si基APD的增益带宽积可达200 GHz以上，在高速、微弱信号检测领域应用广泛。

Si基APD的关键是设计合理的多层结构，优化雪崩区的电场分布。读出—吸收—倍增（RAPD）结构通过分离吸收区和倍增区，降低了倍增噪声，提高了探测率。超晶格（SAM）APD采用GexSi1−x/Si应变超晶格作为吸收层，提高了量子效率，降低了暗电流。花样埋层（patterned buried layer）结构在Si衬底上生长Si/SiGe/Si量子阱结构，横向调制APD的击穿电压，抑制了边缘击穿效应。

Si基APD虽然具有高灵敏度、高频响应等优点，但其过剩噪声、温度敏感性限制了其在某些领域的应用。盖革（Geiger）模式APD利用Si基APD在反偏略高于击穿电压时的盖革模式倍增效应，可实现单光子探测，在量子信息、生物传感等前沿领域崭露头角。

3. 集成化硅基光电传感器件

将硅光敏器件与CMOS集成电路单片集成，可获得高度集成化的光电传感芯片，实现光电转换、信号放大、模数转换等多种功能。典型的例子是CMOS图像传感器（CIS），利用硅基PD阵列采集光信号，并与周边信号读出、图像处理电路单片集成，广泛应用于数码相机、手机摄像头、安防监控等领域。CIS凭借其低功耗、低成本、集成度高的优势，已成为图像传感领域的主流技术。

先进 CIS技术的发展推动了硅基光敏传感器的pixel微型化和智能化。背照式（BSI）结构将PD阵列制备在芯片背面，避免了金属互连对入射光的遮挡，使量子效率从60%提高到90%以上。三维集成技术将PD芯片与信号处理电路芯片垂直堆叠，缩短了互连线长度，提高了传输速率和抗干扰能力。多像素并行ADC技术赋予了每个像素独立的模数转换单元，实现了像素级并行采样和数字化，极大地提高了成像速度。多帧快门成像技术通过像素级快门控制，在同一帧时间内获取多幅不同曝光时间的子画面，实现高动态范围成像。这些新技术的发展使得硅基CIS的性能不断提升，分辨率从百万像素迈向亿像素，帧频从30帧/s迈向万帧/s。

硅基光敏传感器在光通信领域也得到了广泛应用。硅基PD、APD是光纤通信系统的核心器件，实现光电转换和信号检测功能。将硅基PD与接收放大电路集成，可获得高灵敏度、低噪声的光接收模块。硅基APD与CMOS集成电路单片集成，可实现片上信号放大、均衡和时钟数据恢复，从而大幅降低功耗和成本。硅基光子集成技术的发展，使得激光器、调制器、波导、光电探测器等多种有源无源器件可在硅基底上单片集成，极大简化了系统复杂度，提高了集成度和可靠性。

总的来说，硅基光敏传感器以其性能优异、工艺成熟、成本低廉的优势，在光电成像和光通信等领域占据核心地位。但硅材料禁带宽度较窄（1.1 eV），光谱响应范围有限（300~1100 nm），不能覆盖短波紫外和长波红外波段。因此，拓宽硅基光敏传感器的光谱响应范围，发展基于新材料、新结构的宽谱响应光敏传感器，是未来的重要发展方向之一。

（二）化合物半导体光敏传感器

为了突破硅材料的光谱响应限制，研究人员开发了多种化合物半导体材料体系，实现了从紫外到远红外波段的全光谱探测。化合物半导体材料禁带宽度可调（0.18~6.2 eV），吸收系数高，载流子迁移率高，是构筑高性能光敏传感器的理想材料平台。

1. 紫外光敏传感器

紫外光敏传感器在环境监测、火焰检测、杀菌消毒等领域具有重要应用。宽禁带半导体如SiC、氮化镓（GaN）、氧化锌（ZnO）等是紫外光敏传感器的主要材料体系。

4H-SiC肖特基光电二极管凭借其优异的耐高温、抗辐射性能，在极端环境下的紫外探测领域具有独特优势。GaN基金属—半导体—金属（MSM）结构PD的截止波长可低至365 nm，暗电流低于1 nA，在太阳盲紫外探测领域得到广泛应用。AlGaN基PD探测率可高达10^{14}琼斯，远高于SiC、GaN器件。AlGaN/GaN超晶格探测器的光谱响应可延伸至200 nm以下，量子效率高达80%以上。ZnO基MSM结构PD的紫外/可见抑制比可达10^3，响应速度可达ps量级。ZnMgO/ZnO量子阱PD可实现200~300 nm波段的窄谱响应，在深紫外水汽、臭氧监测等领域具有重要应用。

目前，化合物半导体紫外光敏传感器主要采用MSM、肖特基、p-i-n等横向结构，存在光响应面积小、耦合效率低等问题。发展具有三维集成结构的紫外光敏传感器，如纳米线阵列、纳米管阵列等，有望显著提高器件的量子效率和探测率。此外，化合物半导体紫外焦平面探测器件的大规模集成也有待进一步发展。

2. 红外光敏传感器

红外光敏传感器根据波长范围可分为短波红外（SWIR，0.9~2.5 μm）、中波红外（MWIR，3~5 μm）、长波红外（LWIR，8~14 μm）和极长波红外（VLWIR，＞14 μm）四类，在夜视成像、导弹制导、气体遥感等领域具有重要应用。

InGaAs是SWIR探测器的主要材料体系，其凭借优异的光响应特性和较低的制造成本，在光通信、激光测距等领域得到广泛应用。InGaAs PIN-PD的响应度可达1.2 A/W，暗电流低至10 pA，频率带宽高达40 GHz。InGaAs APD的增益可高达30，噪声系数低至2~3。焦平面探测器方面，InGaAs传感器芯片与CMOS读出电路采用倒装封装技术（Flip-chip）结合，可实现QVGA及以上分辨率的SWIR成像。InGaAs/GaAsSb Ⅱ型超晶格PD的截止波长可延伸至2.5 μm，量子效率可达80%，为SWIR宽谱探测提供了新的途径。

HgCdTe是MWIR、LWIR乃至VLWIR波段的理想探测材料，禁带宽度（0.1~1.5 eV）可通过调节Hg组分连续可调。HgCdTe PD工作在液氮温度下（77 K），MWIR器件的探测率可达10^{11} cm·$Hz^{1/2}$/W，LWIR器件噪声等效温差（NETD）可低至20 mK。但HgCdTe材料带隙较软，器件一致性差，且含剧毒重金属汞，成本较高。

Ⅲ~Ⅴ族化合物，如InSb、InAsSb，在MWIR波段具有与HgCdTe相当的探测性能。InSb PD的量子效率可达90%，频率带宽可达1 GHz量级。InSb焦平面探测器已实现640×512像素规模，NETD低于20 mK。InAsSb nBn结构PD引入了宽禁带势垒层，暗电流比常规InAsSb PIN器件降低1~2个数量级，工作温度提高到200 K以上。但InSb、InAsSb器件均需低温工作，制冷功耗大。

Ⅳ~Ⅵ族半导体化合物如PbS、PbSe量子点材料，室温下具有MWIR探测能力，吸收波长最高可达4.8 μm，胶体量子点可实现低成本、大面积制备。但其器件性能与HgCdTe、InSb

器件仍有较大差距，量子效率低于50%，暗电流较高。表面钝化、异质结构等策略可在一定程度上改善PbS/PbSe量子点器件的性能。

超晶格材料InAs/GaSb、InAs/InAsSb是LWIR波段的新兴材料体系，通过调控量子阱层的组分和厚度，可实现8~4 μm乃至更长波段的红外响应。InAs/GaSb Ⅱ型超晶格PD在77 K下的RoA（R0A）积可高达10^6 Ω·cm^2，比MCT器件高2~3个量级。InAs/InAsSb W型超晶格PD的暗电流较InAs/GaSb器件降低近2个量级，频率带宽可达100 MHz。超晶格LWIR焦平面探测器已实现1024×1024像素以上规模。但超晶格材料存在巨大的晶格失配，位错缺陷严重，器件性能一致性有待提高。

新型低维材料如石墨烯、过渡金属硫属化合物（TMDs）、黑磷等，其因优异的光电特性和室温宽谱探测能力，在红外光敏传感领域备受关注。石墨烯PD可在0.3~6 μm波段实现高灵敏度探测，响应度高达107 A/W。MoS_2/石墨烯异质结PD的探测波长可延伸至12 μm，探测率达10^{10}琼斯。黑磷/MoS_2异质结PD的响应度可达10^3 A/W，频率带宽可达1 GHz。但低维材料器件的暗电流较高，噪声较大，稳定性和一致性有待提高。发展表面钝化、掺杂调控等方法，优化异质结构设计，是提升新型低维材料红外探测器性能的关键。

3. 太赫兹光敏传感器

太赫兹（THz）波段（0.1~10 THz）介于微波和红外之间，在安检成像、物质指纹识别、无线通信等领域具有广阔应用前景。但太赫兹光子能量低（4.1 meV/THz），难以用传统的半导体材料实现有效探测。

高电子迁移率晶体管（HEMT）是实现太赫兹波段室温探测的有效方式之一。基于等离子波探测机制，入射太赫兹波激发晶体管沟道中的等离子波，调制晶体管的源漏电流。InGaAs、GaN等Ⅲ~Ⅴ族异质结HEMT的等离子波谐振频率可覆盖0.1~1 THz，响应度可达kV/W量级。石墨烯HEMT探测器凭借其超高载流子迁移率和二维电子气密度的优势，响应度可高达100 V/W，工作频率可延伸至5 THz以上。但THz HEMT器件的灵敏度仍然较低，响应速度受限于晶体管的RC时间常数。

基于非线性光学效应的太赫兹探测是另一种有效途径。当两束频率接近的激光照射到非线性介质上时，通过差频效应会产生太赫兹辐射。反之，太赫兹辐射与强激光场作用，通过和频效应可产生光学频率的响应信号。利用电光晶体如ZnTe、$LiNbO_3$等材料的非线性极化效应，可实现相干太赫兹波的高灵敏度探测。有机非线性材料如DAST、DSTMS等，具有超高的电光系数，成为太赫兹探测的新兴材料体系。通过微结构设计，将非线性材料集成于太赫兹波导、微腔中，可显著提高探测灵敏度和工作频率。但非线性太赫兹探测通常需要飞秒激光激励，系统复杂庞大。

新型二维材料与等离激元纳米结构的复合，为太赫兹光敏传感器的发展开辟了新的途径。金属等离激元纳米天线可将太赫兹波局域于纳米尺度的“热点”区域，大幅提高光与物质的相互作用。石墨烯等二维材料独特的能带结构和超高迁移率特性，使其成为理想的太赫兹响应材料。石墨烯等离激元太赫兹探测器的响应度可高达100 V/W，噪声等效功率可低至20 pW/$Hz^{1/2}$。过渡金属硫属化合物（如MoS_2、WS_2等）在层间具有极强的非线性极化响应，成为太赫兹探测的新兴材料平台。

总的来说，化合物半导体材料以其优异的光电特性和宽谱响应能力，极大拓展了光敏传感器的应用范围。从紫外到太赫兹波段，覆盖了环境监测、生物医学、天文观测、军事侦察等诸多领域。新型半导体异质结构、低维材料、微纳光子结构的发展，为光敏传感器性能的提升提供了新的机遇。但不同材料体系也面临着器件工艺难度大、成本高、可靠性差等共性挑战。发展硅基CMOS工艺与化合物半导体、新材料技术的融合，是未来光敏传感器产业化的必由之路。

（三）有机半导体光敏传感器

有机半导体材料具有分子结构可设计、吸收系数高、柔性可延展等独特优势，在光敏传感领域展现出诱人的应用前景。有机光敏传感器结构简单，可通过溶液加工制备，成本低廉。其薄膜状态易集成于柔性基底上，制备柔性可延展的光敏阵列，在可穿戴电子、人机交互、机器视觉等领域具有广阔的应用空间。

有机光敏传感器主要采用光伏效应将光信号转换为电信号。基本器件结构包括有机半导体活性层夹在两个异种功函数电极之间，形成内建电场。入射光激发活性层产生电子—空穴对，在内建电场的作用下定向迁移形成光电流。有机半导体材料主要包括有机小分子半导体和有机聚合物半导体两大类。

1.有机小分子光敏传感器

酞菁、卟啉、C60等有机小分子材料具有吸收系数高、载流子迁移率高的特点，是构筑高性能有机光敏传感器的理想材料体系。金属酞菁化合物对600～800 nm波段强烈吸收，是近红外有机光敏传感器的代表性材料。酞菁锌（ZnPc）/C60异质结光电二极管的光响应度可达0.3 A/W，探测率达10^{13}琼斯。卟啉化合物对紫外—可见光具有宽谱响应，且具有优异的化学稳定性和热稳定性。卟啉锌（ZnP）/C60异质结PD对300～800 nm波段具有平坦响应，响应度可达0.28 A/W。富勒烯及其衍生物具有高电子亲和力和超快响应特性，是构筑有机光敏传感器的重要电子受体材料。C 60/并五苯异质结PD的响应速度可达50 ps量级，频率带宽高达20 GHz。

有机小分子半导体材料易通过真空蒸镀、气相沉积等方法制备高纯度薄膜。但小分子材料结晶性强，薄膜均匀性和机械柔韧性较差，器件稳定性有待提高。引入阻挡层、缓冲层等互连层结构，优化界面钝化方法，引入柔性基底和封装技术，是改善有机小分子光敏器件性能的重要途径。

2.有机聚合物光敏传感器

有机聚合物半导体具有优异的成膜性和机械柔韧性，易通过溶液加工方法（如旋涂、喷墨打印等）制备大面积、柔性器件，成本低廉。聚（3-己基噻吩）（P3HT）、聚[2-甲氧基-5-（2-乙基己氧基）-1,4-亚苯基乙烯]（MEH-PPV）等给体型共轭聚合物与PCBM等受体分子共混，形成体异质结活性层，是有机聚合物光敏传感器的代表性材料体系。P3HT：PCBM共混膜光电二极管对400～650 nm波段的响应度可达0.3 A/W以上，−3 dB频率带宽可达1 MHz量级。

窄带隙聚合物如PCDTBT、PDPP3 T等的引入，使有机聚合物光敏传感器的光谱响应范围拓展至近红外波段。窄带隙聚合物/富勒烯异质结PD的近红外探测率可达1012琼斯以上。石墨烯/过渡金属硫属化合物等新型二维材料与有机聚合物的复合，进一步拓宽了有机光敏传感器的波段覆盖范围，石墨烯/聚合物复合PD可在紫外—太赫兹波段实现宽谱探测。

有机聚合物光敏传感器的关键是提高载流子迁移率和光电转换效率。主链/侧链工程、能级匹配、薄膜形貌优化等分子设计策略可显著影响器件性能。引入非富勒烯受体材料如ITIC、IDIC等，可弥补传统富勒烯受体吸收系数低的缺陷，改善给受体光子捕获能力。引入钙钛矿量子点等无机纳米结构，可显著提高光生载流子解离效率，抑制复合损失。发展透明电极、金属纳米线电极等新型电极结构，可进一步提高器件的光耦合效率和柔性特性。

总的来说，有机光敏传感器具有材料多样性高、光谱响应范围宽、机械柔韧性好、成本低廉等优势，有望成为下一代柔性、可穿戴光电传感技术的核心。但有机材料存在载流子迁移率低、器件稳定性差等固有缺陷，与无机光敏传感器相比仍有较大差距。发展新型有机半导体材料，优化异质结构和界面，发展封装和集成技术，是推动有机光敏传感器走向实用化的关键。有机—无机杂化光敏传感器的出现，有望集两者之长，实现高性能、低成本、柔性化的新一代光敏传感器件。

展望未来，光敏传感器将向多功能化、集成化、智能化的方向发展。不同材料、不同波段、不同功能的光敏传感单元将通过异质集成实现单芯片集成，突破传统单一光敏传感器的性能瓶颈。微纳光电结构与光敏材料的融合，将显著提高器件的响应度、速度和光谱选择性。新型信号处理和智能算法赋予光敏传感器智能感知和自主决策的能力，推动智慧城市、自动驾驶、人工智能等变革性技术的发展。

同时，光敏传感器在前沿交叉领域展现出诱人的应用前景。量子光敏传感器利用量子调控和测量技术，突破传统器件的灵敏度和分辨率极限，在量子信息、生物探测等前沿领域崭露头角。神经形态光敏传感器模拟视网膜的结构和功能，通过内存、运算、感知的高度融合，实现超低功耗、实时响应的智能感知。柔性可延展光敏传感器与人体皮肤、器官高度贴合，实现人机交互、健康监测等新功能。自供能光敏传感器利用环境光、机械能等新能量，突破传统器件的供能瓶颈，实现永续工作的自驱动传感网络。

总之，光敏传感器技术正处于从材料、器件到系统、应用的全面革新期。不同技术路线之间的交叉融合，将不断催生新原理、新结构、新功能的光敏传感器。光敏传感器与微纳光子学、柔性电子学、人工智能等新兴技术的交叉融合，必将推动信息技术、生命科学、能源环境等诸多领域的变革性发展。

二、气敏传感器

气敏传感器是一类利用材料电学特性对环境气氛变化产生响应的传感器件，在环境监测、工业安全、农业生产、医疗诊断等领域应用广泛。气敏传感器的核心是气敏材料，其电阻、电容、功函数等电学参数会随环境气氛的变化而变化，通过检测这些电学信号的变化，可实现气体成分和浓度的定性定量分析。

（一）金属氧化物半导体气敏传感器

金属氧化物半导体是开发最早和应用最广泛的气敏材料体系，主要包括SnO_2、ZnO、TiO_2、WO_3、In_2O_3等n型半导体和NiO、CuO、Co_3O_4等p型半导体。这些金属氧化物在高温条件下对还原性气体（如H_2、CO、CH_4等）和氧化性气体（如NO_2、O_3等）具有良好的敏感特性，电阻值随气氛变化而显著改变。

1. 气敏机理

金属氧化物气敏传感器的工作原理与材料表面的氧吸附和电子耗尽层密切相关。以n型半导体SnO_2为例，在大气环境中，氧气分子吸附在SnO_2表面并俘获电子，形成O^{2-}、O^-等负离子，使得表面形成一层电子耗尽层，导致电阻升高。当暴露于还原性气体如CO中时，CO与表面吸附氧反应生成CO_2，释放出电子返回SnO_2导带，耗尽层厚度减小，电阻降低。气体浓度越高，表面反应越强烈，电阻变化越显著。而对于p型氧化物如CuO，气敏机理则恰好相反，还原性气体使空穴耗尽层厚度增加，电阻升高。

气敏机理表明，提高气敏材料的比表面积和表面活性位点密度，优化表界面氧吸附和反应动力学过程，是提升气敏性能的关键。纳米化和多孔化可显著提高气敏材料的比表面积，纳米线、纳米管、介孔等多孔结构的引入使气体扩散和传质过程大大加快。异质结、核壳结构等复合纳米结构可提供更多的活性位点，促进表面氧化还原反应，提高灵敏度和响应速度。

2. 材料体系与器件结构

SnO_2是最典型的n型金属氧化物气敏材料，对H_2、CO、CH_4、乙醇等还原性气体具有优异的敏感特性，商业化气敏器件市场占有率高达90%以上。纯SnO_2的最佳工作温度高达300~400 °C，功耗较大。掺杂催化剂如Pd、Pt、Au等贵金属，可显著降低SnO_2的最佳工作温度至200 °C以下，同时提高对特定气体的选择性。Cu、Cr、Fe等过渡金属掺杂可调控SnO_2的酸碱性位点，优化表面反应路径，提高灵敏度和选择性。

ZnO纳米材料具有高化学稳定性和高热稳定性，对乙醇、丙酮等挥发性有机物（VOCs）气体具有优异的灵敏度，且响应恢复速度快。通过形貌和表面修饰调控，ZnO气敏器件的最佳工作温度可降至100~200 °C。引入Au、Ag、Cu等金属纳米颗粒修饰，可显著提高VOCs气体分子在ZnO表面的吸附和反应，响应度可提高1~2个数量级。ZnO与其他金属氧化物（如SnO_2、TiO_2、Fe_2O_3等）复合，可进一步提高气敏性能，拓宽可检测气体种类。

WO_3对氧化性气体NO_2、O_3等具有优异的选择性和灵敏度，在ppb（十亿分之一，10^{-9}）级别的NO_2检测中表现出良好的线性响应特性。WO_3/SnO_2、WO_3/ZnO复合结构可有效改善WO_3的高阻特性，提高气敏器件的信噪比和稳定性。

3. 器件集成与应用

金属氧化物气敏材料通常采用厚膜集成技术制备气敏阵列传感器。采用丝网印刷法在氧化铝陶瓷管上印刷金属氧化物浆料，经高温烧结形成气敏敏感层；内置Pt合金丝加热器，控制传感器工作温度；采用Au复合膜电极引出气敏响应信号。多个传感单元集成于同一基板，并联或串联输出，可实现气体成分的定性分析。

气敏阵列传感器的核心是模式识别算法，通过主成分分析（PCA）、线性判别分析（LDA）等多元统计学习方法，对气敏阵列的多维响应数据进行特征提取和分类识别，实现气体的定性定量分析。神经网络、支持向量机等人工智能算法的引入，进一步提高了气敏阵列的识别精度和可靠性。

金属氧化物气敏阵列在工业生产、环境监测、食品安全等领域得到了广泛应用。在工业生产领域，用于检测可燃、有毒气体的泄漏，确保生产安全；在环境监测领域，用于大气污染物的实时监控和溯源解析；在食品安全领域，用于农残、有毒物质的快速筛查。随着物联网、人工智能等新技术的发展，气敏阵列有望成为智慧城市、智能家居等领域的重要数据接入终端。

（二）有机/聚合物气敏传感器

有机/聚合物材料具有分子结构可设计、室温响应、柔性可延展等优点，在可穿戴、柔性气敏传感器领域展现出诱人的应用前景。有机气敏材料主要包括导电聚合物、有机小分子半导体和有机—无机杂化材料等。

1.导电聚合物

导电聚合物具有独特的共轭大 π 键结构，载流子沿主链离域和传输，表现出类金属的导电特性。吸附气体分子后，导电聚合物的构象和电子结构发生改变，电导率随之改变。聚吡咯（PPy）、聚噻吩（PTh）、聚苯胺（PANI）是最常用的导电聚合物气敏材料。

PPy对NH_3气体具有优异的室温响应特性，NH_3分子吸附后PPy骨架发生质子化，导电率显著降低。Fe、Cu等金属掺杂可提高PPy对NH_3的灵敏度和选择性。PANI纳米纤维薄膜对H_2S气体具有高灵敏度响应，H_2S吸附后使PANI的氧化还原态发生转变，导电率提高1~2个数量级，且响应可逆性好。PTh及其衍生物对醇类、酯类等VOCs具有显著的室温响应，掺杂Pd、Au等贵金属可提高灵敏度至ppm（百万分之一，10^{-6}）量级。

导电聚合物气敏材料易通过溶液法加工成柔性薄膜，适合制备可穿戴气敏器件。在导电聚合物中掺杂碳纳米管、石墨烯等纳米导电填料，可显著提高气敏薄膜的导电性和机械强度。聚合物与无机纳米结构（如金属氧化物、金属纳米颗粒等）形成有机—无机杂化敏感层，可同时提高气敏层的导电性和比表面积，改善器件响应特性。

2.有机小分子半导体

卟啉、酞菁、并五苯等平面型共轭小分子在气体吸附前后会产生显著的电学响应，是常用的有机小分子气敏材料。卟啉化合物对O_2、CO、NO等气体具有优异的室温响应，小分子内大 π 共轭体系有利于气体分子的快速吸附和电荷转移。将卟啉衍生物掺杂到聚合物基质中，可大幅提高气敏薄膜的加工性能和机械稳定性。酞菁化合物对NH_3、NO_2等极性气体分子具有显著的选择性，酞菁环上金属离子的改变可调控对不同气体的响应。并五苯及其衍生物对硝基芳香族爆炸物具有独特的响应，与其形成给体—受体复合物后电导率急剧下降，可用于安检、反恐等领域。

有机小分子气敏材料多采用真空蒸镀的方式制备超薄敏感层，膜厚可控制在纳米量级，有利于气敏响应的快速恢复。有机小分子/金属氧化物异质结可显著提高气敏层的导电性和比表面积，Au、Ag等金属纳米颗粒的修饰可提高气体分子在敏感层表面的吸附力，优化气敏性能。石墨烯等二维材料作为有机小分子的载体，可大幅提高气敏器件的灵敏度和响应速度。

3.有机场效应晶体管

有机场效应晶体管（OFET）型气体传感器利用气体吸附引起有机半导体沟道电导率的变化，或栅介质电容的变化，实现气体检测。有机半导体材料如并五苯及其衍生物，对硝基芳香族化合物具有显著的电荷转移响应，可用于超灵敏度爆炸物检测。在沟道层中掺杂金属卟啉等红/化学转移配分子，或在栅介质中引入金属—有机骨架（MOF）等多孔材料，可显著提高OFET气敏器件的灵敏度和选择性。OFET阵列传感器可实现气体成分的实时成像与图案识别，在防伪、笔迹分析等领域具有广阔应用前景。

总的来说，气敏传感技术是物联网、智慧城市等现代信息系统的重要数据接入端口，在工农业生产、环境监测、公共安全、医疗健康等领域有着重要的作用。金属氧化物半导体气敏材料凭借其高灵敏度、高选择性、易集成等优势，占据了气敏传感器市场的主导地位。但其较高的工作温度和功耗、易中毒和老化等问题，也限制了其在可穿戴、便携式气敏传感领域的应用。

有机/聚合物气敏材料以其室温响应、分子结构可设计、柔性可延展等特点，有望突破传统无机气敏材料的局限性，实现高性能、低功耗、多功能的新一代气敏传感器。但有机气敏材料普遍存在选择性差、稳定性差、响应可逆性差等缺陷，其实际应用尚面临诸多挑战。

未来，气敏材料的微纳结构设计、表界面修饰、异质结复合等，将是提升气敏性能的重要途径。仿生学、超分子组装等新概念、新方法将为气敏材料的设计合成带来新思路。柔性电子、3D打印等新技术将促进气敏传感器件加工和集成方式的变革。气敏传感、模式识别与人工智能的深度融合，将赋予气敏传感器更强的数据处理、特征提取和智能决策能力，推动多组分、实时在线的智能气体感知系统的发展。

气敏传感作为现代传感技术的重要分支，在物质结构、器件物理和智能信息等不同维度呈现出从经验向科学、从单一向集成、从感知向智能的发展态势。随着纳米技术、信息技术、智能技术等现代科学的不断渗透与融合，气敏传感器必将从单一的气体检测手段，演变为集环境感知、健康监测、安全预警、决策控制等多功能于一体的智能终端，在构建人类健康、和谐、可持续的生存环境中扮演更加重要的角色。

三、生物传感器

生物传感器是一类利用生物分子或生物组织的特异性识别功能，将生物信号转换为可定量检测的电信号、光信号等的传感器件。与传统的物理、化学传感器相比，生物传感器具有灵敏度高、选择性强、响应快速等优点，在临床诊断、药物筛选、食品安全、环境监测等领域具有广阔的应用前景。

（一）酶传感器

酶是一类具有高效、专一催化功能的生物大分子，是构建生物传感器的重要功能材料。酶传感器利用酶与底物分子间的特异性识别，将底物浓度转换为电信号输出，实现对目标物的定量检测。葡萄糖氧化酶是应用最广泛的酶传感器敏感材料，可特异性催化葡萄糖氧化为葡萄糖酸，同时伴随氧气的消耗和过氧化氢的生成。葡萄糖浓度可通过检测氧气还原电流或过氧化氢氧化电流间接测定，是临床血糖监测的主要手段。

除葡萄糖氧化酶外，乳酸氧化酶、胆固醇氧化酶、尿酸氧化酶等特异性氧化酶也被广泛应用于构建相应的代谢物传感器。将这些氧化酶固定于金、铂等惰性电极表面，通过电化学技术检测反应过程的电子转移，即可实现对乳酸、胆固醇、尿酸等生物标志物的快速、灵敏检测。

（二）免疫传感器

免疫传感器利用抗原—抗体特异性结合的免疫反应，将抗原或抗体浓度转换为可定量检测的物理化学信号。免疫传感器通常由敏感元件和信号转导元件两部分组成。敏感元件是将抗体或抗原固定在固相载体表面形成的分子识别层，信号转导元件将免疫反应引起的物理化学变化转换为电信号、光信号等。

酶联免疫传感器（EIS）是一类重要的电化学型免疫传感器。以夹心酶联免疫法为例，将捕获抗体固定于电极表面，加入待测样品，再加入酶标记的信号抗体，形成“抗体—抗原—酶标记抗体”的夹心复合物。加入酶底物后，酶催化底物分解产生电活性物质，通过电流信号的变化，即可实现对抗原浓度的定量检测。酶联免疫传感器灵敏度高、特异性强，样品用量少，是临床免疫分析的主要方法。

压电免疫传感器利用压电晶体的质量敏感特性，将抗原—抗体结合引起的质量变化转换为频率信号。典型的压电免疫传感器采用石英晶体微天平（QCM）作为频率信号转导器，在金电极表面修饰抗体分子层，抗原结合引起的微小质量变化可引起QCM谐振频率的显著改变。压电免疫传感器的检测灵敏度可达ng/mL量级，响应时间可低至分钟级，适用于癌症标志物、病毒抗原等超痕量检测。

光学免疫传感器利用荧光、化学发光、表面等离子体共振（SPR）等光学信号的改变，实现抗原—抗体结合反应的实时、动态监测。将捕获抗体固定于光学传感芯片表面，抗原结合后引起局部折射率的改变，通过SPR信号强度和角度的变化，即可实现抗原浓度的定量检测。SPR免疫传感器的检测下限可达pg/mL量级，且无须标记，适用于蛋白质相互作用、药物筛选等动力学分析。

（三）DNA传感器

DNA传感器利用核酸分子间的碱基互补配对原理，实现DNA序列的特异性识别和定量检测。DNA传感器主要由DNA探针和信号转导两部分组成。DNA探针通常为一段与目标序列互补的寡核苷酸，通过物理吸附或共价键合的方式固定于传感器表面。目标DNA与探针杂交后，双链DNA的形成引起传感器表面的物理化学性质发生改变，通过电化学、荧光、QCM等信号转导技术，即可实现对目标DNA浓度的定量检测。

DNA电化学传感器利用碱基互补配对前后电极界面电子转移阻抗或导电性的改变，实现DNA杂交反应的灵敏检测。将巯基修饰的DNA探针自组装于金电极表面，目标DNA杂交后，双链DNA对电极表面的电荷转移产生空间位阻效应，电子转移阻抗显著增大。通过电化学阻抗谱（EIS）或循环伏安（CV）等技术检测阻抗变化，即可实现对目标DNA浓度的定量分析。引入DNA内切酶、核酸外切酶等酶促反应，可进一步放大DNA杂交前后的电化学信号差异，将检测灵敏度提高1~2个数量级。

DNA光学传感器主要利用DNA分子的荧光信号变化，实现对DNA杂交反应的实时动态监测。将荧光基团标记的DNA探针固定于传感器表面或纳米颗粒上，目标DNA杂交后，荧光基团与传感器表面的距离发生改变，荧光强度发生显著变化。DNA光学传感器的检测下限可达fM量级，通过荧光共振能量转移（FRET）、金属增强荧光（MEF）等信号放大技术，灵敏度可进一步提高1~2个数量级。

基于DNA适配体的传感器是DNA传感器的另一重要分支。DNA适配体是一类通过指数富集配基系统进化技术（SELEX）筛选得到的单链DNA或RNA片段，可高亲和力、高特异性地结合特定的目标分子。将DNA适配体固定于传感器表面，与目标分子结合后引起适配体构象的改变，通过电化学、荧光、SPR等信号转导技术，即可实现对目标分子的特异性检测。DNA适配体传感器响应速度快、重复使用性好，在小分子药物、金属离子、病原体检测等领域具有广阔的应用前景。

（四）细胞传感器

细胞传感器利用活细胞对生理、药理刺激的响应，实时、动态地监测细胞生理功能的变化，在药物筛选、毒性评价、再生医学等领域具有重要应用。细胞传感器主要由载体材料、信号转导和细胞三部分组成。载体材料提供了细胞黏附生长的基底，信号转导将细胞响应转换为可定量检测的物理化学信号。

微电极阵列（MEA）是一类重要的电化学型细胞传感器，可实时、无损地记录细胞的电生理活动。MEA由一系列微纳尺度的电极单元阵列组成，电极材料通常为金、铂、ITO等生物相容性良好的导电材料。细胞在MEA表面培养后，细胞膜电位变化引起的离子电流可被电极检测并转换为电信号输出。MEA可实现对神经元、心肌细胞等兴奋性细胞的动作电位、电场电位的高灵敏度、高时空分辨检测，在脑机接口、新药筛选等领域具有重要应用。

电细胞阻抗传感（ECIS）是另一类重要的细胞传感器，可实时监测活细胞在电极表面生长、迁移、死亡等过程中引起的界面阻抗变化。将细胞接种于金微电极阵列表面，细胞在电极表面铺展、紧密连接形成单层后，显著增大了电极界面的电荷转移阻抗。引入药物、毒素等化学刺激后，可引起细胞骨架收缩、致密连接打开，电极阻抗迅速下降。ECIS可实现对细胞增殖、迁移、死亡的实时、定量监测，在毒理学研究、创药筛选等领域得到了广泛应用。

（五）生物传感器的发展趋势

微纳加工技术的进步极大地推动了生物传感器的微型化、集成化进程。微流控芯片可将样品预处理、分离纯化、生物识别等多个分析单元集成于毫米级芯片上，实现常规生化分析的微型化、自动化。纳米材料的引入显著提高了生物传感器的灵敏度和选择性。纳米金、量子点、石墨烯等纳米材料独特的光电性质和比表面积效应，可大幅放大生物分子识别引起的物理化学信号变化，将传感器灵敏度提高数个数量级。柔性电子技术的发展，使得可穿戴、可植入式生物传感器成为可能。石墨烯、导电聚合物等新型柔性电极材料赋予了生物传感器良好的机械柔韧性和生物相容性，有望实现人体内生理信号的实时、动态监测。

然而，生物传感器的产业化应用仍面临诸多挑战。生物分子固定化技术是影响传感器性能和稳定性的关键因素。酶、抗体等生物大分子在固定化过程中容易发生构象改变和活性损失，而DNA、RNA等核酸分子与固相载体的非特异性吸附也会降低传感器的灵敏度和重现性。开发新型固定化载体和偶联技术，优化生物分子的空间取向和构象稳定性，是提高生物传感器实用化水平的重要途径。

生物分子识别信号的放大与转导是一个亟待突破的瓶颈。天然生物分子的结合能较低，识别过程引起的物理化学信号变化较弱，若直接转导为电信号、光信号等，则灵敏度和信噪比难以满足实际应用需求。发展新型信号放大机制和转导技术，如酶促循环放大、核酸分子信标、表面增强拉曼等，可显著提高生物传感器的灵敏度和特异性。同时，将生物识别与信号转导元件微纳结构化集成，优化界面结构与材料体系，可进一步改善生物传感性能。

多组分、高通量分析是生物传感器的重要发展方向。利用分子印迹、核酸适配体等仿生识别元件，可实现对小分子污染物、生物毒素等非生物分子的特异性识别；将酶、抗体、核酸等不同识别元件集成于同一芯片，结合微流控阵列技术，可实现对多组分、复杂基质样品的高通量检测；引入人工智能、大数据分析等现代信息技术，有望突破传统生物分析的经验局限，发展智能化、个性化的现场快速诊断系统。

生物传感器在疾病诊断、环境监测、食品安全等事关民生健康的重大领域初显锋芒，但其真正步入实用化还任重道远。纵向来看，生物传感器在传感机理、器件结构、制备工艺等方面仍有诸多基础科学问题亟待突破；横向来看，生物学、化学、材料学、电子学等多学科的交叉融合是推动生物传感器发展的必由之路。可以预见，随着生命科学与纳米技术、信息技术、智能制造等现代科技的深度融合，以及产学研用协同创新机制的不断完善，生物传感器必将有很大的发展空间。

第六章　能源材料

第一节　锂离子电池正、负极材料的制备与性能

锂离子电池自20世纪90年代商业化以来，便成为便携式电子设备的主流电源，并在电动汽车、储能等领域展现出广阔的应用前景。锂离子电池的性能很大程度上取决于电极材料，尤其是正、负极材料的性能。本节将从正、负极材料的制备和性能研究两个方面进行阐述。

一、正极材料

锂离子电池正极材料主要包括层状氧化物、尖晶石氧化物和聚阴离子化合物三大类。

（一）层状氧化物

层状氧化物材料，如$LiCoO_2$、$LiNiO_2$和$LiMnO_2$等，具有良好的电化学性能，是商业化锂离子电池的主流正极材料。目前，改性$LiNi_xCo_yMn_zO_2$（NMC，$x+y+z=1$）和$LiNi_xCo_yAl_zO_2$（NCA，$x+y+z=1$）材料因综合性能优异而备受关注。NMC和NCA材料通常采用共沉淀法制备前驱体，再经高温煅烧得到。改变金属元素的组成比例可调控材料的结构与性能。例如，Ni含量的提高有利于提升材料的比容量，但会降低热稳定性；而提高Mn或Al的含量则有利于改善材料的结构稳定性和安全性。因此，优化各组分的比例对于开发高性能NMC和NCA材料至关重要。

（二）尖晶石氧化物

尖晶石型$LiMn_2O_4$因资源丰富、成本低而备受青睐，但其较低的工作电压（约4.1 V）和循环过程中的结构不稳定性限制了其应用。掺杂改性是改善$LiMn_2O_4$性能的有效途径，如用Al、Mg、Ni等替代部分Mn，可抑制尖晶石结构的杨－泰勒（Jahn−Teller）畸变，提高结构稳定性。此外，表面包覆也能改善$LiMn_2O_4$的电化学性能，如在$LiMn_2O_4$表面包覆一层氧化物（如Al_2O_3、ZrO_2等）或磷酸盐，能有效抑制Mn溶解，改善高温存储和长循环性能。值得一提的是，高电压尖晶石材料$LiNi_{0.5}Mn_{1.5}O_4$因兼具高能量密度和高功率密度的优点而备受关注。$LiNi_{0.5}Mn_{1.5}O_4$通常采用固相法或共沉淀法制备，煅烧温度和气氛对材料的结构与性能有显著影响。

（三）聚阴离子化合物

聚阴离子化合物材料，如$LiFePO_4$和$Li_3V_2(PO_4)_3$等，具有优异的结构稳定性和安全性能，是高功率动力电池的理想正极材料。$LiFePO_4$通常采用固相法、共沉淀法、水热/溶剂热法等制备。由于$LiFePO_4$本身导电性差，碳包覆和元素掺杂（如Mg、Ni等）是改善其倍率性能的有效方法。对于$Li_3V_2(PO_4)_3$，通过调控颗粒形貌、减小颗粒尺寸、包覆导电碳以及控制电解液体系等，可显著提升其倍率性能。

二、负极材料

商业化锂离子电池负极材料主要为石墨，其理论比容量为372 mAh/g，已接近极限。开发高比容量负极材料是提高电池能量密度的关键。

（一）硅基负极材料

硅因其高达4200 mA·h/g的理论比容量而深受青睐。然而，硅在嵌锂过程中体积变化高达300%，导致严重的粉化和容量衰减。减小硅颗粒尺寸可在一定程度上缓解体积膨胀问题，如采用纳米硅、多孔硅等。此外，构筑硅碳复合结构也是改善硅负极循环稳定性的有效途径，如硅碳核壳结构、硅碳纳米管阵列等。这些复合结构能有效缓冲硅的体积变化，提供快速的电子和离子传输通道，从而显著提升硅负极的循环稳定性。

（二）锡基负极材料

金属锡是一类重要的高比容量负极材料，其理论比容量高达993 mAh/g。但与硅类似，锡在嵌锂过程中也会发生巨大的体积变化，导致电极粉化和容量快速衰减。采用纳米结构和构筑锡碳复合材料是改善锡负极性能的有效方法。例如，中空纳米锡球、多孔锡基复合材料、锡碳纳米线等，都表现出优异的电化学性能。

（三）过渡金属氧化物/硫化物

过渡金属氧化物/硫化物，如Co_3O_4、Fe_3O_4、MoS_2等，因其独特的反应机制和高比容量而受到广泛关注。这类材料的储锂机制通常基于“转化反应”，即金属氧化物/硫化物与锂发生化学反应生成金属单质和Li_2O/Li_2S，实现锂离子的存储。然而，转化反应通常伴随较大的结构变化和体积效应，导致较差的循环稳定性。纳米化和复合结构化是改善过渡金属氧化物/硫化物负极性能的重要手段。例如，片层状MoS_2通过缩小尺寸、掺杂改性以及与碳材料复合，其倍率性能和循环稳定性可以得到显著提升。

锂离子电池正、负极材料的性能对于电池的能量密度、功率密度、循环寿命和安全性能起着决定性作用。前面总结了一些典型正、负极材料的制备方法和改性策略，可为开发高性能锂离子电池电极材料提供重要参考。未来，高能量密度、长循环寿命、高安全性仍是锂离子电池正、负极材料研究的重点方向。开发新型电极材料体系、优化材料结构和形貌、深入理解材料结构演变与电化学性能的构效关系，对于推动锂离子电池技术进步具有重要意义。

第二节　太阳能电池材料

太阳能电池是一种将太阳辐射能直接转化为电能的光电转换器件，在可再生清洁能源利用领域具有广阔的应用前景。太阳能电池材料的性能对于电池的光电转换效率、稳定性和成本有决定性影响。本节将介绍几类重要的太阳能电池材料，包括硅基材料、化合物半导体材料、新型钙钛矿材料以及有机光伏材料，重点阐述它们的制备方法和性能特点。

一、硅基太阳能电池材料

硅材料是目前商业化太阳能电池的主流，其中晶硅电池占据了光伏市场的绝大部分份额。晶硅电池按照硅材料的结晶形式可分为单晶硅电池和多晶硅电池。单晶硅因其高纯度、完整的晶格结构，具有较高的光电转换效率，但制备成本较高。多晶硅虽然晶界较多，载流子迁移率低于单晶硅，但其制备工艺简单、成本更低。近年来，准单晶硅技术的发展为兼顾晶硅电池的效率与成本提供了新的解决方案。准单晶硅是介于单晶硅和多晶硅之间的一种新型硅材料，兼具单晶硅的高质量和多晶硅的低成本优势，其光电转换效率超过21%。

晶硅电池的关键在于获得高纯度、高质量的硅材料。传统的硅提纯工艺包括改良的西门子法和硅烷流化床法等，这些方法均存在能耗高、成本高等问题。近年来，冶金法提纯硅技术取得了长足进展，通过将冶金级硅直接提纯到太阳能级，可大幅降低硅材料制备成本。同时，各种新型硅材料也不断涌现，如黑硅、叠层硅、异质结叠层硅等，通过表面结构设计和界面钝化等策略，可进一步提升硅基太阳能电池的效率。

二、化合物半导体太阳能电池材料

化合物半导体材料具有优异的光电性质，是太阳能电池的重要材料体系。其中，CdTe和$CuInGaSe_2$（CIGS）是目前研究最为成熟、商业化程度最高的两类薄膜太阳能电池材料。

（一）CdTe太阳能电池

CdTe是一种直接带隙半导体，带隙宽度约为1.45 eV，非常接近太阳光谱的最大光子通量密度，因而具有优异的光吸收能力。CdTe薄膜的制备方法主要有真空蒸发法、溅射法、化学气相沉积法等。其中，真空蒸发法和溅射法工艺相对成熟，不仅适用于刚性玻璃基底，也适用于柔性聚合物基底，便于实现柔性化和轻量化。

CdTe太阳能电池的关键在于p-n结的构筑。通常采用p型CdTe和n型CdS薄膜形成异质结。为获得高质量的异质结界面，需要对CdTe/CdS界面进行活化处理，常用的方法包括$CdCl_2$溶液浸泡法和气相$CdCl_2$热处理法等。经过界面钝化和背电极优化，CdTe电池的光电转换效率可在22%以上。但CdTe电池仍面临Cd元素的毒性和Te资源稀缺的问题，发展无毒、高效、稳定的新型吸收层材料是CdTe电池技术的重要发展方向。

（二）CIGS太阳能电池

CIGS是一种多元直接带隙半导体材料。通过调控In/Ga比例，可实现CIGS带隙在1.0～1.7 eV连续可调，从而匹配不同波段的太阳光谱，获得优异的光电转换性能。CIGS薄膜的制备方法主要有共蒸发法、溅射法、化学气相沉积法和非真空溶液法等。其中，共蒸发法沉积的CIGS薄膜具有较好的结晶质量和光电性能，但工艺复杂，不易规模化生产。溅射法和非真空溶液法工艺相对简单，适合大面积制备，但薄膜质量和器件效率仍有待提高。

CIGS电池通常采用Mo/CIGS/CdS/ZnO的p-n结构。为获得高效率的CIGS电池，需要优化CIGS薄膜的组分和形貌，控制界面缺陷态，并构筑高质量的缓冲层和窗口层。目前，CIGS 电池的认证效率已超过23%。未来，进一步提升CIGS薄膜质量，优化器件结构和界面性质，发展柔性基底上的高效CIGS电池技术，是CIGS电池的重要发展方向。

三、新型钙钛矿太阳能电池材料

有机—无机杂化钙钛矿太阳能电池因其高效率、低成本和易于制备的特点，近年来受到广泛关注。钙钛矿太阳能电池最常见的结构是ABX_3型，其中A为有机阳离子（如甲胺离子），B为金属阳离子（如Pb^{2+}），X为卤素阴离子（如I^-、Br^-、Cl^-）。

钙钛矿材料具有优异的光电性质，如高吸光系数、长载流子扩散长度、高载流子迁移率等。目前，制备钙钛矿薄膜的方法主要有溶液旋涂法、共蒸发法和气相沉积法等。其中，溶液旋涂法工艺简单、成本低廉，适合大规模制备，但薄膜的结晶质量和均匀性有待提高。共蒸发法可获得高质量的钙钛矿薄膜，但设备要求高、成本较高。

钙钛矿电池的结构与传统的硅基和薄膜电池有所不同，通常采用p-i-n结构，其中钙钛矿层作为本征层，上下分别为空穴传输层（HTL）和电子传输层（ETL）。常用的HTL材料有Spiro-OMeTAD、PTAA、NiO_x等，ETL材料主要为TiO_2、SnO_2、PCBM等。为获得高效率的钙钛矿电池，需要优化钙钛矿薄膜的结晶质量和界面接触，抑制载流子复合，并提高电荷传输层的导电性和界面选择性。

目前，钙钛矿电池在实验室小面积器件上的效率已超过25%，展现出巨大的应用潜力。但钙钛矿电池在实现产业化之前仍面临诸多挑战，如材料的长期稳定性、铅元素的毒性等问题。开发无铅或低铅钙钛矿材料体系，构筑多维复合结构，优化界面钝化和封装技术，是钙钛矿电池未来的重点研究方向。

四、有机太阳能电池材料

有机太阳能电池以有机半导体材料为光活性层，具有重量轻、成本低、可柔性化等优点。有机光伏材料主要包括给体材料（如P3HT、PTB7、PM6等）和受体材料（如PCBM、Y6、IT-4F等）。有机太阳能电池的光电转换过程基于给体—受体异质结界面的光致电荷转移和分离。

制备高性能有机太阳能电池的关键在于设计高效的给体—受体材料体系，优化活性层的纳米形貌，构筑高质量的给受体异质结。活性层形貌的调控策略包括添加溶剂添加剂、优化退火工艺、引入第三组分等。同时，优化电荷传输层和电极界面也是提升器件效率的重要手段。

近年来，得益于新型非富勒烯受体材料的开发以及合成策略的优化，有机太阳能电池的效率持续提升，目前已超过18%。未来，进一步优化给受体分子结构，丰富材料体系，实现活性层纳米形貌的精准调控，发展高效率、高稳定性的串联电池，是有机太阳能电池的重要发展方向。

综上，硅基、化合物半导体、钙钛矿和有机材料是太阳能电池领域的重要材料体系。发展高效率、低成本、高稳定性的新型光伏材料，优化材料和器件制备工艺，对于推动太阳能光伏产业的发展具有重要意义。未来，太阳能电池材料的研究重点在于开发高性能、多功能的新型光伏材料，实现材料与器件设计的协同优化，并兼顾材料的环境友好性和规模化制备潜力，最终实现高效、低成本、长寿命太阳能电池的产业化应用。

第三节　氢能源相关材料与技术

氢能因其高能量密度、清洁无污染等优点，被视为21世纪最具发展潜力的新型能源之一。然而，氢能的广泛应用仍面临诸多挑战，如氢气制备、储存、运输和利用等环节涉及的关键材料和技术问题亟待突破。本节将重点介绍与氢能源相关的几类关键材料，包括制氢材料、储氢材料和燃料电池材料，并探讨相关技术进展和未来发展方向。

一、制氢材料

目前，工业制氢主要依赖化石燃料的重整反应，如天然气重整、煤气化等。这些方法不仅能耗高，还会排放大量的二氧化碳。因此，开发高效、清洁、可再生的制氢技术和材料至关重要。

（一）光催化制氢材料

光催化分解水制氢是一种理想的清洁制氢途径。半导体光催化剂在吸收光子后，产生光生电子和空穴，驱动水的氧化还原反应，从而实现氢气的制备。TiO_2因其化学稳定性好、无毒、来源丰富等优点，成为最具代表性的光催化制氢材料。然而，TiO_2的光响应范围主要集中在紫外区，对可见光的利用率较低。为了拓宽TiO_2的光响应范围，常用的改性策略包括元素掺杂（如N、S、C等）、贵金属沉积（如Pt、Au等）、构筑异质结（如TiO_2/CdS、TiO_2/MoS_2等）。这些改性方法可通过调控TiO_2的电子结构和表界面性质，提高可见光吸收能力和电荷分离效率，从而显著提升光催化制氢性能。

除TiO_2外，其他一些半导体材料如CdS、C_3N_4、$BiVO_4$等，也表现出良好的光催化制氢活性。这些材料通过形貌调控、界面工程、缺陷调控等策略，可进一步提升光催化制氢效率。开发高效、稳定、廉价的光催化制氢材料体系，是今后光催化制氢技术的重点发展方向。

（二）电催化制氢材料

电催化水分解是另一种重要的清洁制氢途径。水电解包括两个半反应：阴极的析氢反应（HER）和阳极的析氧反应（OER）。水电解的效率很大程度上取决于电催化剂的性能。目前，基于Pt的材料是最有效的HER催化剂，而IrO_2和RuO_2是基准的OER催化剂。然而，这些贵金属基催化剂的稀缺性和高成本阻碍了它们的大规模应用。

开发高性能、低成本的电催化剂是推动水电解技术发展的关键。对于HER催化剂，各种地球丰富的过渡金属基材料已被广泛探索，如硫化钼、碳化物、磷化物和氮化物等。这些材料均表现出优异的HER活性和稳定性，接近甚至超过了基于Pt的催化剂。通过纳米结构、杂原子掺杂、缺陷工程和导电衬底（如石墨烯、碳纳米管）的杂化可以进一步提高催化性能。

对于OER催化剂，过渡金属氧化物、氢氧化物和氧氢氧化物（如$NiFeO_x$、CoO_x、MnO_x）已成为贵金属基催化剂的有希望的替代品。纳米结构、元素掺杂、表面修饰和导电载体耦合等策略已被证明可以提高这些地球上丰富的催化剂的OER活性和耐久性。此外，开发同时催化HER和OER的双功能电催化剂，对于简化水电解系统和降低成本具有重要意义。

二、储氢材料

氢气作为一种气体燃料，其储存和运输存在着体积大、易泄漏等问题。发展高效、安全、经济的储氢材料和技术是氢能应用的关键。

（一）高压气态储氢

高压气态储氢是目前最成熟、最常用的储氢方式。储氢容器通常采用轻质、高强度的复合材料制成，如碳纤维复合材料、玻璃纤维复合材料等。为进一步提高储氢密度，可在容器内填充多孔材料（如活性炭、金属—有机骨架等），利用多孔材料的吸附作用来增加氢气的存储量。同时，开发新型高强度、高韧性的复合材料，对于保障高压储氢的安全性至关重要。

（二）液态储氢

液态储氢通过将氢气冷却至沸点以下（约20 K）而制得，其储氢密度高于高压气态储氢。液氢储罐通常采用多层绝热设计，内层为金属内胆，外层为隔热材料（如真空绝热、多层绝热等）。为降低液氢储罐的蒸发损失，需要开发高性能隔热材料，如真空隔热板、气凝胶等。此外，开发高效、可靠的液氢制备和输运技术，对于推动液态储氢的应用也十分重要。

（三）固态储氢

固态储氢是利用金属氢化物、化学氢化物等材料吸收和释放氢气，从而实现氢的储存和运输。其中，金属氢化物（如$LaNi_5H_6$、TiFe合金等）因其高储氢密度、可逆吸放氢等优点，成为最具代表性的固态储氢材料。然而，传统金属氢化物普遍存在吸放氢动力学慢、循环稳定性差等问题。

为改善金属氢化物的储氢性能，纳米化、表面修饰、催化剂添加等方法被广泛探索。纳米结构化可显著增加材料的比表面积，缩短氢原子的扩散路径，从而加快吸放氢动力学。表面修饰（如氟化、包覆碳层等）可保护材料表面，抑制粉化和团聚，提高循环稳定性。引入过渡金属催化剂（如Pd、Pt等）可降低吸放氢过程的活化能垒，提高动力学性能。

化学氢化物（如$NaBH_4$、NH_3BH_3等）也是一类重要的固态储氢材料。相比于金属氢化物，化学氢化物具有更高的质量储氢密度，但其放氢过程通常不可逆，循环使用难度较大。提高化学氢化物的放氢可控性和可逆性，是该类材料亟须解决的关键问题。

三、燃料电池材料

燃料电池是一种高效、清洁的发电装置，可将氢气的化学能直接转化为电能。其中，质子交换膜燃料电池（PEMFC）因其启动快、工作温度低、能量转化效率高等优点，在氢能利用领域备受青睐。PEMFC的核心部件包括膜电极（MEA），其中涉及的关键材料有质子交换膜、催化剂、气体扩散层等。

质子交换膜是PEMFC的关键材料之一，常用的膜材料为全氟磺酸树脂（如Nafion）。为了进一步提高质子交换膜的传导性能和稳定性，多种改性策略被开发，如掺杂无机填料（如SiO_2、ZrO_2等）制备复合膜，引入碱性基团（如咪唑基团）制备碱掺杂膜，以及交联、共混等方法。开发高质子传导率、高化学稳定性、高机械强度的质子交换膜材料，对于提高PEMFC的性能和延长其寿命至关重要。

PEMFC催化剂主要负责氢气的氧化反应（阳极）和氧气的还原反应（阴极）。目前，商业化PEMFC催化剂主要为Pt基贵金属催化剂，但其高成本和资源稀缺性限制了PEMFC的大规模应用。开发高活性、高稳定、低成本的非贵金属催化剂是PEMFC催化剂的重要发展方向。过渡金属（如Fe、Co、Ni等）大环配合物、氮掺杂碳材料、过渡金属碳化物/氮化物等，因其优异的催化活性和较低的成本，成为最具潜力的非贵金属催化剂替代材料。通过优化催化剂的组成、结构和形貌，可进一步提升其催化性能和稳定性。

气体扩散层（GDL）在PEMFC中起着传输反应物、排出产物、传导电子等重要作用。GDL通常由碳纸或碳布制成，并经疏水化处理以提高其排水性能。为进一步提高GDL的性能，可采用表面修饰、掺杂导电填料等方法，优化其导电性、疏水性和机械强度。开发高性能、高耐久性的GDL材料，对于提高PEMFC的功率密度和延长其使用寿命具有重要意义。

氢能源技术的发展离不开相关材料的突破和创新。上述介绍了制氢、储氢、燃料电池等领域的关键材料及其研究进展。未来，开发高效、稳定、低成本的新型材料体系，优化材料的结构和性能，推动材料在器件中的集成与应用，是氢能源材料研究的重点方向。同时，加强材料表征和理论研究，深入理解材料结构与性能间的构效关系，对于指导新材料的设计和开发也至关重要。

第七章　环境保护材料

第一节　光催化材料

光催化技术因其高效、环保、能耗低等优点，在环境污染治理领域受到广泛关注。光催化材料在吸收光能后，可产生具有高氧化还原电位的光生电子和空穴，进而引发一系列化学反应，实现对有机污染物的降解、细菌的灭活、重金属离子的还原等功能。本节将重点介绍几类典型的光催化材料，包括TiO_2基光催化材料、非TiO_2半导体光催化材料、表面等离激元光催化材料和Z型光催化材料，并探讨其制备方法、改性策略和应用前景。

一、TiO_2基光催化材料

TiO_2因其化学稳定性高、无毒、来源丰富等优点，成为最具代表性的光催化材料之一。然而，TiO_2存在禁带宽度较大（约3.2 eV）、光生载流子易复合等问题，导致其光催化效率较低，难以满足实际应用需求。为了提高TiO_2的光催化性能，研究者开发了多种改性策略，主要包括元素掺杂、贵金属沉积、构筑异质结和形貌调控等。

1. 元素掺杂

元素掺杂是提高TiO_2可见光响应和光生载流子分离效率的有效方法之一。将N、C、S等非金属元素掺入TiO_2晶格中，可引入局域能级，减小禁带宽度，拓宽光吸收范围。同时，掺杂元素还可作为载流子捕获位点，抑制电子和空穴的复合，提高光生载流子的利用效率。金属元素（如Fe、Co、Ni等）掺杂也可调控TiO_2的电子结构和表面性质，改善其光催化性能。掺杂TiO_2的制备方法主要包括水热法、溶胶—凝胶法、离子注入法等。通过优化掺杂元素种类、掺杂浓度和掺杂方式，可显著提高TiO_2基光催化剂的可见光催化活性。

2. 贵金属沉积

在TiO_2表面沉积贵金属纳米颗粒（如Pt、Au、Ag等），可显著提高光生电子和空穴的分离效率。贵金属纳米颗粒具有优异的电子捕获能力，能有效促进光生电子的转移和表面反应的进行。同时，贵金属纳米颗粒还可通过局域表面等离子体共振效应，增强TiO_2对可见光的吸收。常用的贵金属沉积方法包括光还原法、化学还原法、溅射法等。通过调控贵金属的种类、尺寸、形貌和沉积量，可优化贵金属/TiO_2复合光催化剂的性能。

3. 构筑异质结

构筑TiO_2基异质结是提高光生载流子分离效率的另一重要策略。将TiO_2与其他半导体材料（如CdS、g-C_3N_4、$BiVO_4$等）复合，利用两种半导体材料能带结构的差异，可实现光生电子和空穴在异质结界面处的定向转移，从而提高光催化反应效率。常见的异质结构建方法包括水热法、两步烧结法、原位生长法等。通过优化复合材料的组分、比例和界面接触，可显著增强TiO_2基异质结光催化剂的性能。

4.形貌调控

TiO_2的形貌对其光催化性能也有显著影响。纳米结构化（如纳米管、纳米线、空心球等）可显著增大TiO_2的比表面积，提供更多的活性位点。同时，特殊形貌结构还可调控光生载流子的传输路径，促进表面反应的进行。多孔结构有利于反应物分子的吸附和产物分子的脱附，也能有效提高光催化反应效率。TiO_2纳米材料的可控合成主要采用水热法、溶剂热法、模板法等方法。通过优化反应条件和调控合成参数，可实现TiO_2形貌和结构的精准调控，进而提升其光催化性能。

二、非TiO_2半导体光催化材料

除TiO_2外，许多其他半导体材料如ZnO、CdS、$BiVO_4$、g-C_3N_4等，也表现出良好的光催化性能，在环境污染治理领域具有广阔的应用前景。

1.ZnO光催化剂

ZnO是一种宽禁带半导体（约3.37 eV），具有与TiO_2相近的能带结构和光催化性能。相比TiO_2，ZnO具有更高的电子迁移率和更长的载流子寿命，因而表现出更优异的光催化活性。但ZnO在光照条件下容易发生光腐蚀，导致其稳定性较差。提高ZnO光稳定性的策略主要包括表面修饰、元素掺杂、复合改性等。例如，在ZnO表面引入保护层（如Al_2O_3、SiO_2等），可有效抑制光腐蚀过程；将ZnO与其他半导体（如CdS、g-C_3N_4等）复合，可显著提高其光催化稳定性。

2.CdS光催化剂

CdS是一种直接带隙半导体（约2.4 eV），对可见光有较强的吸收能力。CdS光催化剂的量子效率高，催化活性强，在可见光条件下对有机污染物表现出优异的降解性能。然而，CdS容易发生光腐蚀，且Cd元素具有一定毒性，限制了其实际应用。CdS光催化剂的改性策略主要包括表面修饰、形貌控制、负载贵金属等。例如，在CdS表面包覆一层还原性物质（如聚乙烯吡咯烷酮、抗坏血酸等），可有效抑制光腐蚀过程；构筑CdS空心结构，可缩短光生载流子的迁移路径，提高量子效率。

3.$BiVO_4$光催化剂

$BiVO_4$是一种n型半导体，禁带宽度约为2.4 eV，对可见光有较强的吸收能力。$BiVO_4$光催化剂具有优异的氧化还原电位，在可见光条件下对有机污染物和水的氧化表现出高效的催化活性。提高$BiVO_4$光催化性能的策略主要包括形貌控制、元素掺杂、异质结构建等。例如，合成$BiVO_4$纳米片、纳米花等特殊形貌，可提供更多的活性位点和反应界面；Mo、W等元素掺杂可提高$BiVO_4$的电导率和载流子浓度；构筑$BiVO_4$/g-C_3N_4、$BiVO_4$/CdS等异质结，

可促进界面电荷转移，提高光生载流子的利用效率。

4.g-C_3N_4光催化剂

g-C_3N_4是一种类石墨相氮化碳材料，具有独特的二维层状结构，禁带宽度约为2.7 eV，在可见光下对有机污染物表现出优异的降解性能。g-C_3N_4的合成方法主要包括热聚合法、化学气相沉积法等，前驱体包括尿素、三聚氰胺、二氰二胺等含氮化合物。g-C_3N_4光催化剂的改性策略主要有剥离法制备超薄纳米片、元素掺杂、负载贵金属、构筑异质结等。例如，通过剥离可获得单层或少层g-C_3N_4纳米片，暴露更多的活性位点；O、S、P等元素掺杂可调控g-C_3N_4的电子结构，提高光催化活性；负载Pt、Au等贵金属纳米颗粒，可促进界面电荷转移，提高光生电子和空穴的分离效率。

三、表面等离激元光催化材料

表面等离子体激元（SPR）是一种由入射光激发的金属表面自由电子集体振荡，可产生增强的局域电场和光热效应。利用SPR效应可显著提高光催化材料的光吸收能力和光生载流子的利用效率。常见的SPR光催化材料主要包括贵金属（如Au、Ag等）纳米结构材料和等离激元半导体材料。

贵金属纳米结构（如纳米颗粒、纳米棒、纳米线等）在可见—近红外区具有较强的SPR吸收，可通过调控纳米结构的尺寸、形貌和周期性，实现对SPR吸收波长和强度的调控。将贵金属纳米结构与半导体光催化剂复合，可显著增强光催化材料对可见光的吸收能力，同时SPR诱导的局域电场也可促进光生电子和空穴的分离，提高光催化反应效率。

等离子体激元半导体材料如掺杂的金属氧化物、金属硫化物、金属碳化物等，因其独特的半导体—金属双重特性，在近红外区表现出优异的SPR吸收能力。相比贵金属，等离激元半导体材料具有更好的稳定性和可调控性，通过调节掺杂浓度和形貌结构，可实现对SPR吸收的精准调控。将等离激元半导体材料与传统半导体光催化剂耦合，可获得高效、稳定的复合光催化体系。

四、Z型光催化材料

传统的单一半导体光催化剂在光生电子和空穴的分离和迁移过程中容易发生复合，导致光催化效率较低。Z型光催化体系由两种不同的半导体光催化剂组成，利用两种半导体材料能带结构的差异，可实现光生电子和空穴在两个半导体之间的定向转移，从而有效抑制电子—空穴复合，提高光生载流子的利用效率。

Z型光催化剂的构筑主要采用两种策略：①面对面耦合，即两种半导体材料的导带能级和价带能级分别匹配，形成面对面的空间电荷分离结构；②背靠背耦合，即两种半导体材料的导带能级和价带能级交错排列，形成背靠背的空间电荷分离结构。常见的Z型光催化体系包括TiO_2/Cu_2O、ZnO/CdS、g-$C_3N_4/BiVO_4$等。通过优化两种半导体材料的组分、比例和界面接触，可显著提高Z型光催化体系的光生载流子分离效率和光催化活性。

光催化技术在环境污染治理领域具有广阔的应用前景，但现有光催化材料的性能仍难以满足实际应用需求。上文介绍了TiO_2基光催化材料、非TiO_2半导体光催化材料、表面等离子体激元光催化材料和Z型光催化材料的研究进展和改性策略。未来，光催化材料的研究重点在于开发高效、稳定、环境友好的新型光催化材料体系，优化材料的结构和性能，实现材料与器件的集成和应用。同时，加强光催化反应机理的研究，深入理解材料结构、电子结构与光催化性能间的构效关系，对指导新型光催化材料的设计和开发至关重要。

第二节　膜分离材料

膜分离技术因其高效、节能、环保等优点，在水处理、气体分离、生物医药等领域得到广泛应用。膜分离过程通过膜材料对不同组分的选择性透过或截留，实现混合物的分离、纯化和浓缩。膜材料的性能对分离效率、通量、选择性等指标有决定性影响。本节将重点介绍几类重要的膜分离材料，包括高分子膜材料、无机陶瓷膜材料、混合基质膜材料和新型纳米膜材料，并探讨其制备方法、改性策略和应用前景。

一、高分子膜材料

高分子膜材料因其种类丰富、制备工艺成熟、应用领域广泛等特点，在膜分离领域占据主导地位。常见的高分子膜材料包括醋酸纤维素（CA）、聚砜（PS）、聚偏氟乙烯（PVDF）、聚丙烯（PP）、聚乙烯（PE）等。高分子膜材料按照结构可分为致密膜和多孔膜两大类。

致密膜是指膜材料中不存在连续贯通的孔道，物质的传递主要通过溶解—扩散机制进行。制备致密膜的方法主要有流延法、溶液浇铸法等。通过优化高分子材料的组成和制备工艺，可获得具有高选择性和良好稳定性的致密膜材料。例如，在CA膜材料中引入取代基团，可提高其耐化学性和耐热性；采用共混改性策略，可赋予高分子膜材料特殊的分离性能。

多孔膜是指膜材料中存在大量连续贯通的微孔或介孔结构，物质的传递主要通过孔道进行。制备多孔膜的方法主要有相转化法、拉伸法、热诱导相分离法等。多孔膜的分离性能主要取决于膜材料的孔径分布和孔隙率。通过调控制备工艺参数，可获得具有特定孔径分布和高孔隙率的多孔膜材料。例如，采用两步法制备PVDF多孔膜，通过调节铸膜液组成和凝固浴条件，可获得表面亲水、底层疏水的不对称结构，显著提高膜通量和抗污染能力。

为进一步提高高分子膜材料的性能，研究者开发了多种改性策略，如表面接枝、共混改性、无机粒子填充等。表面接枝是在高分子膜表面引入特定的官能团，调控膜表面的亲疏水性、电荷性质等，从而改善膜的抗污染性和分离选择性。共混改性是将两种或多种高分子材料共混，获得兼具各组分优点的复合膜材料。无机粒子填充是在高分子基体中引入无机纳米粒子，制备有机—无机杂化膜材料，兼具高分子膜的柔韧性和无机材料的高选择性、高稳定性等优点。

二、无机陶瓷膜材料

无机陶瓷膜材料具有优异的机械强度、耐热性、耐化学性和抗微生物污染等特点，在高温、强腐蚀等苛刻环境下具有独特的应用优势。常见的无机陶瓷膜材料包括氧化铝（Al_2O_3）、氧化锆（ZrO_2）、氧化钛（TiO_2）、硅藻土等。无机陶瓷膜多为不对称结构，由大孔支撑层和致密分离层组成。

无机陶瓷膜的制备方法主要包括溶胶—凝胶法、粉末烧结法、化学气相沉积法等。溶胶—凝胶法是将金属醇盐水解缩聚形成溶胶，经浇铸、干燥和煅烧等过程制得陶瓷膜，可控性好，适合制备致密分离层。粉末烧结法是将陶瓷粉体与造孔剂混合，经模压、烧结等过程制得陶瓷膜，工艺简单，适合制备大孔支撑层。化学气相沉积法是通入含膜材料组分的气体前驱体，在基底表面发生化学沉积形成陶瓷膜，可获得高纯度、致密性好的膜材料。

为了提高无机陶瓷膜的性能，常用的改性策略包括元素掺杂、复合改性等。元素掺杂是在陶瓷膜材料中引入异价元素，调控膜的电荷性质、亲疏水性等，从而改善膜的选择性和抗污染性。例如，在Al_2O_3膜中掺杂Mg、Zr等元素，可提高膜的疏水性和化学稳定性。复合改性是在陶瓷膜表面引入高分子材料、金属纳米粒子等，制备复合膜材料，兼具无机陶瓷膜和复合组分的优点。例如，在Al_2O_3膜表面引入聚多巴胺涂层，可显著提高膜的亲水性和抗污染性能。

三、混合基质膜材料

混合基质膜（MMM）是由无机填料均匀分散在高分子基体中形成的复合膜材料。MMM兼具无机填料的高选择性和高分子基体的高渗透性，可有效克服单一材料的局限性，实现分离性能的协同增强。常用的无机填料包括沸石、金属—有机框架（MOF）、碳纳米管（CNT）、石墨烯等。

MMM的制备方法主要包括溶液共混法、原位聚合法等。溶液共混法是将无机填料分散在高分子溶液中，经浇铸、干燥等过程制得MMM，操作简单、适用范围广。原位聚合法是将无机填料分散在单体溶液中，引发单体原位聚合，制得无机填料均匀分散的MMM，填料分散性好、界面相容性强。

MMM的性能主要取决于无机填料的种类、含量、形貌，以及与高分子基体的相容性。选择具有特定孔道结构和化学性质的无机填料，可显著提高MMM的选择性。优化无机填料的含量和分散性，可获得渗透性与选择性兼优的MMM。改善无机填料与高分子基体的界面相容性，可促进应力传递，提高MMM的机械性能。例如，在聚酰亚胺基体中引入适量的MOF填料，制得的MMM在CO_2/CH_4分离中表现出优异的选择性和渗透性；采用表面改性的沸石填料，可显著提高其与高分子基体的相容性，抑制无机填料的团聚。

四、新型纳米膜材料

纳米材料独特的物理化学性质为开发高性能膜分离材料提供了新的机遇。纳米多孔材料、二维纳米材料、仿生纳米材料等新型纳米膜材料因其优异的分离性能而备受关注。

纳米多孔材料如MOF、共价有机框架（COF）等，具有高比表面积、规则可调的孔道结构和丰富的化学官能团，在气体分离、液体分离等领域展现出巨大的应用潜力。MOF和COF膜的制备方法主要包括原位生长法、二次生长法、扩散法等。通过调控纳米多孔材料的孔径尺寸、化学组成和表面性质，可实现对特定分子的高效识别和选择性分离。

二维纳米材料如石墨烯、MXene、COF纳米片等，具有原子级厚度、高比表面积和优异的机械性能，在制备超薄分离膜方面具有独特优势。二维纳米材料膜的制备方法主要包括真空抽滤法、层层组装法等。利用二维纳米材料规则排列形成的纳米通道，可实现对小分子和离子的高选择性分离。同时，二维纳米材料优异的机械性能和柔韧性，使其在制备柔性分离膜方面也具有广阔的应用前景。

仿生纳米材料是通过模拟自然界生物体的精妙结构和功能设计制备的新型膜材料。例如，通过模拟水通道蛋白的分子筛效应，可制备高通量、高选择性的仿生水通道膜；通过模拟鲨鱼皮肤的多级结构，可制备具有优异抗污染性能的仿生分离膜。仿生纳米膜材料的制备方法主要包括模板法、自组装法等。通过优化仿生结构的尺度、形貌和化学组成，可获得兼具高分离性能和特殊功能的新型膜材料。

膜分离技术的发展与膜材料的创新密不可分。上文介绍了高分子膜材料、无机陶瓷膜材料、混合基质膜材料和新型纳米膜材料的研究进展和改性策略。未来，膜分离材料的研究重点在于开发兼具高通量、高选择性、高稳定性的新型膜材料，优化膜材料的微观结构和界面性质，实现膜材料在不同应用场景下的高效集成与应用。同时，加强膜分离机理的研究，深入理解材料结构、化学组成与分离性能间的构效关系，为新型膜分离材料的设计和开发提供理论指导。只有在材料、工艺、应用等多个层面实现协同创新，才能最终实现膜分离技术在环境保护、能源化工、生物医药等领域的革命性进步，为人类社会的可持续发展贡献力量。

第三节　吸附与离子交换材料

吸附与离子交换技术在水处理、气体净化、资源回收等环境保护领域发挥着重要作用。吸附过程通过多孔材料的物理或化学作用，实现对目标物质的选择性分离和富集；离子交换过程通过离子交换材料与溶液中离子的交换，实现对目标离子的选择性去除和回收。吸附与离子交换材料的性能对处理效率、选择性、再生性等指标有决定性影响。本节将重点介绍几类重要的吸附与离子交换材料，包括活性炭材料、硅铝酸盐分子筛材料、金属—有机框架材料和新型纳米复合材料，并探讨其制备方法、改性策略和应用前景。

一、活性炭材料

活性炭是一种重要的多孔碳材料，具有发达的孔道结构、高比表面积和优异的吸附性能，在水处理、气体净化等领域得到广泛应用。活性炭主要由含碳有机物（如木材、煤、果壳等）在惰性气氛下高温碳化制得。

活性炭的制备过程主要包括碳化和活化两个步骤。碳化过程是将含碳有机物在高温（通常400~800 °C）下裂解，生成富含微孔的碳材料。活化过程是将碳化产物在高温（通常800~1000 °C）下与活化剂（如水蒸气、二氧化碳等）反应，进一步发展孔道结构，提高比表面积。通过优化碳源种类、碳化温度、活化条件等参数，可制备具有特定孔径分布和表面化学性质的活性炭材料。

活性炭的吸附性能主要取决于其孔道结构和表面化学性质。大量的微孔和中孔结构有利于提高活性炭的比表面积和吸附容量；介孔和大孔结构有利于促进吸附质的传质扩散。表面官能团（如羧基、羟基、酮基等）可通过与吸附质的化学作用，提高活性炭的选择性和吸附容量。常用的活性炭改性方法包括酸/碱处理、表面氧化、负载金属氧化物等，可引入特定官能团，调控活性炭的表面化学性质，提高其对目标污染物的吸附性能。

二、硅铝酸盐分子筛材料

硅铝酸盐分子筛是一类结晶性无机多孔材料，具有规则的孔道结构、均一的孔径分布和可调的表面性质，在吸附分离、离子交换等领域具有重要应用。常见的硅铝酸盐分子筛包括沸石、层状硅酸盐等。

沸石分子筛是由TO_4（T=Si、Al）四面体通过共角连接形成的三维骨架结构，骨架中含有规则排列的孔道和笼，孔径尺寸在0.3~1.3 nm。沸石分子筛的阳离子交换性能源自骨架中Al的引入，每个Al原子提供一个负电荷，可被可交换阳离子平衡。常见的沸石分子筛包括A型、X型、Y型、ZSM-5等。合成沸石分子筛的方法主要有水热法、溶剂热法等，通过调控硅源、铝源、模板剂等前驱体的组成和反应条件，可制备具有特定结构和化学组成的沸石分子筛。

层状硅酸盐分子筛是由SiO_4四面体形成的二维层状结构，层间含有可交换阳离子。蒙脱石、高岭土、海泡石等天然黏土矿物都属于层状硅酸盐分子筛。与沸石分子筛相比，层状硅酸盐分子筛具有更大的比表面积和阳离子交换容量，但层间距较小，限制了其对大尺寸分子的吸附。针对这一问题，研究者开发了插层、剥层等改性方法，通过引入大尺寸客体分子或高分子，拓宽层状硅酸盐的层间距，暴露更多的吸附和交换位点，显著提高其吸附与离子交换性能。

三、金属—有机框架材料

金属—有机框架（MOF）材料是由金属离子/簇与有机配体通过配位键连接形成的结晶

性多孔材料。MOF材料兼具无机材料和有机材料的优点，如高比表面积、规则可调的孔道结构、丰富的化学官能团等，在吸附分离、催化、传感等领域展现出广阔的应用前景。

MOF材料的合成方法主要包括溶剂热法、微波辅助合成法、机械化学合成法等。通过选择不同的金属离子/簇和有机配体，可设计合成具有特定拓扑结构和孔道尺寸的MOF材料。MOF材料的比表面积通常在1000~10000 m^2/g，远高于传统多孔材料。此外，MOF材料中金属离子和有机配体的可修饰性，为引入特定化学官能团提供了便利，可显著提高其对目标分子的吸附选择性和容量。

MOF材料在吸附分离领域的应用主要包括气体储存与分离、有机物吸附、重金属离子去除等。例如，UiO-66系列MOF材料因其高比表面积和优异的化学稳定性，在CO_2捕集与储存方面表现出巨大的应用潜力；MIL-101系列MOF材料对苯、甲苯等有机物具有高选择性和高吸附容量，在VOCs去除方面备受关注；含氨基、巯基等配位基团的MOF材料对Hg^{2+}、Pb^{2+}等重金属离子表现出优异的吸附性能，在重金属污染水体修复方面具有广阔的应用前景。

四、新型纳米复合材料

纳米复合材料通过将纳米材料与传统吸附剂/离子交换剂复合，可获得兼具高比表面积、快速动力学和优异选择性的新型吸附与离子交换材料。常见的纳米复合材料包括碳纳米管复合材料、石墨烯复合材料、纳米金属氧化物复合材料等。

碳纳米管和石墨烯因其独特的一维和二维纳米结构、高比表面积和优异的物理化学性质，成为构筑纳米复合吸附材料的理想基体。将碳纳米管/石墨烯与活性炭、硅铝酸盐等传统吸附剂复合，可显著提高复合材料的比表面积和吸附容量。同时，碳纳米管/石墨烯优异的电导率和热导率，有利于加快吸附过程中的传质传热，提高吸附动力学。此外，通过对碳纳米管/石墨烯进行表面修饰，引入特定官能团，可显著提高复合材料对目标污染物的选择性。

纳米金属氧化物如Fe_3O_4、TiO_2、Al_2O_3等，具有高比表面积、优异的化学稳定性和表面活性，在吸附与离子交换领域也受到广泛关注。将纳米金属氧化物与高分子基体复合，可制备兼具无机材料高吸附容量和有机材料高柔韧性的复合吸附材料。例如，将Fe_3O_4纳米粒子负载于壳聚糖基体，制得的磁性复合材料对重金属离子表现出优异的吸附性能和磁分离特性；将TiO_2纳米管阵列生长于活性炭纤维表面，制得的复合材料对有机染料分子具有高选择性和高吸附容量。

吸附与离子交换技术在环境保护领域发挥着不可或缺的作用，而高性能吸附与离子交换材料是该技术得以实现的物质基础。上文介绍了活性炭材料、硅铝酸盐分子筛材料、金属—有机框架材料和新型纳米复合材料的研究进展和改性策略。未来，吸附与离子交换材料的研究重点在于开发兼具高比表面积、高选择性、快速动力学的新型材料体系，优化材料的孔结构和表面化学性质，实现材料在不同应用场景下的高效集成与循环利用。同时，加强吸附与离子交换机理的研究，深入理解材料结构、化学组成与吸附/交换性能间的构效关系，为新型吸附与离子交换材料的设计和开发提供理论指导。

第八章　功能材料的发展趋势与挑战

第一节　纳米技术在功能材料中的应用

纳米技术是指在纳米尺度（1~100 nm）范围内对物质的结构、性质和功能进行操控和利用的技术。纳米材料因其独特的尺寸效应和表界面效应，展现出区别于宏观材料的优异的物理化学性质，如高比表面积、量子限域效应、表面等离激元共振效应等，为功能材料的设计和开发提供了新的机遇。本节将重点探讨纳米技术在能源材料、生物医药材料、光电信息材料和环境治理材料等领域的应用进展，分析纳米技术与功能材料深度融合发展的趋势与挑战。

一、纳米技术在能源材料中的应用

能源材料是解决能源短缺和环境污染问题的关键，纳米技术为提升能源材料的性能提供了新的思路。在太阳能电池领域，纳米结构的光吸收层材料（如量子点、纳米线、纳米树等）可显著提高光捕获和电荷分离效率及电池的光电转换效率。例如，将钙钛矿量子点引入钙钛矿太阳能电池，可有效抑制载流子复合，提高电池效率和稳定性。在锂离子电池领域，纳米结构的电极材料（如纳米颗粒、纳米线、纳米片等）可缩短锂离子和电子的扩散路径，提高电极的比容量和倍率性能。例如，采用硅纳米线作为负极材料，可容纳大量锂离子的嵌入，显著提高电池的能量密度。在热电材料领域，纳米结构化可显著增大声子散射，降低晶格热导率，提高热电转换效率。例如，采用纳米晶/非晶复合结构，可在保持高电导率的同时，大幅降低材料的热导率，实现高热电优值。

二、纳米技术在生物医药材料中的应用

纳米技术与生物医药的交叉融合，催生了一系列新型纳米生物医药材料，在疾病诊断、药物递送、组织工程等方面展现出广阔的应用前景。在疾病诊断领域，纳米探针材料（如量子点、上转换纳米颗粒、金纳米结构等）具有高灵敏度、高特异性和多模式成像能力，可实现肿瘤等重大疾病的早期诊断和精准诊疗。例如，将量子点与特异性抗体偶联，可实现肿瘤标志物的超灵敏检测和肿瘤组织的靶向成像。在药物递送领域，纳米载药系统（如脂质体、聚合物胶束、介孔硅纳米颗粒等）可显著提高药物的生物利用度和靶向性，降低毒副作用。

例如，将化疗药物封装于热敏性纳米凝胶中，可实现药物的控释和肿瘤部位的靶向富集。在组织工程领域，纳米纤维支架材料可模拟细胞外基质的纳米结构，促进细胞的黏附、增殖和分化，加速组织的修复和再生。例如，采用静电纺丝法制备的纳米纤维支架，可诱导干细胞的定向分化，促进骨、软骨等组织的再生修复。

三、纳米技术在光电信息材料中的应用

纳米技术为发展新一代光电信息材料提供了新的平台，推动了信息技术的不断革新。在发光二极管（LED）领域，纳米结构的发光层材料（如量子点、钙钛矿纳米晶等）可实现窄带发射、高色纯度和高发光效率，推动LED照明和显示技术的发展。例如，采用InP/ZnS量子点作为发光层，可制备出高色域、高亮度的量子点LED。在光伏器件领域，纳米结构的光电材料（如量子点、有机—无机杂化钙钛矿等）可显著提高光吸收和载流子输运效率，推动高效、低成本光伏器件的发展。例如，采用钙钛矿量子点作为吸光层，可制备出高效、稳定的量子点太阳能电池。在光探测领域，纳米结构的光电材料（如纳米线、二维过渡金属硫属化合物等）具有高响应度、高灵敏度和宽波段响应等优点，推动高性能光电探测器的发展。例如，采用过渡金属硫属化合物纳米片作为沟道材料，可制备出高响应度、高速率的红外探测器。

四、纳米技术在环境治理材料中的应用

环境污染问题日益严峻，亟须开发高效、经济、绿色的环境治理材料和技术。纳米技术为解决这一难题提供了新的思路。在大气污染治理领域，纳米结构的光催化材料（如TiO_2、g-C_3N_4、$BiVO_4$等）和吸附材料（如介孔碳、MOF等）可高效降解NO_x、VOCs等大气污染物，实现室内外空气的净化。例如，负载Au纳米颗粒的纳米TiO_2光催化剂，可在可见光下高效降解NO_x，应用于室内空气净化。在水污染治理领域，纳米结构的吸附材料（如纳米零价铁、氧化石墨烯等）、膜材料（如石墨烯、MOF复合膜等）和反应材料（如纳米Pd、双金属催化剂等）可高效去除重金属、抗生素等水污染物，实现饮用水和工业废水的深度处理。例如，采用纳米零价铁材料，可高效去除水中的铬、砷等重金属污染物。在土壤修复领域，纳米结构的钝化材料（如纳米氢氧化铁、纳米氧化镁等）和植物提取剂（如纳米壳聚糖等）可显著降低重金属的生物有效性，促进土壤中污染物的钝化和固定，加速受污染土壤的修复进程。

纳米技术与功能材料的融合发展，不断拓展功能材料的应用领域和性能边界。然而，纳米技术在功能材料中的应用仍面临诸多挑战。纳米材料的可控制备和宏量化生产是实现其产业化应用的前提，需要发展规模化、连续化的纳米材料制备技术。纳米材料的安全性和生物相容性是其在生物医药领域应用的重要考量因素，需要开展系统的毒理学和药效学研究，建立纳米材料的安全性评价体系。纳米材料与器件的集成是发挥其功能优势的关键，需要攻

克纳米材料与宏观器件界面的构筑与调控难题。此外，加强纳米材料的标准化、规范化研究，建立健全的行业标准和质量管理体系，对推动纳米技术在功能材料领域的应用具有重要意义。

纳米技术作为21世纪最具革命性和颠覆性的技术之一，为新型功能材料的设计和开发提供了强大的工具和平台。未来，纳米技术与能源、生物医药、光电信息、环境等领域的交叉融合将不断深入，必将推动功能材料的创新发展，为人类社会的可持续发展提供物质基础和技术支撑。同时，我们也要清醒地认识到，纳米技术在功能材料中的应用仍处于起步阶段，纳米材料的规模化制备、性能调控、器件集成等方面还存在诸多亟待攻克的难题。只有协同推进基础研究与应用开发，加强产学研用的密切合作，才能最终实现纳米技术在功能材料领域的革命性突破和产业化应用。

第二节　多功能复合材料的开发

多功能复合材料是指在单一材料中同时集成两种或多种功能特性的材料，如力学、电学、磁学、光学、热学等。与传统单一功能材料相比，多功能复合材料可在同一材料体系中实现多种性能的耦合与协同，大大拓展了材料的应用范围和性能边界。多功能复合材料的开发已成为新材料研究领域的前沿和热点，在航空航天、电子信息、生物医药、能源环境等领域展现出广阔的应用前景。本节将重点探讨多功能复合材料的设计理念、制备策略、性能特征以及面临的机遇与挑战。

一、多功能复合材料的设计理念

多功能复合材料的设计理念是在保证材料主体功能的同时，通过引入额外的组分或结构，赋予材料新的功能特性，实现多种功能的耦合与协同。根据功能的不同，多功能复合材料可分为以下几类。

（1）“力+X”多功能复合材料。在力学材料中引入功能组分，实现力学性能与其他功能（如电、磁、光、热等）的耦合。例如，在结构复合材料中引入碳纳米管、石墨烯等导电填料，可获得兼具高强度、高模量和高导电性的复合材料，在航空航天、电磁屏蔽等领域具有重要应用。

（2）“电+X”多功能复合材料。在电功能材料中引入其他功能组分，实现电学性能与其他功能的耦合。例如，在锂离子电池正极材料中引入导电聚合物涂层，可提高材料的导电性和结构稳定性，同时抑制界面副反应，从而显著延长电池的循环寿命和提升倍率性能。

（3）“磁+X”多功能复合材料。在磁功能材料中引入其他功能组分，实现磁学性能与其他功能的耦合。例如，在铁磁纳米颗粒表面修饰肿瘤靶向配体，可获得兼具磁靶向和药物递送功能的复合材料，在肿瘤诊疗领域具有重要应用。

（4）“光 +X”多功能复合材料。在光功能材料中引入其他功能组分，实现光学性能与其他功能的耦合。例如，在荧光材料中掺杂稀土离子，可实现上转换发光和多色发射，在生物成像、光存储等领域具有广泛应用。

多功能复合材料的设计需要综合考虑材料组分、微结构、界面等因素对性能的影响。基于多组分复合、多层级结构构筑、表界面调控等策略，可精准调控多功能复合材料的性能，实现不同功能间的协同增效。同时，多功能复合材料的设计还需要兼顾材料的加工性能、使用环境、经济成本等因素，以满足实际应用的需求。

二、多功能复合材料的制备策略

多功能复合材料的制备是实现多种功能耦合与协同的关键。根据材料组成和结构特点，多功能复合材料的制备策略主要包括以下几类。

（1）复合填料改性策略。通过在基体材料中引入纳米填料、复合填料等，实现基体材料性能的提升和功能化。例如，在聚合物基体中引入碳纳米管/石墨烯导电填料，可显著提高复合材料的导电性和力学性能；在陶瓷基体中引入金属颗粒，可获得兼具高强韧性和导电性的复合材料。

（2）多层结构构筑策略。通过材料的多层设计和界面构筑，实现不同功能材料的复合与协同。例如，采用3D打印技术制备力学—电学—磁学多功能复合材料，通过合理设计不同功能层的排布和连接方式，可实现多种性能的耦合与调控；采用层层自组装技术，可制备兼具高强韧性、自修复性和响应性的多层复合材料。

（3）表界面修饰策略。通过对材料表面进行化学修饰、物理沉积等，在材料表面引入功能基团或结构，赋予材料新的功能特性。例如，在纤维增强复合材料表面引入仿生微纳结构，可获得兼具高强度和超疏水性的复合材料；在催化剂载体表面修饰氧化石墨烯，可提高催化剂的分散性和稳定性，同时利用氧化石墨烯的优异导电性提升催化性能。

（4）原位生成策略。通过在材料制备过程中引入原位反应，在基体材料中生成新的功能组分或结构，实现多功能复合材料的一步制备。例如，在聚合物基体中引入原位生成的无机纳米粒子，可获得兼具高力学性能和光致发光性能的复合材料；在水凝胶基体中通过螯合反应原位生成金属配位聚合物，可制备出兼具高力学性能、多响应性和自修复性的智能水凝胶。

多功能复合材料的制备需要综合运用材料学、化学、物理等多学科知识，深入理解不同组分、结构和界面的作用机制，优化制备工艺参数，实现复合材料性能的精准调控。同时，还需要发展先进的表征手段和计算模拟技术，深入剖析多功能复合材料的微观结构和性能演变规律，为新型多功能复合材料的设计和优化提供理论指导。

三、多功能复合材料的性能特征

多功能复合材料的性能特征主要体现在以下几个方面。

（1）性能协同。多功能复合材料中不同组分和结构的引入，不仅赋予材料新的功能特性，还可产生协同增效作用，使材料的综合性能大幅提升。例如，在结构复合材料中引入自修复基元，可赋予材料自修复能力的同时，显著提高材料的断裂韧性和延长疲劳寿命。

（2）性能耦合。多功能复合材料中不同性能间存在着复杂的耦合作用，材料的一项性能的改变可能会引起其他性能的变化。因此，需要系统考虑不同性能间的相互影响，优化材料设计，实现性能间的协同与平衡。例如，在压电复合材料中，压电相含量的提高虽然有利于压电性能的提升，但可能会导致材料力学性能的下降，需要权衡压电相含量和基体的力学性能，获得综合性能最优的复合材料。

（3）多场耦合响应。多功能复合材料可表现出对多场（力、电、磁、光等）的耦合响应，在智能传感、自适应结构、生物医学等领域具有重要应用。例如，将铁磁填料引入压电聚合物基体，可制备出兼具压电性和磁致伸缩性的磁电复合材料，实现磁场驱动下的力电耦合响应，在传感、驱动和能量存储等方面具有独特优势。

（4）多尺度调控。多功能复合材料的性能不仅取决于材料的组成，还与材料的微观结构密切相关。通过跨尺度（从纳米、亚微米到宏观）的结构设计与优化，可在多个尺度上调控复合材料的性能，实现性能的最优化。例如，在仿生复合材料中，通过构筑与天然材料相似的多级结构，可获得兼具高强度、高韧性和多功能特性的复合材料。

四、多功能复合材料面临的机遇与挑战

多功能复合材料代表了材料科学的发展方向，为满足信息、能源、环境、健康等领域面临的重大需求提供了新的材料基础，同时也面临诸多机遇和挑战。

从机遇来看，多功能复合材料研究已成为当前新材料领域的前沿和热点，得到了政府、企业、高校和研究机构的高度重视和大力支持。纳米、3D打印、自组装、人工智能等前沿技术为多功能复合材料的设计与制备提供了新的工具和手段，极大拓展了多功能复合材料的研究空间。多功能复合材料在航空航天、信息电子、智能制造、新能源、生物医药等战略性新兴产业中具有广阔的应用前景，有望成为引领产业变革和技术创新的重要力量。

从挑战来看，多功能复合材料研究涉及材料、化学、物理、力学、电子等多个学科领域，对研究人员的知识背景和创新能力提出了更高要求，亟须加强跨学科、跨领域的交叉融合。多功能复合材料的制备工艺复杂，对生产设备和工艺控制提出了严苛要求，实现规模化、低成本制备是一个重大挑战。此外，多功能复合材料在实际应用中还面临安全性、可靠性、使用寿命等问题，需要开展大量的性能评价和失效机理研究。

总之，多功能复合材料代表了材料科学的未来发展方向，具有极大的研究价值和应用潜力。面对机遇和挑战，我们要加强基础研究，突破关键核心技术，加快成果转化和产业化进

程。同时，要加强人才培养和团队建设，构建高水平的研究平台和创新网络，充分发挥多学科交叉融合的优势，为多功能复合材料的创新发展提供不竭动力。相信经过科技工作者的不懈努力，多功能复合材料必将在推动我国材料科学与工程实现跨越发展、支撑国家重大需求中发挥越来越重要的作用。

第三节　绿色可持续材料的发展方向

随着全球环境问题的日益突出和可持续发展理念的深入人心，绿色可持续材料已成为材料科学与工程领域的重要发展方向。绿色可持续材料是指在材料的设计、制备、使用和处置的全生命周期内，最大限度地减少对环境的负面影响，实现资源的高效利用和循环再生的新型功能材料。发展绿色可持续材料不仅是解决当前资源环境挑战的迫切需要，而且是实现人类社会可持续发展的必由之路。本节将重点探讨绿色可持续材料的内涵与特征、设计原则、关键技术以及未来发展方向，为新型功能材料的绿色可持续发展提供参考和借鉴。

一、绿色可持续材料的内涵与特征

绿色可持续材料是在可持续发展理念指导下，遵循绿色化学和生态设计原则，开发的兼顾环境友好性、资源高效性和社会可持续性的新型功能材料。与传统材料相比，绿色可持续材料在原料选择、制备工艺、使用性能和生命周期管理等方面具有显著特点。

（1）原料选择。绿色可持续材料强调采用可再生、可循环、无毒无害的天然或合成原料，减少对不可再生资源的消耗和对环境的污染。例如，利用植物纤维、农作物秸秆等可再生生物质资源制备高性能复合材料，不仅可以替代石油基合成材料，还能促进农林废弃物的高值化利用。

（2）制备工艺。绿色可持续材料倡导采用节能、节水、清洁的绿色制备工艺，最大限度地减少有毒有害物质的使用和排放。例如，利用水相法、固相法等绿色化学合成工艺，在常温常压下制备纳米材料，避免了传统高温、高压、有机溶剂的使用，显著降低了能耗和污染物排放。

（3）使用性能。绿色可持续材料注重材料使用过程中的环境友好性和健康安全性，避免材料老化和降解过程中的有害物质释放。例如，开发低挥发性、无毒无害的水性涂料和胶黏剂，替代传统的油性涂料和溶剂型胶黏剂，有效改善室内环境质量，保障人体健康。

（4）生命周期管理。绿色可持续材料强调对材料全生命周期的环境影响进行评估和管理，实现材料的减量化、再利用和再循环。例如，开发易回收、易拆解、可生物降解的塑料包装材料，构建塑料制品的回收利用体系，最大限度地实现塑料资源的循环利用，减少白色污染。

因此，绿色可持续材料的内涵可概括为“原料绿色、工艺绿色、性能绿色、回收绿色”，其特征体现在资源属性、环境属性、使用属性和循环属性等方面。发展绿色可持续材料是材料科学与工程领域践行可持续发展理念、构建资源节约型和环境友好型社会的重要举措。

二、绿色可持续材料的设计原则

绿色可持续材料的设计是指在材料的全生命周期内，综合考虑资源、环境、能源等因素，优化材料的组成、结构、性能和循环利用方式，最大限度地提高材料的绿色化和可持续性。绿色可持续材料的设计应遵循以下基本原则。

（1）原料替代原则。优先选用可再生、可循环、低碳环保的天然或合成原料，减少对不可再生资源的依赖，降低材料的碳足迹。同时，采用原子经济性和步骤经济性高的合成路线，提高原料的利用效率。

（2）清洁生产原则。采用节能、节水、减排的清洁生产工艺，减少生产过程中的资源消耗和污染物排放。优化工艺参数和设备设计，提高生产效率和产品收率。同时，加强生产过程的在线监测和质量控制，确保产品的一致性和稳定性。

（3）性能优化原则。在满足材料基本性能要求的前提下，提高材料的耐久性、可靠性和环境适应性，延长材料的使用寿命。优化材料的微观结构和界面设计，提高材料的多功能性和智能化水平。同时，注重材料的环境相容性和生物安全性，避免有害物质的释放。

（4）循环利用原则。在材料设计之初就考虑材料的可回收性、可重复使用性和可降解性，促进材料在不同生命周期阶段的高效利用和资源再生。优化材料的组分和结构设计，便于材料的拆解和再加工。建立材料的回收利用网络和再生技术体系，提高材料的循环利用水平。

基于上述设计原则，绿色可持续材料的设计需要采用生命周期评价、绿色化学、生态设计等方法工具，从多学科、多目标、多尺度的视角出发，系统优化材料的全生命周期过程，实现材料设计、制备、应用与环境的协调统一。同时，绿色可持续材料的设计还需要充分考虑材料的经济成本、社会效益等非技术因素，权衡不同利益相关方的诉求，在技术进步与成本控制、环境保护与经济发展之间寻求平衡，推动材料的可持续设计与应用。

三、绿色可持续材料的关键技术

绿色可持续材料的发展涉及材料设计、制备、加工、应用等全生命周期过程，需要多学科交叉融合、协同创新。当前，绿色可持续材料领域的关键技术主要集中在以下几个方面。

（1）绿色合成技术。借鉴自然界高效、精准的合成策略，发展仿生合成、自组装、材料基因工程等绿色合成新方法。利用水相法、固相法、微波法、电化学法等绿色合成工艺，在常温常压下实现材料的可控制备，避免有毒有害物质的使用。

（2）高值化利用技术。立足我国生物质资源丰富的优势，发展木质纤维、竹纤维、农作物秸秆等可再生生物质材料的高值化利用技术。优化生物质材料的提取、改性、复合工艺，提高生物质材料的力学、阻燃、抗菌等性能，拓展其在工程结构、包装、医疗等领域的应用。

（3）材料循环技术。针对新能源电池、电子废弃物、复合材料等领域的材料循环难题，发展绿色拆解、高效分离、精细提纯等材料循环新技术。优化拆解和回收工艺，提高材料回收的经济性和环保性。建立材料循环利用的产业链和创新链，促进材料的跨领域、高值化循环利用。

（4）材料耦合技术。发挥材料基因组、材料信息学、高通量计算等新兴技术优势，加强材料设计、制备、表征、应用的耦合与协同。建立材料全生命周期数据库和知识库，实现材料设计与性能、工艺的耦合优化。发展材料制备、加工、循环等关键环节的过程耦合与集成，提高材料生产的效率和质量。

绿色可持续材料技术的发展离不开基础研究与应用开发的紧密结合，需要材料学、化学、物理、生物、信息等多学科的交叉融合，更需要产学研用各方的协同创新。加强绿色可持续材料领域的基础研究，突破绿色合成、材料循环等核心技术瓶颈；加快绿色可持续材料的工程化应用和产业化进程，完善材料绿色制造、高值利用的产业链；营造绿色可持续材料发展的良好生态，完善标准规范、检测认证、激励政策等制度体系，将是未来绿色可持续材料领域的重点任务和发展方向。

四、绿色可持续材料的未来发展方向

当前，绿色可持续材料已成为全球材料科技创新和产业发展的重要方向，呈现出多样化、跨界化、智能化的发展趋势。未来，绿色可持续材料的重点研究方向主要集中在以下几个方面。

（1）生物基材料。利用木质纤维素、植物油、淀粉、甾醇等可再生生物质资源，发展高性能生物基聚合物、生物基复合材料、生物基功能材料，实现生物质的全组分分离与高值化利用，突破石油基材料的资源瓶颈，构建绿色可持续的生物基材料体系。

（2）智能仿生材料。借鉴自然界材料精妙的结构与功能，发展具有响应性、自修复、自适应、自学习等智能特性的仿生材料。利用3D/4D打印、自组装、生物矿化等制备技术，构筑多级次、多功能的仿生材料，在软体机器人、智能可穿戴、再生医学等领域实现重大突破。

（3）超高性能材料。通过材料基因设计、多组分复合、亚稳态调控等新原理，突破传统材料的性能极限，发展高强韧、高导电、高储能等超高性能材料。在新能源汽车、高端装备、极端制造等关键领域实现材料的跨越发展，引领新一代材料技术变革。

（4）极端环境材料。针对深海、深地、深空等极端环境对材料的苛刻要求，发展耐高温、耐腐蚀、耐辐照等极端环境适应性材料。优化极端环境材料的化学组成、微观结构、表界面特性，延长材料的使用寿命，提高其可靠性，拓展人类活动的新领域。

面向未来，绿色可持续材料的发展需要立足材料科学基础研究，瞄准国家重大需求和行业关键共性技术，发挥新材料创制、应用示范的引领带动作用。同时，要加强绿色可持续材料领域的国际交流与合作，积极参与全球材料科技治理，在新材料创新链、产业链、价值链中占据制高点，为全球可持续发展贡献中国方案和中国智慧。相信通过科技、产业、金融、教育、文化等各界的共同努力，绿色可持续材料必将迎来更加广阔的发展前景，成为引领材料科学变革、支撑人类社会可持续发展的先导力量和核心引擎。

参考文献

[1] 闫晓林，马群刚，彭俊彪. 柔性显示技术 [M]. 北京：电子工业出版社，2022.

[2] 苏达根. 土木工程材料 [M]. 4版. 北京：高等教育出版社，2019.

[3] 钟发平. 泡沫镍：制造、性能和应用 [M]. 北京：电子工业出版社，2021.

[4] 于军胜，黄维. OLED显示技术 [M]. 北京：电子工业出版社，2021.

[5] 裴俊华. 建筑工程测量 [M]. 北京：中国水利水电出版社，2020.

[6] 陈忠购，付传清. 土木工程材料 [M]. 2版. 北京：中国水利水电出版社，2020.

[7] 贾红兵，宋晔，王经逸. 高分子材料 [M]. 南京：南京大学出版社，2019.

[8] 唐贵和. 土木工程材料 [M]. 北京：中国水利水电出版社，2018.

[9] 李远勋，季甲. 功能材料的制备与性能表征 [M]. 成都：西南交通大学出版社，2018.

[10] 董会宁，邬劭轶. 稀土和过渡离子自旋哈密顿参量的微扰理论 [M]. 成都：西南交通大学出版社，2019.

[11] 王翚，李同伟. 新型功能材料晶格振动谱的理论研究 [M]. 北京：电子工业出版社，2017.

[12] 张为民. 中国军工电子工艺技术体系 [M]. 北京：电子工业出版社，2017.

[13] 刘燕燕. 建筑材料 [M]. 3版. 重庆：重庆大学出版社，2020.

[14] 孙兰. 功能材料及应用 [M]. 成都：四川大学出版社，2015.

[15] 李书进. 土木工程材料 [M]. 重庆：重庆大学出版社，2014.